创新型计算机精品教材

Docker 容器技术与应用

案 例 教 程

主审　单　丹

主编　生桂勇　刘　方

内容提要

本书基于 CentOS 操作系统搭建 Docker 环境，遵循“项目导向、任务驱动”的教学理念，深入浅出、全面系统地讲解了主流容器平台 Docker 的应用实践和运维方法。全书共 9 个项目，内容涵盖初识 Docker、Docker 镜像和容器管理、Docker 仓库管理、Docker 网络和存储管理、Docker Compose 编排、Docker Swarm 集群配置与管理、Kubernetes 基础操作、Docker 自动化部署、华为 Docker 云容器实践。

本书可作为各类院校云计算、计算机网络、计算机科学与技术等相关专业的教材，也可供企业开发和运维人员参考使用。

图书在版编目（CIP）数据

Docker 容器技术与应用案例教程 / 生桂勇，刘方主编. -- 上海 : 上海交通大学出版社，2025. 3. -- ISBN 978-7-313-32318-7

Ⅰ. TP316.85

中国国家版本馆 CIP 数据核字第 2025SM4264 号

Docker 容器技术与应用案例教程

Docker RONGQI JISHU YU YINGYONG ANLI JIAOCHENG

主　　编：生桂勇　刘　方

出版发行：上海交通大学出版社　　地　　址：上海市番禺路 951 号

邮政编码：200030　　电　　话：021-64071208

印　　制：北京京华铭诚工贸有限公司　　经　　销：全国新华书店

开　　本：787 mm×1092 mm　1/16　　印　　张：16.25

字　　数：395 千字

版　　次：2025 年 3 月第 1 版　　印　　次：2025 年 3 月第 1 次印刷

书　　号：ISBN 978-7-313-32318-7　　电子书号：ISBN 978-7-89424-593-9

定　　价：59.80 元

本书编委会

主　审　单　丹

主　编　生桂勇　刘　方

副主编　陆　延　罗　晶　李学锡

近年来，随着云计算技术的高速发展，Docker 作为一种开源的容器化平台，凭借其高效快速的应用程序发布、测试及部署能力，赢得了众多企业的青睐。为满足软件开发人员、IT 实施及运维工程师的需求，我们结合 Docker 容器技术的最新发展动态和多所院校人才培养方案的要求，组织编写了本书。

全书共 9 个项目，分为 3 篇。第 1 篇为基础篇，包含项目 1～项目 4，主要介绍 Docker 环境的搭建、Docker 镜像和容器管理、Docker 仓库管理、Docker 网络和存储管理，通过本篇的学习，学生可以掌握 Docker 容器技术的基础知识，为后续的实践打下坚实的基础；第 2 篇为进阶篇，包含项目 5～项目 8，主要介绍 Docker Compose 编排、Docker Swarm 集群配置与管理、Kubernetes 基础操作、Docker 自动化部署，通过本篇的学习，学生可以实现 Docker 容器集群的快速编排；第 3 篇为应用篇，包含项目 9，通过在华为云平台上进行云容器实践，学生能够亲身体验在真实云环境中搭建和管理容器化应用程序的流程。

1 本书特色

（1）春风化雨，立德树人。党的二十大报告指出："育人的根本在于立德。"本书积极贯彻党的二十大精神，始终坚持价值塑造、能力培养、知识传授的育人理念，将爱国主义情感、工匠精神、创新精神等内容潜移默化地融入"素养之窗"模块，引导学生将个人价值实现与国家民族发展紧密相连，力求培养有担当、高素质、高水平的专业型人才。

（2）校企合作，协同育人。本书在编写过程中得到了相关企业的支持，结合企业对人才的实际要求，将教学重心落在信息素养提升和未来就业的实际需求上，帮助学生实现从校园到企业的平稳过渡，从职业水平到岗位要求的无缝对接。

（3）面向实践，理念创新。本书秉持"理论适度，实践为本"的教学理念，采用以任务为驱动的项目教学方式。每个项目可分为课前、课中和课后 3 个模块，通过完整的学习流程，培养学生的自主学习能力和实践操作能力。

课前，学生通过“任务描述”了解本任务所学知识，并通过观看“任务准备”中的视频，回答引导问题；课中，学生学习本任务涉及的理论知识，并同步练习“任务实施”中的任务；课后，学生通过“项目实训”“项目总结”“项目考核”，练习和巩固本项目所学的知识和技能，并通过“项目评价”全面反思自己整个项目的学习情况。

此外，本书正文中还穿插了“知识加油站”“高手点拨”“指点迷津”等模块，旨在加强学生对知识点的理解，丰富学生的知识面，解决学生在学习过程中所遇到的问题，让学生少走弯路、提高学习效率。

（4）数字资源，丰富多彩。本书配有丰富的数字资源，读者可以借助手机或其他移动设备扫描二维码观看微课视频，也可以登录文旌综合教育平台“文旌课堂”查看和下载本书配套资源，如优质课件、教案、项目实训和项目考核答案等。如果读者在学习的过程中有什么疑问，也可以登录该平台寻求帮助。

此外，本书还提供了在线题库，支持“教学作业，一键发布”，教师只需通过微信或“文旌课堂”App 扫描扉页二维码，即可迅速选题、一键发布、智能批改，查看学生的作业分析报告，提高教学效率，提升教学体验。学生可在线完成作业，并巩固所学知识，提高学习效率。

2 编审团队

本书由单丹担任主审，生桂勇、刘方担任主编，陆延、罗晶、李学锡担任副主编。本书由编写团队精心策划编写，书中存在的疏漏与不当之处，敬请各位读者批评指正。

3 特别说明

本书在编写过程中，我们参考了大量的资料并引用了部分文章。这些引用的资料大部分已获原作者授权，但仍有部分资料难以确认出处或暂时无法联系到原作者，对此，我们深表歉意，并欢迎原作者随时与我们联系，我们将按规定支付稿酬。

本书配套资源下载网址和联系方式

网址：https://www.wenjingketang.com
电话：400-117-9835
邮箱：book@wenjingketang.com

片头

基础篇

进阶篇

应用篇

基础篇

初识 Docker

项目导读

随着计算机技术的蓬勃发展，诞生了大量的系统和软件，技术人员需要维护非常庞大的开发、测试及生产环境。而 Docker 容器技术以其简洁、灵活和高效的特点，为这一挑战提供了完美的解决方案。Docker 不仅简化了应用程序的部署流程，还通过与现有工具无缝集成，极大地推动了云计算和 DevOps 领域的发展，引领着整个行业向更加智能化、高效化的方向迈进。

知识目标

- 理解云计算与虚拟化的基本概念。
- 掌握 Docker 概念及其优势。
- 了解 Docker 与虚拟机的区别。
- 掌握 Docker 引擎的组成和 Docker 架构。
- 理解镜像、容器和仓库的概念及它们之间的关系。

能力目标

- 能够在虚拟机中安装 Linux 操作系统。
- 能够在 Linux 操作系统中安装与配置 Docker。

素质目标

- 引导学生持续关注 Docker 技术的最新发展，树立终身学习的理念。
- 通过分组完成学习任务，培养学生团队合作和沟通交流的能力。

任务一 了解云计算与虚拟化技术

任务描述

小旌了解到，为了提高部署效率、优化资源利用和降低生产成本，众多互联网企业正逐步将业务迁移到容器平台。这促使他对容器技术产生了浓厚的兴趣。于是，小旌计划配置 VMware Workstation 虚拟机，并在该虚拟机中安装 Linux 操作系统，旨在为后续的容器部署提供一个稳固的平台。

任务准备

全班同学以 5～6 人为一组进行分组，各组选出小组长，小组长组织组内成员扫码观看视频，了解安装 VMware Workstation，讨论并回答下列问题。

问题 1：VMware Workstation 是一款功能强大的桌面__________软件，可以在单一计算机上同时运行多个相互隔离的操作系统实例。

问题 2：在选择 VMware Workstation 的安装目录时，应__________考虑非系统分区、磁盘空间充足的磁盘分区。

安装 VMware Workstation

一、云计算

1. 什么是云计算

云计算是一种通过网络统一组织和灵活调用各种信息与通信技术（information and communications technology, ICT）资源，实现大规模计算的信息处理方式。云计算利用分布式计算和虚拟资源管理等技术，通过网络将分散的 ICT 资源（包括计算与存储、应用运行平台和软件等）集中起来形成共享的资源池，并以动态按需和可度量的方式向用户提供服务。

2. 云计算服务交付模式

云计算提供了基础设施即服务（IaaS）、平台即服务（PasS）和软件即服务（SaaS）3 种服务交付模式。

（1）基础设施即服务（IaaS）。IaaS 主要是出售计算能力、存储和带宽等基础资源。IaaS 不像传统的服务器租赁商出租具体的服务器实体，而是将所有服务器的计算能力和存储能力等整合成一个虚拟资源池，然后将虚拟资源池划分为多个独立的虚拟实例，每个实例代表着一定的计算能力和存储能力。购买云计算服务的企业以这些实例作为计量单位付费，并可以按需随时调整租用量大小，为用户提供灵活、可扩展的服务体验。

（2）平台即服务（PasS）。PasS 主要面向软件开发者，它提供完整的云端开发、管理和运行环境，使软件开发者无需在本地安装开发工具，按需购买服务后，可以直接在云端进行软件开发，不但节省了开发者的成本和时间，而且加快了产品的上线速度。

（3）软件即服务（SaaS）。SaaS 主要面向企业或个人用户，它将某些应用软件封装成服务，让用户可以通过浏览器或移动 App 随时随地使用这些服务。例如，微软公司提供的 Office 365 办公套件属于 SaaS。

二、虚拟化技术

1. 什么是虚拟化

虚拟化是一种简化管理和优化资源的解决方案，它通过虚拟化软件在计算机硬件上构建抽象层，将计算机的物理资源（如服务器、网络、存储等）划分成多个独立的虚拟环境，这些虚拟环境均能独立承载并运行操作系统和应用程序，且彼此之间完全隔离，就如同各自运行在独立的物理计算机上。

虚拟机是“虚拟化”的一种典型应用。虚拟化使得在一台物理计算机上可以运行多台虚拟机。这些虚拟机共享物理计算机的 CPU、存储、网络等硬件资源，但逻辑上虚拟机之间是相互隔离的。

2. 虚拟化的分类

根据实现机制的不同，虚拟化分为全虚拟化、半虚拟化和硬件辅助虚拟化等。

（1）全虚拟化。全虚拟化实现了虚拟机中的操作系统与底层硬件的完全隔离，每台虚拟机均可独立运行其操作系统和应用程序，而无须对虚拟机操作系统进行修改，为用户提供了几乎等同于直接操作物理资源的性能体验。全虚拟化的代表产品有 VMware ESXi 和 Linux KVM。

（2）半虚拟化。半虚拟化通过定制虚拟机操作系统内核，实现虚拟机操作系统与宿主机硬件之间的高效通信。该技术要求虚拟机与宿主机操作系统协同工作，共同完成虚拟化过程，而且还需要对虚拟机操作系统进行适当的修改，以识别和利用虚拟化环境中的特定指令和接口。半虚拟化的代表产品有 Hyper-V 和 Xen。

（3）硬件辅助虚拟化。硬件辅助虚拟化是一种利用硬件（如 CPU、存储、网络设备等）厂商提供的功能来实现的虚拟化技术。该技术通过内置的指令集和硬件辅助机制，以完成虚拟机操作系统对硬件资源的直接调用。硬件辅助虚拟化无须对虚拟机操作系统进行修改，主要配合全虚拟化和半虚拟化使用，以简化部署与维护流程。

3. 容器

容器是一种轻量级的虚拟化技术，它可以将应用程序及其依赖的开发环境打包为统一格式的镜像文件，使其可在不同环境（如安装不同操作系统的实体机、虚拟机、公有云和私有云等）下进行自由迁移。容器的运行不会独占操作系统，即运行在相同宿主机上的容器是共享一个操作系统的，这样能节省大量的系统资源（如 CPU、存储等）。

容器可以简化应用程序的开发、测试、部署和管理，提高开发效率，确保环境一致性，提高资源利用率，被广泛应用于开发环境的快速搭建、应用程序部署、微服务架构、自动化测试、持续集成和持续交付等场景。

素养之窗

云宏信息科技股份有限公司（以下简称云宏科技）是国家级专精特新重点“小巨人”企业，专注于云计算底层关键技术的自主研发。公司自成立以来，便以“让信息更安全、更可靠、更便捷”为使命，致力于打破国外行业巨头对云计算关键技术的垄断，构建安全可控的云计算生态体系。

在技术生态适配方面，云宏科技拥有丰富的兼容适配落地经验，其产品以积木式架构、全面兼容国产主流软硬件的技术优势，构建了完善的信创生态体系。云宏科技还推出了无感替代技术，面对 VMware 等国外产品在中国市场的变动，云宏科技深入了解用户需求和中国服务器的特点，推出了多套业务迁移方案。云宏 VMware 无感替代方案旨在降低对业务连续性的影响，帮助企业用户灵活实现生产级 VMware 虚拟化替代和架构升级，实现真正的“无感替代”。

任务实施——创建虚拟机并安装 Linux 操作系统

CentOS 是一款基于 Red Hat 的 Linux 操作系统，它具有稳定性、安全性、可扩展性、多用户支持和丰富的软件包资源等特点，适用于企业级生产环境。本书将基于 CentOS 操作系统完成应用程序的开发、调试、部署等工作。

创建虚拟机

1. 创建虚拟机

步骤 1 启动 VMware Workstation，在打开的“VMware Workstation”窗口中选择“创建新的虚拟机”选项，如图 1-1 所示。在弹出的“新建虚拟机向导”对话框中选择“自定义”单选按钮，然后单击“下一步”按钮，如图 1-2 所示。

步骤 2 在打开的“选择虚拟机硬件兼容性”界面中选择“Workstation 17.x”选项，然后单击“下一步”按钮，如图 1-3 所示。

步骤 3 在打开的“安装客户机操作系统”界面中选择“稍后安装操作系统”单选按钮，然后单击“下一步”按钮，如图 1-4 所示。

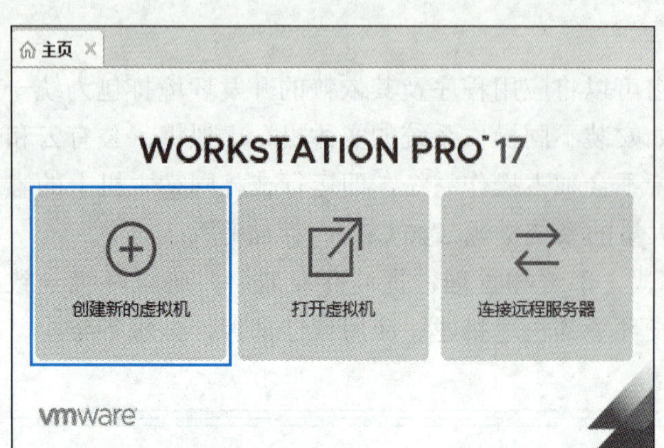

图 1-1　“VMware Workstation”窗口

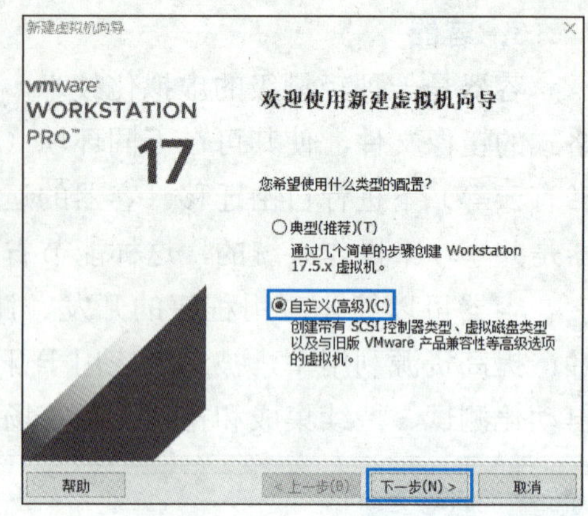

图 1-2　新建虚拟机向导

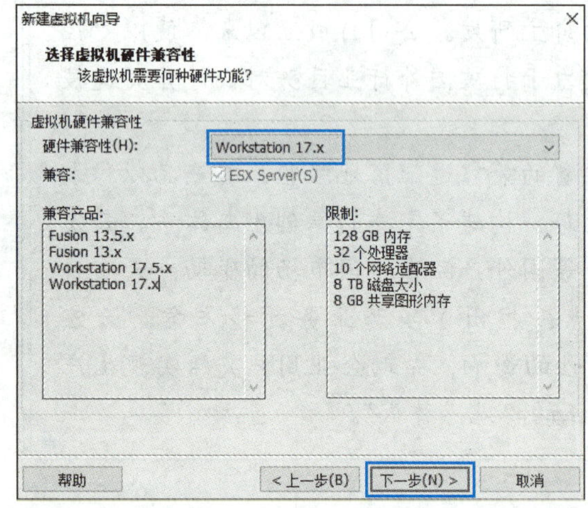

图 1-3　选择虚拟机硬件兼容性

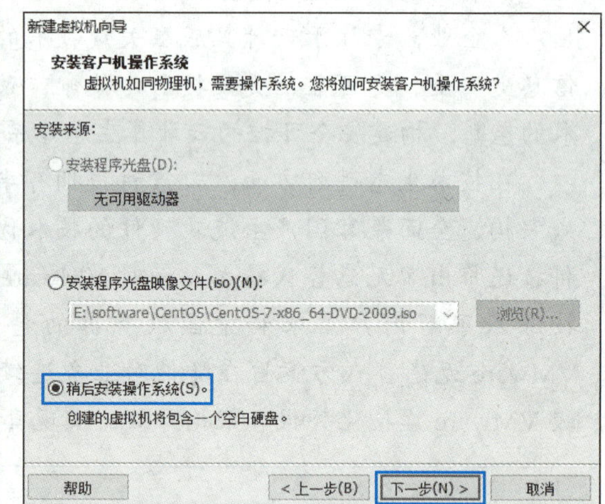

图 1-4　选择操作系统的安装来源

安装来源也可直接选择“安装程序光盘映像文件（iso）”选项，若选择该选项，虚拟机会通过默认的安装策略为用户部署最精简的 Linux 操作系统，而不会询问安装设置的选项。因此，建议此处选择“稍后安装操作系统”选项。

步骤 4　在打开的“选择客户机操作系统”界面中选择“Linux”单选按钮，并选择版本为“CentOS 7 64 位”，然后单击“下一步”按钮，如图 1-5 所示。

步骤 5　在打开的“命名虚拟机”界面中为虚拟机指定一个名称，然后单击“浏览”按钮，选择虚拟机的安装位置，最后单击“下一步”按钮，如图 1-6 所示。

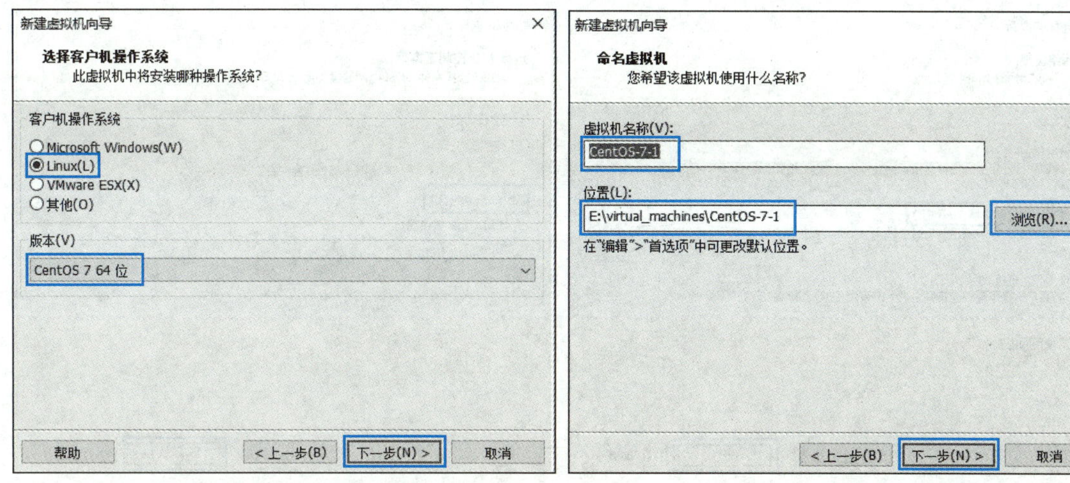

图 1-5　选择操作系统的类型及版本　　　　图 1-6　命名虚拟机及设置安装位置

步骤 6　在打开的“处理器配置”界面中设置处理器数量为 1，每个处理器的内核数量为 1，然后单击“下一步”按钮，如图 1-7 所示。

步骤 7　在打开的“此虚拟机的内存”界面中设置虚拟机的内存为 2 GB，然后单击“下一步”按钮，如图 1-8 所示。

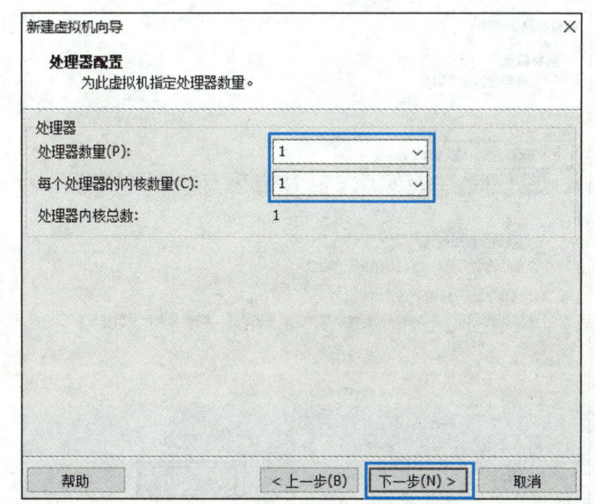

图 1-7　设置处理器数量

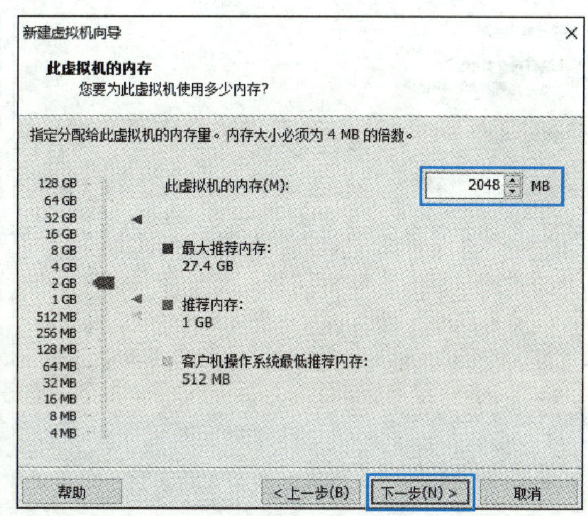

图 1-8　设置虚拟机内存大小

步骤 8　在打开的“网络类型”界面中选择“使用网络地址转换（NAT）”单选按钮，然后单击“下一步”按钮，如图 1-9 所示。

步骤 9　在打开的“选择 I/O 控制器类型”界面中选择“LSI Logic”单选按钮，然后单击“下一步”按钮，如图 1-10 所示。

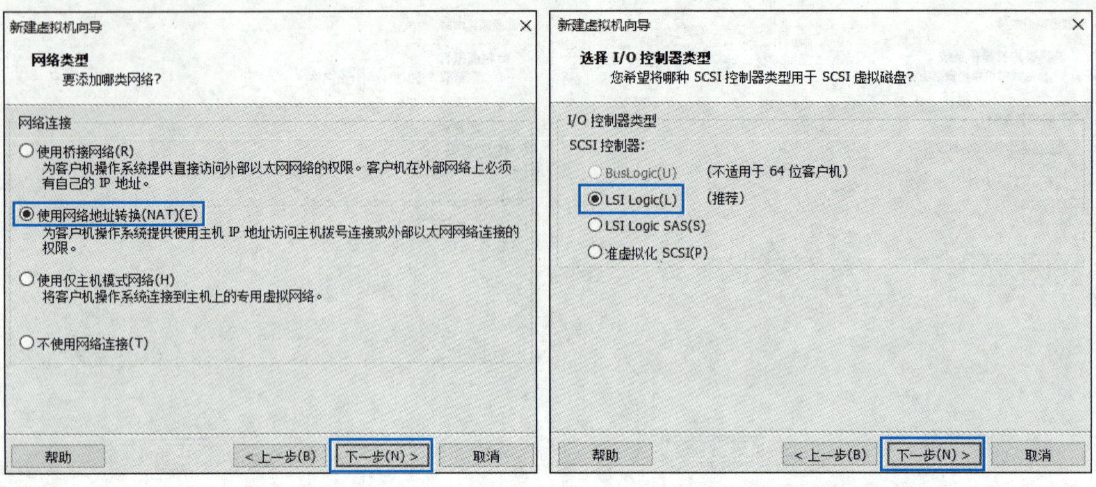

图 1-9 添加网络类型　　　　图 1-10 选择 I/O 控制器类型

步骤 10 在打开的“选择磁盘类型”界面中选择“SCSI”单选按钮，然后单击“下一步”按钮，如图 1-11 所示。

步骤 11 在打开的“选择磁盘”界面中选择“创建新虚拟磁盘”单选按钮，然后单击“下一步”按钮，如图 1-12 所示。

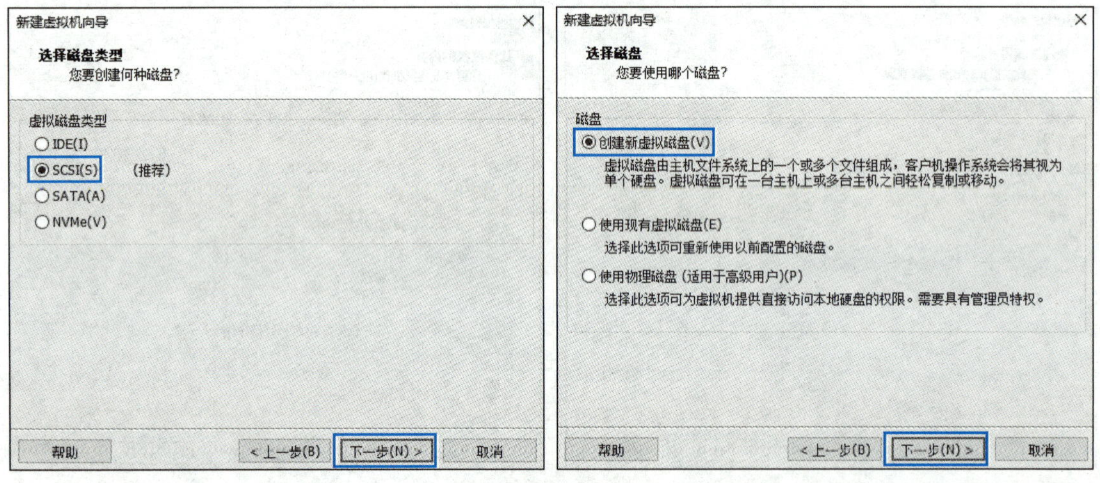

图 1-11 选择磁盘类型　　　　图 1-12 创建新虚拟磁盘

步骤 12 在打开的“指定磁盘容量”界面中将“最大磁盘大小”设置为 20 GB，然后单击“下一步”按钮，如图 1-13 所示。

步骤 13 在打开的“指定磁盘文件”界面中设置磁盘文件的名称，然后单击“下一步”按钮，如图 1-14 所示。

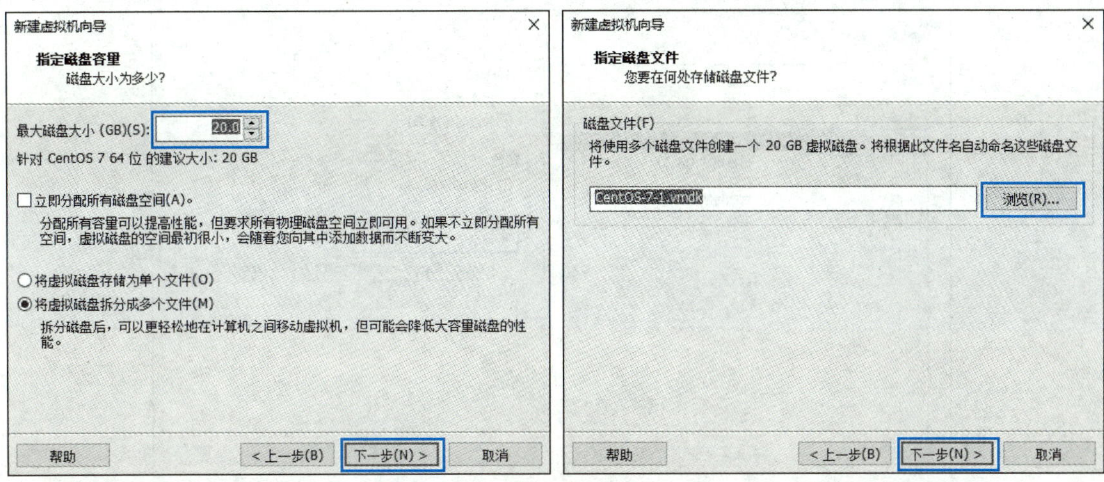

图 1-13 设置虚拟机最大磁盘大小　　　　图 1-14 设置磁盘文件名称

步骤 14 在打开的“已准备好创建虚拟机”界面中单击“自定义硬件”按钮，如图 1-15 所示。

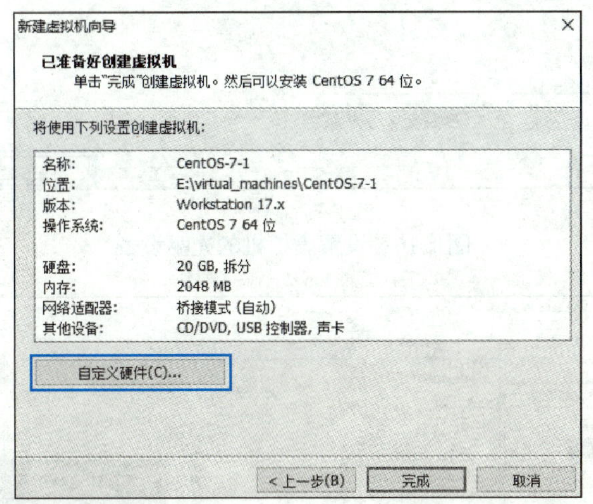

图 1-15 配置信息总览

步骤 15 在弹出的“硬件”对话框中选择“新 CD/DVD（IDE）”选项，光驱设备此时应在“使用 ISO 映像文件”中选择已经下载好的 CentOS 7 的 ISO 映像文件，然后单击“关闭”按钮，如图 1-16 所示。

步骤 16 在返回的“已准备好创建虚拟机”界面中单击“完成”按钮。当看到如图 1-17 所示的界面时，说明虚拟机已经配置成功了。

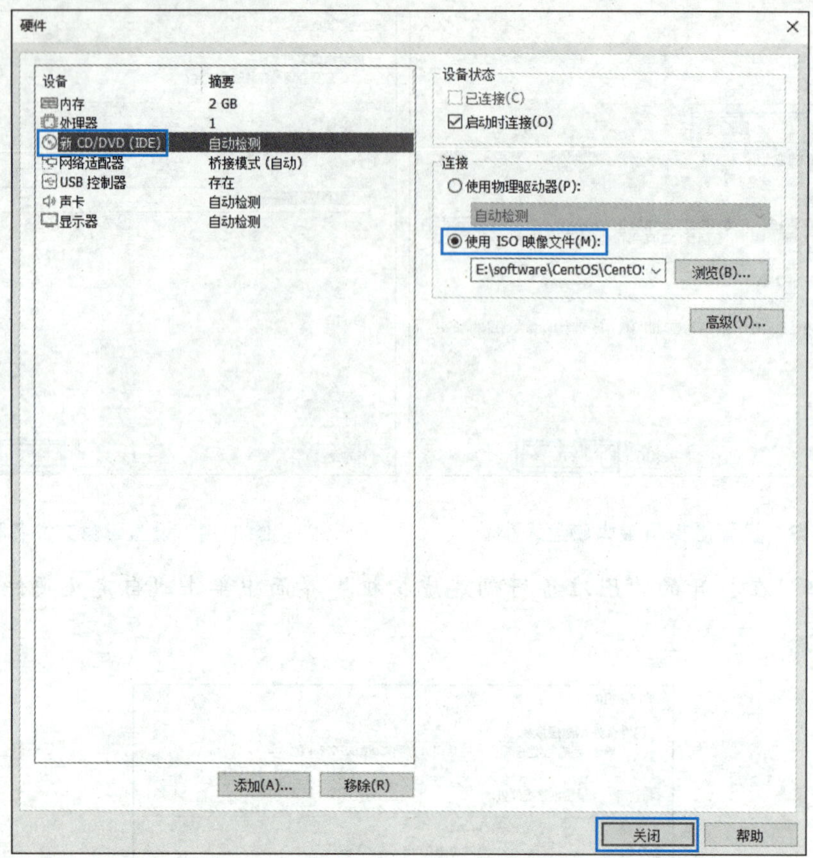

图 1-16　设置虚拟机的光驱设备

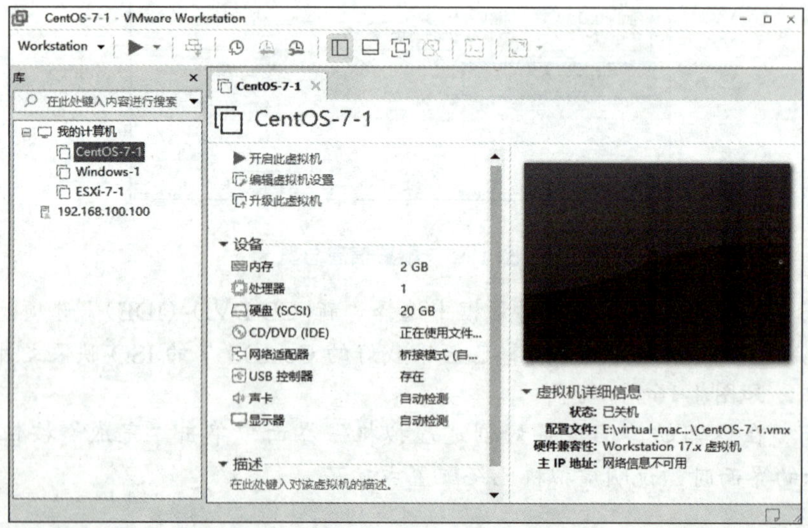

图 1-17　虚拟机配置成功界面

2. 安装 Linux 操作系统

安装并登录 Linux 操作系统

步骤 1 在虚拟机配置成功界面中选择“开启此虚拟机”选项，数秒后看到 CentOS 7 操作系统安装界面，选择“Test this media & install CentOS 7”选项后按“Enter”键检测光盘的正确性，如图 1-18 所示。

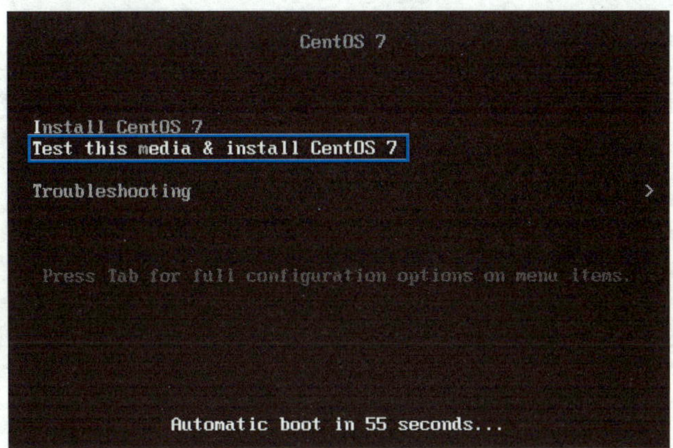

图 1-18 CentOS 7 操作系统安装界面

步骤 2 光盘检测结束后会进入选择语言界面，在左侧列表中选择“中文”选项，在右侧列表中选择“简体中文（中国）”选项，然后单击“继续”按钮，如图 1-19 所示。

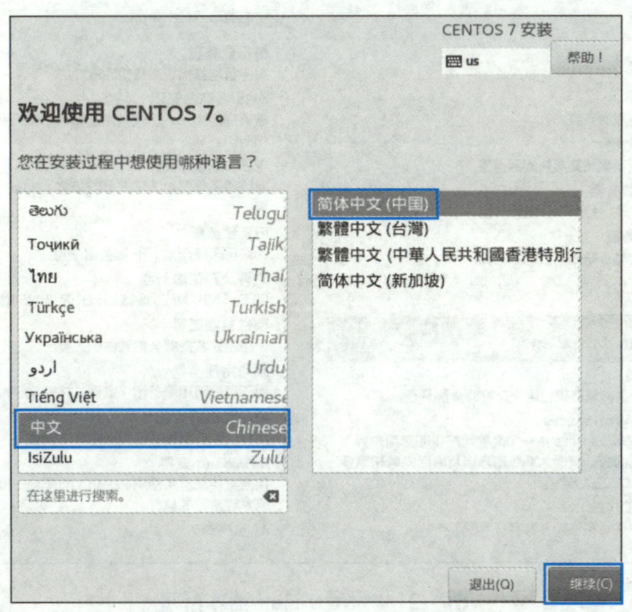

图 1-19 语言选择

步骤 3 在打开的“安装信息摘要”界面中，选择“软件”组中的“软件选择”选项，如图 1-20 所示。

图 1-20 “安装信息摘要”界面

步骤 4 在打开的“软件选择”界面中选择“带 GUI 的服务器”单选按钮设置 Linux 基本环境，然后单击“完成”按钮，如图 1-21 所示。

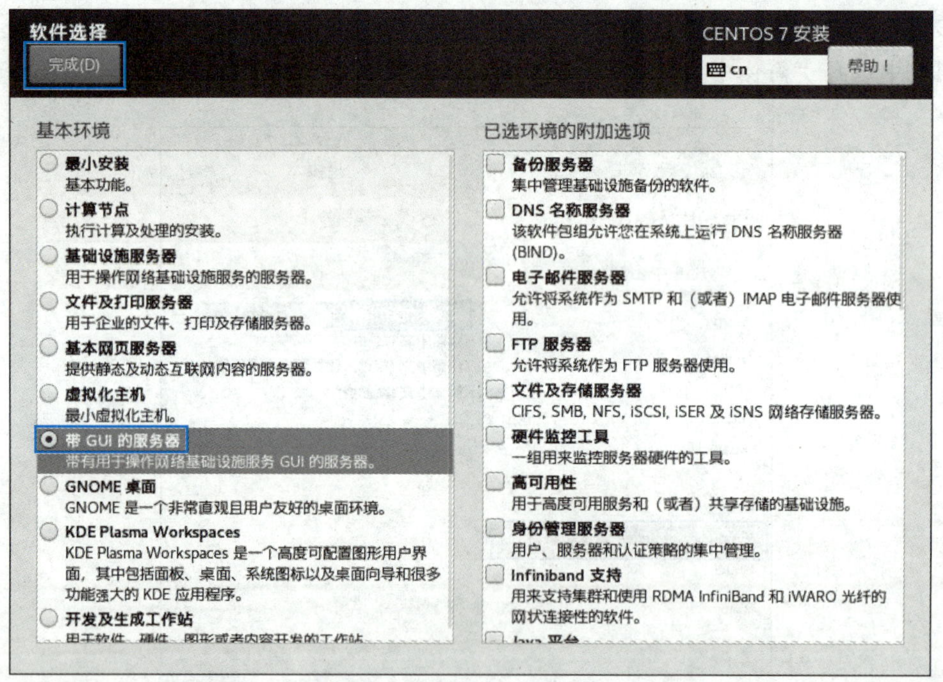

图 1-21 设置 Linux 基本环境

步骤 5 在“安装信息摘要”界面的“系统”组中选择“安装位置”选项，在打开的“安装目标位置”界面中选择 Linux 操作系统的安装位置，然后单击“完成”按钮，如图 1-22 所示。

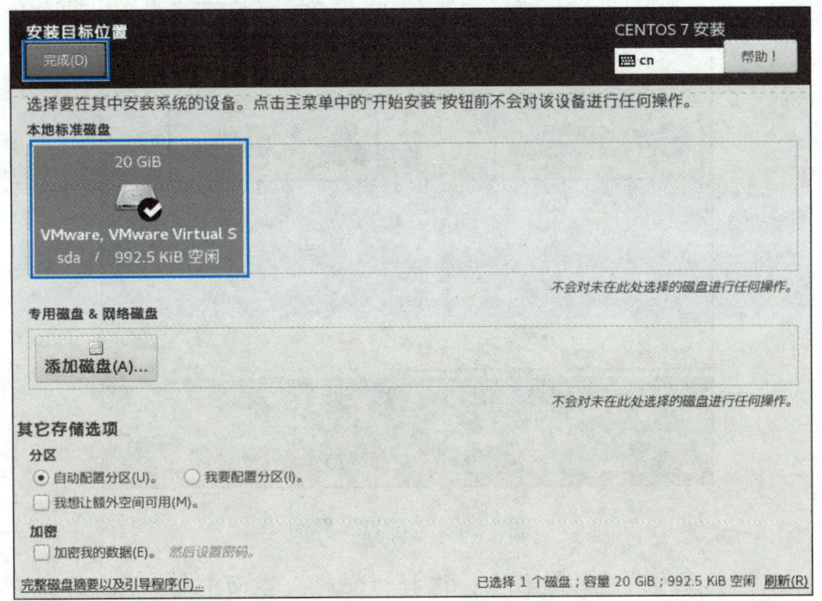

图 1-22　选择 Linux 操作系统的安装位置

步骤 6　在“安装信息摘要”界面的“系统”组中选择“网络和主机名”选项，在打开的界面中设置网络和主机名，然后单击“完成”按钮，如图 1-23 所示。

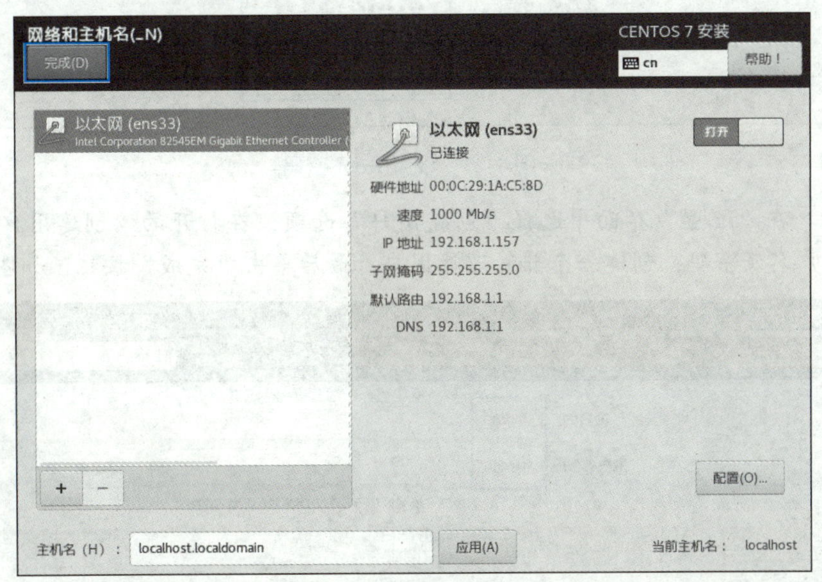

图 1-23　设置网络和主机名

步骤 7　单击“安装信息摘要”界面中的“开始安装”按钮，打开“配置”界面，如图 1-24 所示。

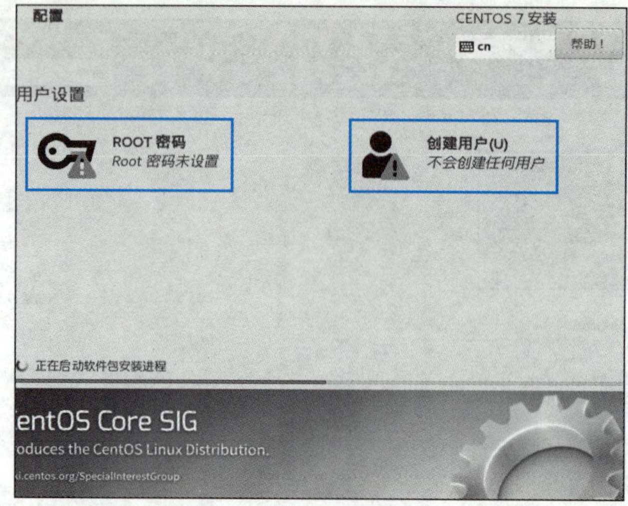

图 1-24 “配置”界面

步骤 8 在安装操作系统的过程中，选择“配置”界面中的“ROOT 密码”选项，在打开的“ROOT 密码”界面中设置 Root 密码，然后单击“完成”按钮，如图 1-25 所示。

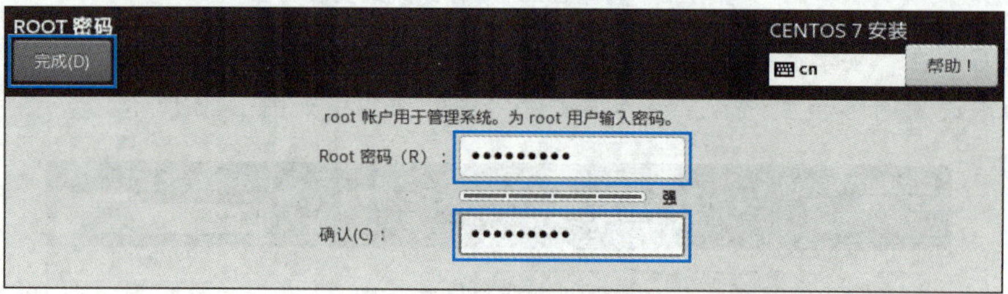

图 1-25 设置 Root 密码

步骤 9 在“配置”界面中选择“创建用户”选项，在打开的“创建用户”界面中设置全名、用户名及密码，创建一个非管理员用户，最后单击“完成”按钮，如图 1-26 所示。

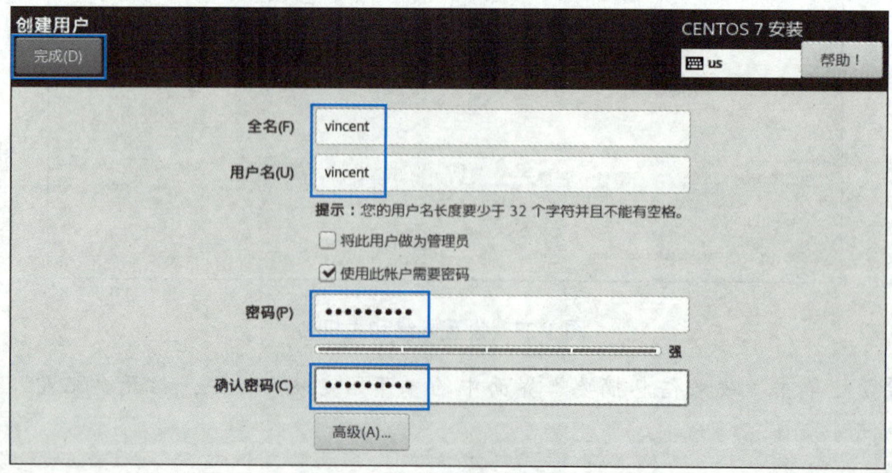

图 1-26 创建非管理员用户

步骤 10 在“配置”界面中，单击“完成配置”按钮，一段时间后，单击“重启”按钮，如图 1-27 所示。重启系统后，当出现如图 1-28 所示的界面时，选择高亮登录项进入系统。

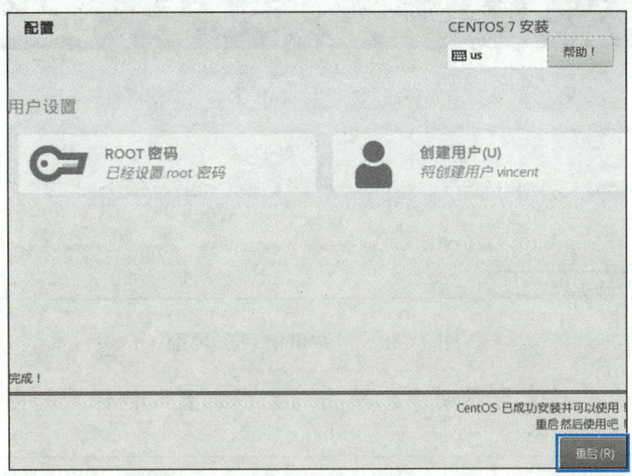

图 1-27　重启 CentOS 7 操作系统

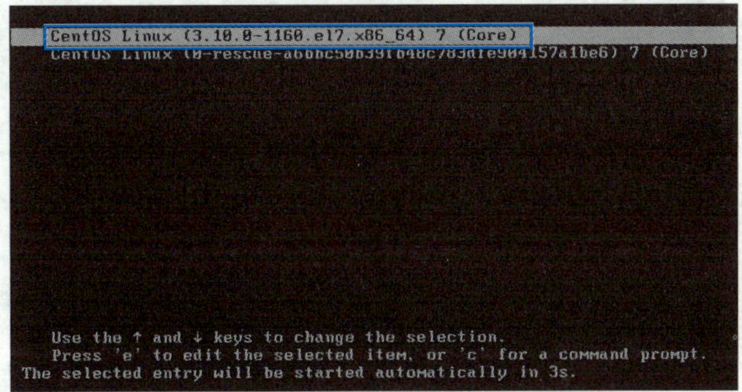

图 1-28　重启后进入系统

步骤 11 进入系统后将看到系统的“初始设置”界面，选择“LICENSE INFORMATION”选项，如图 1-29 所示。

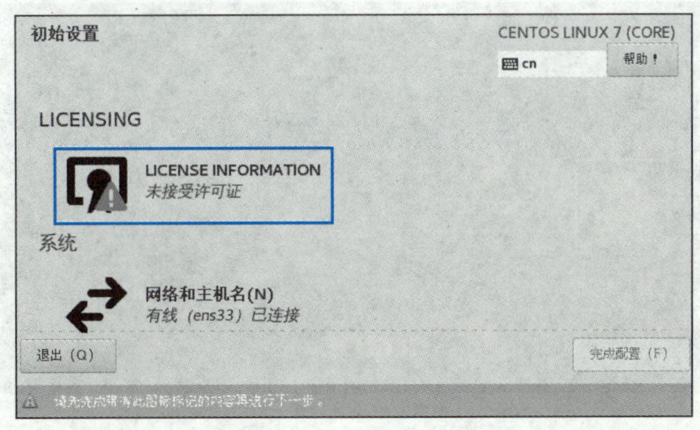

图 1-29　“初始设置”界面

步骤 12　在打开的“许可信息”界面中，勾选“我同意许可协议”复选框，单击“完成”按钮，如图 1-30 所示。

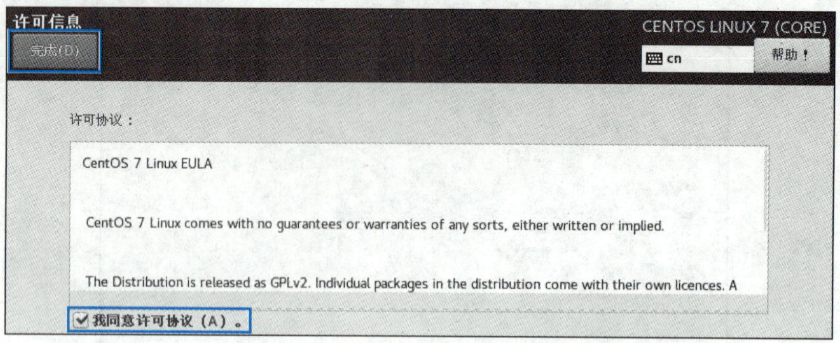

图 1-30　“许可信息”界面

步骤 13　在“初始设置”界面中，单击“完成配置”按钮，如图 1-31 所示。

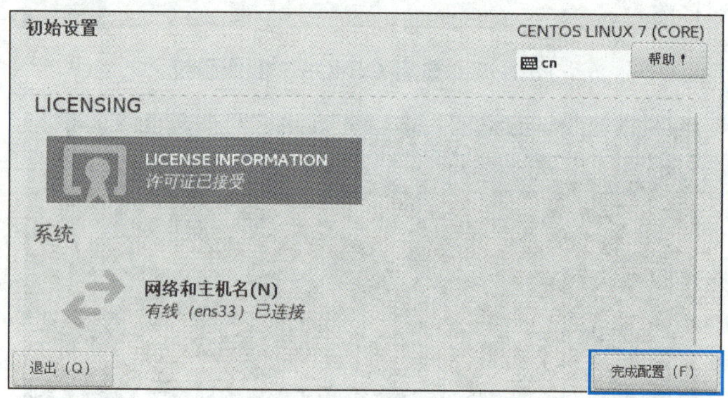

图 1-31　初始设置完成配置

3．登录 Linux 操作系统

步骤 1　开启虚拟机自动启动 Linux 操作系统，进入选择用户界面，选择“未列出？”选项切换至管理员（root）身份，如图 1-32 所示。

图 1-32　选择用户界面

步骤 2 在打开的界面中输入用户名及密码后，即可登录 Linux 操作系统进入“欢迎”界面，选择“汉语”选项，单击“前进”按钮，如图 1-33 所示。

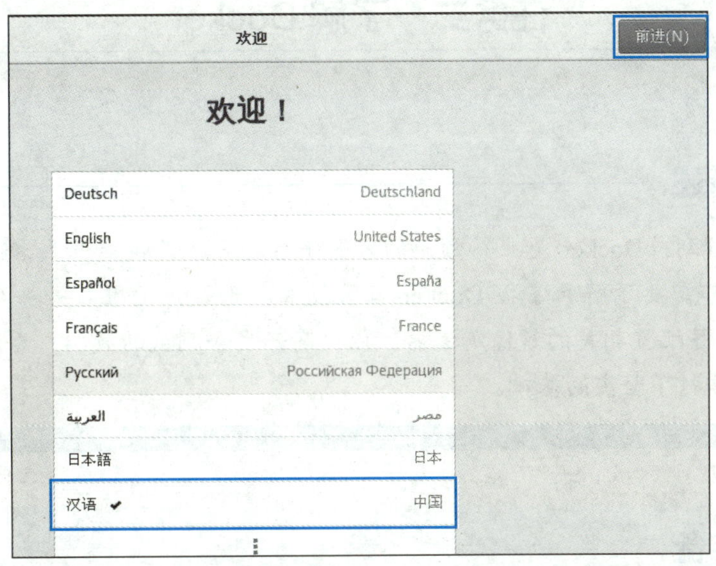

图 1-33 进入“欢迎”界面

步骤 3 根据系统指示完成相应设置即可进入 Linux 操作系统。使用完成后单击桌面右上角的⏻按钮，在弹出的窗口中选择“root”→“注销”选项，可注销用户；单击⏻按钮，可重启或关闭 Linux，如图 1-34 和图 1-35 所示。

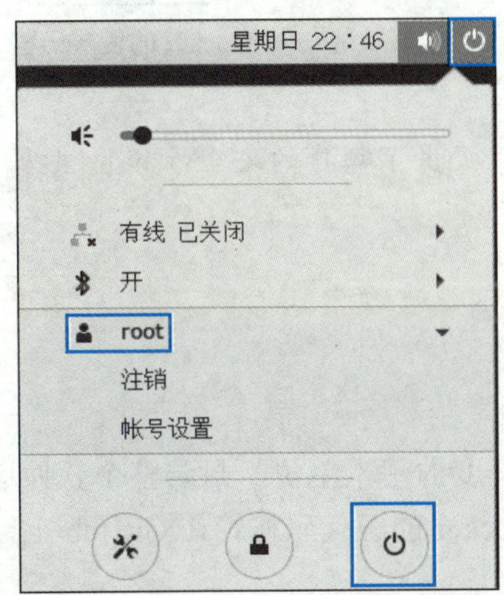

图 1-34 注销界面

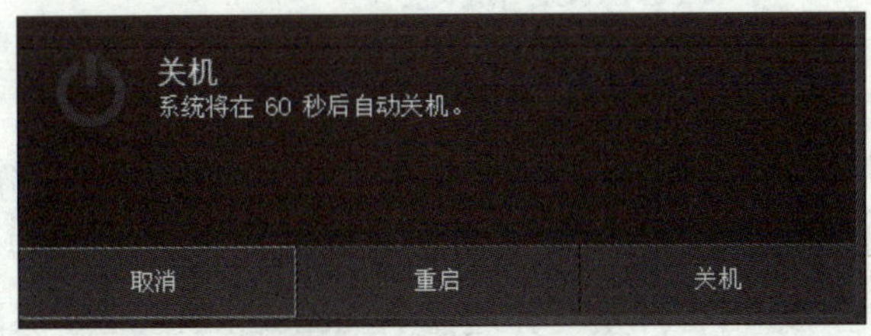

图 1-35 关机界面

任务二　了解 Docker

任务描述

小旌了解到，Docker 是业界领先的容器平台之一，无论是开发者，还是实施和运维人员，都需要了解和掌握 Docker 容器技术。于是，他准备着手安装最新版的 Docker CE，并配置相关的镜像加速器，以提高开发和测试的效率，为后续的业务移植和测试工作打下坚实的基础。

任务准备

全班同学以 5～6 人为一组进行分组，各组选出小组长，小组长组织组内成员扫码观看视频，了解 Docker 的发展历程，讨论并回答下列问题。

Docker 的发展历程

问题 1：简述 Docker 产生的原因。

问题 2：＿＿＿＿＿是一个面向企业的容器平台，提供了额外的安全性和管理功能，其推出标志着 Docker 在企业市场的进一步拓展。

一、Docker 概述

1. 什么是 Docker

Docker 是一款容器引擎，它以容器为资源分割和调度的基本单位，封装整个软件运行时环境，帮助开发者部署和运行分布式应用程序。Docker 的源代码托管在 GitHub 上，基于 Go 语言开发，并遵循 Apache License 2.0 协议。

Docker 借鉴集装箱装运货物的思想，允许开发者将应用程序及其依赖的开发环境打包到一个轻量级、可移植的容器中，确保应用程序在不同环境之间的一致性和可移植性，有效消除了开发环境和生产环境之间的差异。

Docker 贯穿整个应用程序的生命周期，包括开发、测试、分发和部署。用户通过其统一的用户界面，可以轻松管理容器的整个生命周期，极大地减少运维成本。

知识加油站

Docker 分为 Docker CE（社区版）和 Docker EE（企业版）两个版本。Docker CE 是开源免费版本，提供给个人开发者和小型企业使用，Docker EE 是闭源收费版本，提供给开发团队和大型企业使用。

2. Docker 与虚拟机

在传统的虚拟机架构体系中，每台虚拟机均运行一个完整的客户机操作系统，它们各自拥有独立的运行环境，确保了高度的隔离性和灵活性。这些虚拟机通过虚拟机管理程序获得独立的 CPU、网络和存储资源，并以虚拟方式访问硬件资源。这样的设计允许在同一台物理服务器上同时运行多个不同的操作系统实例，但每台虚拟机都会消耗相对较多的硬件资源。

Docker 不同于传统的虚拟机，其不依赖完整的操作系统，仅包含应用程序及其必要的依赖库，直接运行在宿主机的操作系统之上，通过 Docker 引擎进行管理。由于容器与宿主机共享同一个操作系统，容器能够更快地启动，并且因为减少了不必要的操作系统开销，所以性能更优。

虚拟机与 Docker 的体系结构如图 1-36 所示。

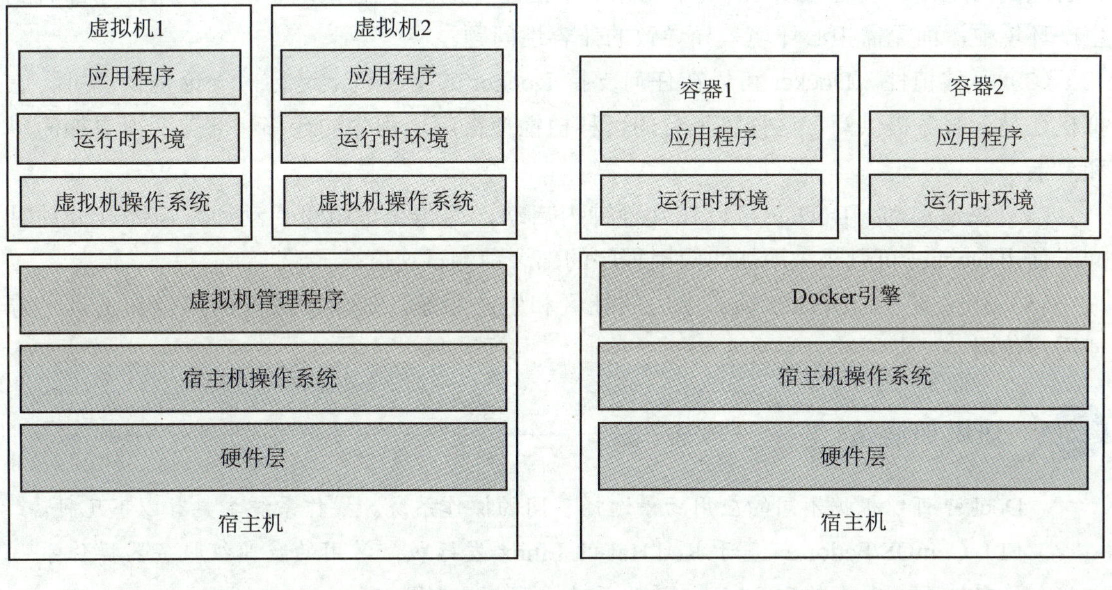

图 1-36 虚拟机与 Docker 的体系结构

Docker 作为一种轻量级的虚拟化技术，其启动速度、性能、内存代价等特性优于虚拟机，已成为现代软件开发、测试、部署和运维流程中不可或缺的一部分。Docker 与虚拟机的特性比较如表 1-1 所示。

表 1-1 Docker 与虚拟机的特性比较

特 性	技 术	
	Docker	虚 拟 机
启动速度	秒级	分钟级
性能	接近原生	弱于原生
内存代价	很小	较大
占用磁盘空间	一般为 MB 级	一般为 GB 级
运行密度	单机支持上千个容器	单机支持几十台虚拟机
隔离性	安全隔离	完全隔离
迁移性	优秀	一般

3. Docker 优势

Docker 作为一种容器化平台，具有诸多显著优势，主要体现在以下几个方面。

（1）轻量级。Docker 与宿主机共享操作系统内核，减少了大量资源消耗。

（2）一致性。Docker 可以确保开发、测试和生产环境的一致性，减少了由于环境差异引起的问题。开发者可以在本地构建和测试应用程序，并轻松地将这些应用程序部署到生产环境中，而无需担心环境差异导致的兼容性问题。

（3）可移植性。Docker 可以在任何支持 Docker 的宿主机上运行，无论是物理机、虚拟机还是云服务提供商。这种跨平台的可移植性使得应用程序的迁移和部署变得更加简单和灵活。

（4）快速启动。Docker 可以在几秒钟内启动，而传统虚拟机启动通常需要几分钟时间。使用 Docker 可以极大地加快应用程序的部署和测试速度。

（5）社区支持。Docker 拥有庞大的社区和生态系统，提供了大量的镜像和工具，方便用户使用。

知识加油站

Docker 可以根据不同的应用场景选择不同的操作系统。操作系统主要有以下几种。

（1）CentOS/Fedora：基于 Red Hat 的 Linux 发行版，常用的企业级服务器操作系统，稳定性高，大小约 200 MB，适用于生产环境。

（2）Debian/Ubuntu：Debian 系列操作系统，功能完善，大小约 170 MB，适用于研发环境。

（3）BusyBox：一款极简版的 Linux 系统，集成了 100 多种常用的 Linux 命令，大小约 2 MB，被称为“Linux 系统的瑞士军刀”，适用于简单测试场景。

（4）Alpine：一款面向安全的轻型 Linux 系统，比 BusyBox 功能更完善，大小约 5 MB，是官网推荐的基础镜像，由于其包含了足够的基础功能且体积较小，在生产环境中比较常用。

二、Docker 引擎

Docker 引擎是 Docker 的核心组件，采用的是客户端/服务器（client/server，C/S）模式，Docker 引擎的组件如图 1-37 所示。

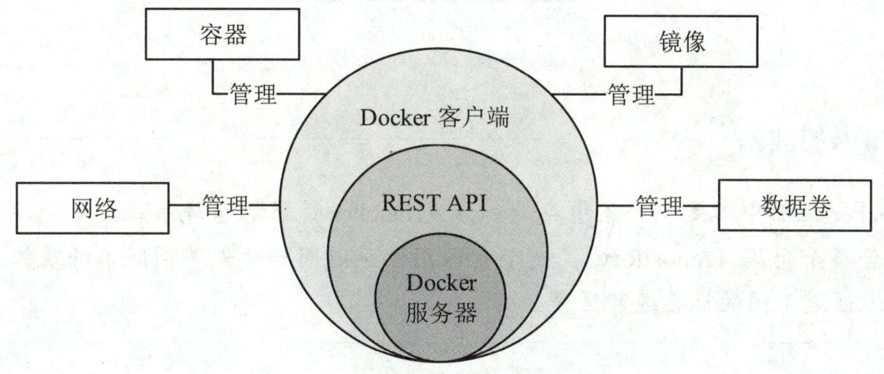

图 1-37　Docker 引擎的组件

Docker 引擎主要由 Docker 服务器、REST API 和 Docker 客户端组成。

（1）Docker 服务器：运行在后台中的 Docker 守护进程（即 Docker Daemon），用于管理 Docker 对象（如镜像、容器和数据卷），它接收并处理来自命令行接口及 API 接口的指令，进行相应的后台操作。

（2）REST API：应用程序的 API 接口，用户通过该 API 接口可以与 Docker 守护进程进行交互，指示后台进行相关操作。

（3）Docker 客户端：Docker 的命令行接口，用户可以在命令行中使用 Docker 相关命令与 Docker 守护进程进行交互。

三、Docker 架构

Docker 采用客户端/服务器模式，其架构如图 1-38 所示。用户通过 Docker 客户端向 Docker 守护进程发送命令（如 docker build、docker pull、docker run 等），Docker 守护进程根据监听到的命令创建、运行或管理容器（container），并在需要时从 Docker 注册中心（Registry）中拉取镜像（image）到本地，以便在容器中运行指定的应用程序或服务。这种架构使得 Docker 在部署、管理和分发应用程序时变得非常灵活和高效。

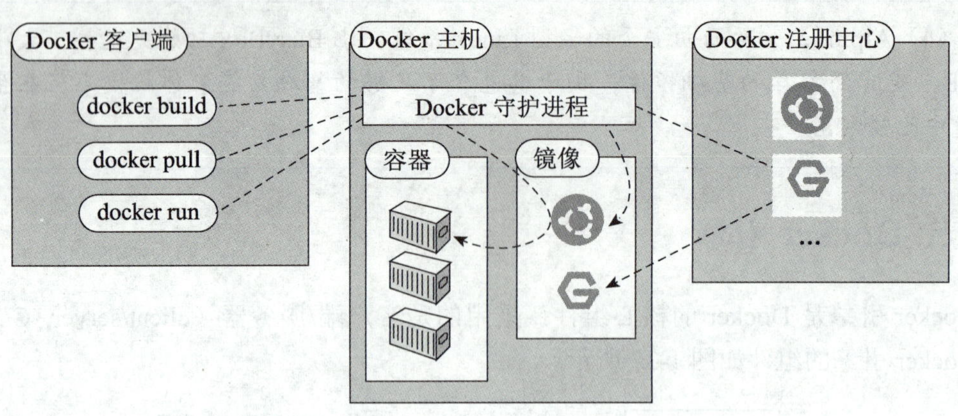

图 1-38　Docker 架构

知识加油站

Docker 注册中心是一个集中存储和分发 Docker 镜像的仓库系统。每个注册中心可以包含多个仓库（repository），一个仓库用于存储同一软件不同版本的镜像，镜像之间可以通过不同的标签进行区分。

四、Docker 核心概念

Docker 有镜像、容器和仓库 3 个核心概念。

1．镜像

镜像是某应用程序及其开发环境的打包文件，用于创建容器。用户可以使用一个镜像创建多个容器。

镜像的内容可以是多种多样的，既可以包含一个完整的操作系统，也可以只包含某个应用程序及其依赖库。例如，某镜像里仅包含 Apache 应用程序，则可将其称为 Apache 镜像。

2．容器

容器是一个镜像的运行实例，可以被启动、停止或删除。Docker 使用沙箱机制实现各个容器之间的隔离。

高手点拨

沙箱（sandbox）是一种安全机制，主要用于隔离和限制程序的运行环境。它允许程序在一个受控的、虚拟的环境中执行，以防止对系统或网络造成潜在的损害。沙箱技术广泛应用于操作系统、浏览器、移动设备及其他应用程序中，以保护用户和系统的安全。

3. 仓库

仓库用于存储和管理镜像，类似于代码仓库。用户可以从仓库中拉取镜像（此过程称为“pull”）来创建容器，也可以将镜像上传到仓库中进行存储和分享（此过程称为“push”）。

仓库按照功能不同可以分为公共仓库和私有仓库两类。Docker 官方提供了 Docker Hub 公共仓库，存放了数量庞大的镜像供用户下载。用户也可以构建私有仓库来存储和管理自己的 Docker 镜像。

4. 镜像、容器和仓库的关系

镜像和容器的关系可比作面向对象编程思想中的类和对象，镜像是一个静态的只读模板（好比类），而容器是镜像的实例化（好比对象），仓库则用于存储镜像。镜像、容器和仓库之间的关系如图 1-39 所示。

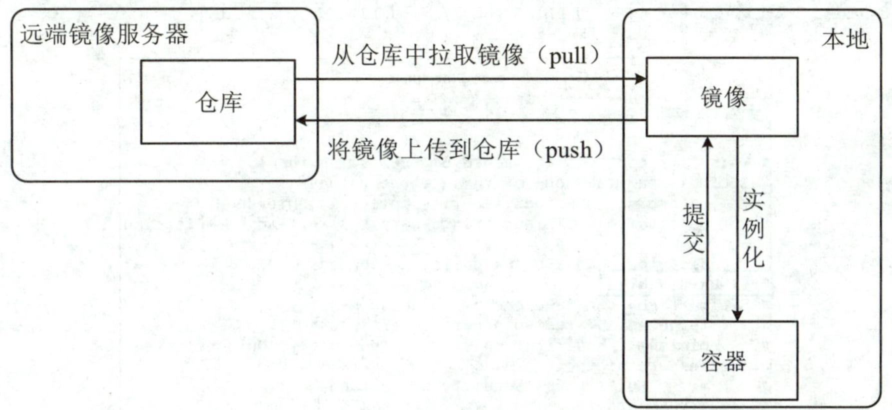

图 1-39 镜像、容器和仓库之间的关系

任务实施——安装与配置 Docker

Docker 作为业界领先的容器化平台，凭借其强大的封装、分发和部署能力，为企业和个人开发者提供了全新的解决方案。本任务将安装与配置 Docker 环境，为后续的软件开发、测试、部署和运维工作奠定基础。

安装与配置 Docker

1. 配置和测试安装环境

步骤 1 以管理员身份登录 CentOS 操作系统，单击“应用程序”按钮，在打开的“应用程序”菜单中选择“系统工具”→“终端”选项，打开命令行终端。

步骤 2 执行以下命令关闭防火墙，并查看防火墙是否关闭。当出现“Active: inactive (dead)”提示时，表示防火墙已关闭。

```
[root@localhost ~]# systemctl stop firewalld
```

```
[root@localhost ~]# systemctl disable firewalld
[root@localhost ~]# systemctl status firewalld
firewalld.service - firewalld - dynamic firewall daemon
   Loaded: loaded (/usr/lib/systemd/system/firewalld.service;
disabled; vendor preset: enabled)
   Active: inactive (dead)
   Docs: man:firewalld(1)
```

步骤 3 执行以下命令临时关闭 SELinux 防火墙。

```
[root@localhost ~]# setenforce 0
```

步骤 4 使用文本编辑器 Vim 打开“/etc/selinux/config”文件，查找“SELINUX”，并将其参数值修改为“disabled”，编辑完成后保存文件并退出，如图 1-40 所示。

```
[root@localhost ~]# vim /etc/selinux/config
```

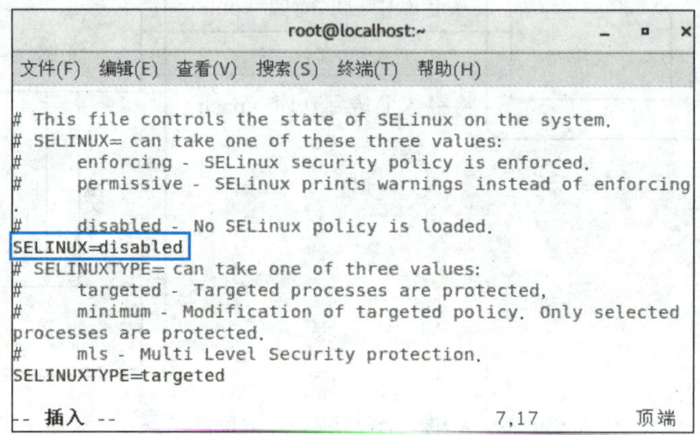

图 1-40 修改 SELINUX 参数值

步骤 5 执行以下命令测试网络的连接状况。若不能连接网络，则需要重新配置 Linux 的网络连接。

```
[root@localhost ~]# ping -c 4 www.sina.com.cn
PING spool.grid.sinaedge.com (123.126.45.205) 56(84) bytes of
data.
64 bytes from 123.126.45.205 (123.126.45.205): icmp_seq=1
ttl=128 time=1.78 ms
64 bytes from 123.126.45.205 (123.126.45.205): icmp_seq=2
ttl=128 time=1.88 ms
64 bytes from 123.126.45.205 (123.126.45.205): icmp_seq=3
ttl=128 time=3.82 ms
64 bytes from 123.126.45.205 (123.126.45.205): icmp_seq=4
ttl=128 time=1.58 ms
```

```
--- spool.grid.sinaedge.com ping statistics ---
4 packets transmitted, 4 received, 0% packet loss, time 3005ms
rtt min/avg/max/mdev = 1.587/2.271/3.829/0.907 ms
```

步骤 6 执行以下命令从 repo 镜像站点中下载“Centos-7.repo”文件，获取 YUM 配置文件，确保在执行 yum 命令时，系统能够从指定仓库中下载软件包。

```
[root@localhost ~]# wget -O /etc/yum.repos.d/CentOS-Base.repo http://mirrors.aliyun.com/repo/Centos-7.repo
--2024-09-04 01:02:09--  http://mirrors.aliyun.com/repo/Centos-7.repo
正在解析主机 mirrors.aliyun.com (mirrors.aliyun.com)... 124.95.153.243, 124.95.153.244, 124.95.153.238, ...
正在连接 mirrors.aliyun.com (mirrors.aliyun.com)|124.95.153.243|:80... 已连接。
已发出 HTTP 请求，正在等待回应... 200 OK
长度：2523 (2.5K) [application/octet-stream]
正在保存至："/etc/yum.repos.d/CentOS-Base.repo"
100%[==================================>] 2,523       --.-K/s 用时 0.02s
2024-09-04 01:02:09 (110 KB/s) - 已保存 "/etc/yum.repos.d/CentOS-Base.repo" [2523/2523])
```

指点迷津

YUM 是一个功能完善、易于使用的软件维护工具，它可以根据用户的要求分析出所需的软件包及其依赖关系，然后自动从服务器中（YUM 软件仓库）下载软件包并安装到 Linux 操作系统。

步骤 7 执行以下命令更新系统中所有的软件包。

```
[root@localhost ~]# yum -y update
已加载插件：fastestmirror, langpacks
Loading mirror speeds from cached hostfile
 * base: mirrors.aliyun.com
 * extras: mirrors.aliyun.com
 * updates: mirrors.aliyun.com
base                                        | 3.6 kB     00:00
docker-ce-stable                            | 3.5 kB     00:00
extras                                      | 2.9 kB     00:00
```

```
updates                                    | 2.9 kB     00:00
(1/4): base/7/x86_64/group_gz               | 153 kB     00:01
(2/4): extras/7/x86_64/primary_db           | 253 kB     00:02
...
完毕!
```

步骤 8 执行以下命令安装 Docker 所需的软件包。

```
[root@localhost ~]# yum install -y yum-utils
device-mapper-persistent-data lvm2
```

步骤 9 执行以下命令配置 Docker 稳定版本的 YUM 软件源，以便安装 Docker。

```
[root@localhost ~]# yum-config-manager --add-repo
http://mirrors.aliyun.com/docker-ce/linux/centos/docker-ce.repo
已加载插件: fastestmirror, langpacks
adding repo from: http://mirrors.aliyun.com/docker-ce/
linux/centos/docker-ce.repo
grabbing file http://mirrors.aliyun.com/docker-ce/linux/
centos/docker-ce.repo to /etc/yum.repos.d/docker-ce.repo
repo saved to /etc/yum.repos.d/docker-ce.repo
```

步骤 10 执行以下命令快速生成 YUM 的软件包缓存。

```
[root@localhost ~]# yum makecache fast
已加载插件: fastestmirror, langpacks
Loading mirror speeds from cached hostfile
 * base: mirrors.aliyun.com
 * extras: mirrors.aliyun.com
 * updates: mirrors.aliyun.com
base                                       | 3.6 kB     00:00
docker-ce-stable                           | 3.5 kB     00:00
extras                                     | 2.9 kB     00:00
updates                                    | 2.9 kB     00:00
元数据缓存已建立
```

2. 安装 Docker

步骤 1 执行以下命令安装最新版本的 Docker CE。

```
[root@localhost ~]# yum install -y docker-ce
已加载插件: fastestmirror, langpacks
Loading mirror speeds from cached hostfile
 * base: mirrors.aliyun.com
 * extras: mirrors.aliyun.com
```

```
 * updates: mirrors.aliyun.com
正在解决依赖关系
--> 正在检查事务
---> 软件包 docker-ce.x86_64.3.26.1.4-1.el7 将被 安装
...
完毕!
```

高手点拨

用户也可以安装指定版本的 Docker CE。例如，执行“yum install -y docker-ce-18.03.0.ce”命令，可以安装版本为 18.03.0.ce 的 Docker CE。

步骤 2 执行以下命令启动 Docker 服务，并设置 Docker 服务在开机时自动启动。

```
[root@localhost ~]# systemctl start docker
[root@localhost ~]# systemctl enable docker
Created symlink from /etc/systemd/system/multi-user.target.
wants/docker.service to /usr/lib/systemd/system/docker.service.
```

步骤 3 执行以下命令查看 Docker 是否成功启动。

```
[root@localhost ~]# ps -ef | grep docker
root    112999    1  0 19:13 ?    00:00:00 /usr/bin/dockerd -H
fd:// --containerd=/run/containerd/containerd.sock
root     113244   89356   0 19:19 pts/1     00:00:00 grep
--color=auto docker
```

步骤 4 执行以下命令查看已安装的 Docker 版本。

```
[root@localhost ~]# docker version
Client: Docker Engine - Community
 Version:           26.1.4
 API version:        1.45
...
 docker-init:
  Version:          0.19.0
  GitCommit:        de40ad0
```

3. 配置镜像加速器

步骤 1 使用文本编辑器 Vim 打开“/etc/docker/daemon.json”文件，配置镜像加速器，编辑完成后保存文件并退出。

```
[root@localhost ~]# vim /etc/docker/daemon.json
{
```

```
    "registry-mirrors": ["https://12d3a42a61bd4bbcbd2578ec4cb58f1e.mirror.swr.myhuaweicloud.com"]
  }
```

高手点拨

配置镜像加速器可以提升 Docker 镜像的下载速度和部署效率。国内一些高校和云计算企业提供了镜像加速服务，用户可通过访问相应的官网来生成自己的镜像加速器。“https://12d3a42a61bd4bbcbd2578ec4cb58f1e.mirror.swr.myhuaweicloud.com”是华为云提供的镜像加速器，用户也可以在华为云官方网站生成自己的镜像加速器。

步骤 2 执行以下命令重新加载配置文件，并重启 Docker 服务。

```
[root@localhost ~]# systemctl daemon-reload
[root@localhost ~]# systemctl restart docker
```

高手点拨

用户在安装与配置完成 Docker 后，可以关闭 CentOS 操作系统，在“VMware Workstation”窗口的左侧窗格中选择“CentOS-7-1”虚拟机，在菜单栏中依次选择“虚拟机”→“快照”→“拍摄快照”选项，在弹出的“CentOS-7-1-拍摄快照”对话框中单击“拍摄快照”按钮，完成虚拟机的快照操作。虚拟机快照可以保存虚拟机的状态，在需要时可以快速恢复到该状态，并可用于快速部署多个相同配置的虚拟机。

项目实训

一、实训目的

（1）熟练掌握在 CentOS 操作系统中安装 Docker 的方法。

（2）熟练掌握配置 Docker 的方法。

二、实训内容

在 CentOS 操作系统中安装并配置最新版本的 Docker。

（1）关闭防火墙，并查看防火墙是否关闭。

（2）临时关闭 SELinux 防火墙，将 SELINUX 的参数值修改为“disabled”。

（3）测试网络连通性。

（4）从 repo 镜像站点下载“Centos-7.repo”文件，获取 YUM 配置文件。

（5）更新系统上所有的软件包。

（6）安装 Docker 所需的软件包。

（7）配置 Docker 稳定版本的 YUM 软件源。

（8）安装 Docker CE 的最新版本。

（9）启动 Docker 并设置在开机时自动启动。

（10）查看 Docker 是否成功启动。

（11）查看安装的 Docker 版本信息。

（12）在“/etc/docker/daemon.json”文件中配置镜像加速器。在配置完成后重新加载配置文件，并重启 Docker 服务。

三、实训小结

按要求完成实训内容，并将实训过程中遇到的问题和解决办法记录在表 1-2 中。

表 1-2 实训过程

序 号	主要问题	解决办法
1		
2		
3		

项目总结

完成本项目的学习与实践后，总结应掌握的知识点，并将思维导图（见图 1-41）填写完整。

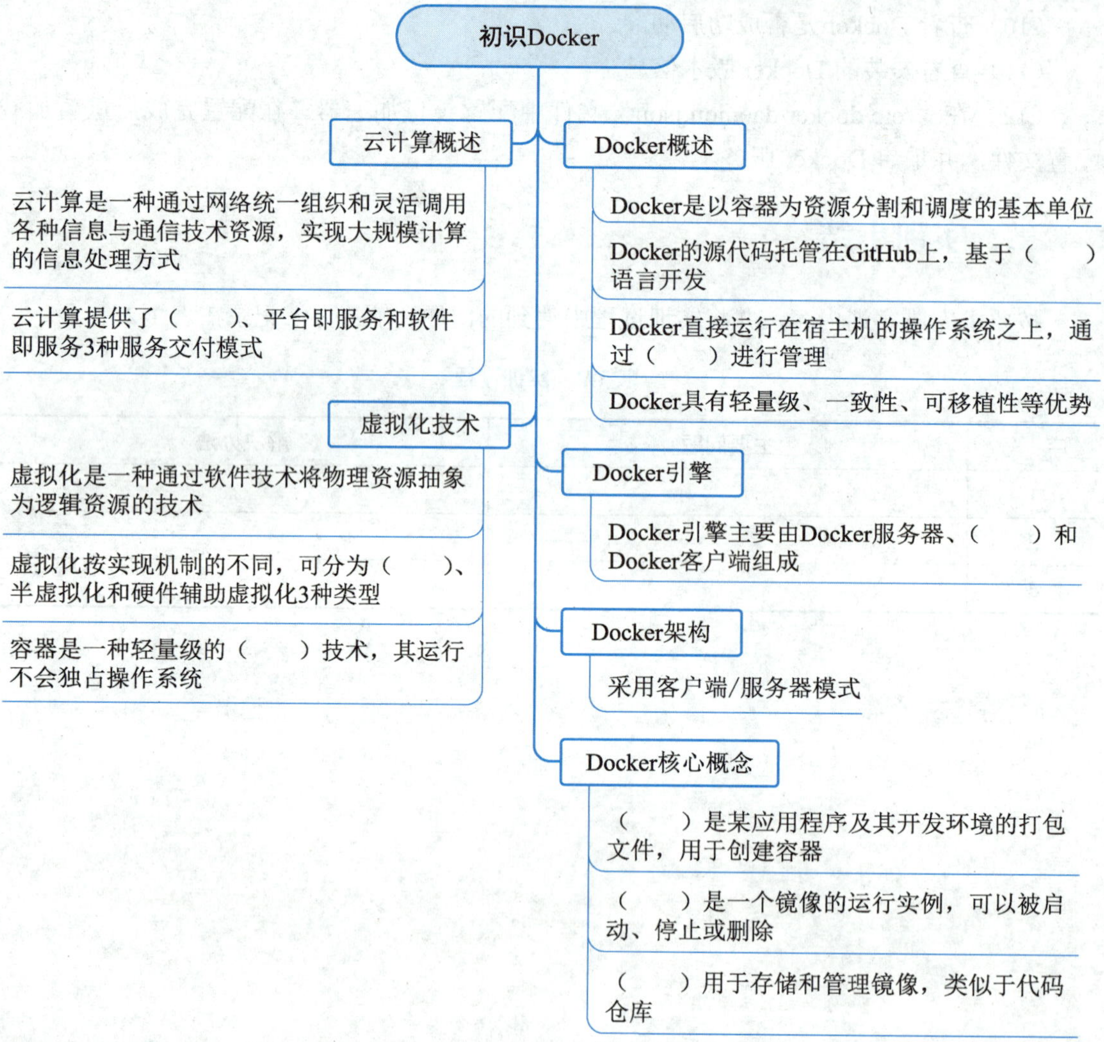

初识Docker

- 云计算概述
  - 云计算是一种通过网络统一组织和灵活调用各种信息与通信技术资源，实现大规模计算的信息处理方式
  - 云计算提供了（　　）、平台即服务和软件即服务3种服务交付模式
- 虚拟化技术
  - 虚拟化是一种通过软件技术将物理资源抽象为逻辑资源的技术
  - 虚拟化按实现机制的不同，可分为（　　）、半虚拟化和硬件辅助虚拟化3种类型
  - 容器是一种轻量级的（　　）技术，其运行不会独占操作系统
- Docker概述
  - Docker是以容器为资源分割和调度的基本单位
  - Docker的源代码托管在GitHub上，基于（　　）语言开发
  - Docker直接运行在宿主机的操作系统之上，通过（　　）进行管理
  - Docker具有轻量级、一致性、可移植性等优势
- Docker引擎
  - Docker引擎主要由Docker服务器、（　　）和Docker客户端组成
- Docker架构
  - 采用客户端/服务器模式
- Docker核心概念
  - （　　）是某应用程序及其开发环境的打包文件，用于创建容器
  - （　　）是一个镜像的运行实例，可以被启动、停止或删除
  - （　　）用于存储和管理镜像，类似于代码仓库

图 1-41　项目总结

项目考核

一、选择题

(1) 在下列关于 IaaS 的描述中，错误的是（　　）。

A．IaaS 的全称是基础设施即服务

B．IaaS 通过 Internet 提供服务给用户

C．IaaS 的运维成本较高

D．IaaS 主要基于虚拟化的 IT 资源池

(2) 在下列选项中，（　　）不是 Docker 引擎的组件。

A．Docker 客户端　　B．REST API

C．Docker Compose　　D．Docker 服务器

(3) Docker 采用（　　）架构。

A．浏览器　　B．C/S

C．B/S　　D．弹性伸缩模式

(4) 在下列选项中，不属于虚拟化类型的是（　　）。

A．半虚拟化　　B．硬件辅助虚拟化

C．全虚拟化　　D．软件辅助虚拟化

(5) 在下列关于 Docker 与虚拟机的描述中，错误的是（　　）。

A．Docker 和虚拟机的运行密度相同

B．Docker 和虚拟机都具有隔离性

C．虚拟机的内存代价要高于 Docker

D．Docker 比虚拟机的启动速度快

二、填空题

(1) 云计算按照服务类型分为基础设施即服务、__________和软件即服务 3 种类型。

(2) __________是 Docker 的核心组件。

(3) Docker 的源代码托管在 GitHub 上，基于__________语言开发。

(4) 仓库按照功能不同可以分为__________和__________两类。

三、简答题

(1) 简述 Docker 引擎包含哪些组件。

(2) 简述镜像、容器和仓库之间的关系。

项目评价

结合本项目的学习情况，完成项目评价并将评价结果填入表 1-3 中。

表 1-3　项目评价表

<table>
<tr><th rowspan="2">评价项目</th><th rowspan="2">评价内容</th><th colspan="4">评价分数</th></tr>
<tr><th>分值</th><th>自评</th><th>互评</th><th>师评</th></tr>
<tr><td rowspan="5">知识评价
（30%）</td><td>是否理解云计算与虚拟化的基本概念</td><td>6 分</td><td></td><td></td><td></td></tr>
<tr><td>是否掌握 Docker 概念及其优势</td><td>6 分</td><td></td><td></td><td></td></tr>
<tr><td>是否了解 Docker 与虚拟机的区别</td><td>6 分</td><td></td><td></td><td></td></tr>
<tr><td>是否掌握 Docker 引擎的组成和 Docker 架构</td><td>6 分</td><td></td><td></td><td></td></tr>
<tr><td>是否理解镜像、容器和仓库的概念及它们之间的关系</td><td>6 分</td><td></td><td></td><td></td></tr>
<tr><td rowspan="2">技能评价
（40%）</td><td>是否能够在虚拟机中安装 Linux 操作系统</td><td>20 分</td><td></td><td></td><td></td></tr>
<tr><td>是否能够在 Linux 操作系统中安装与配置 Docker</td><td>20 分</td><td></td><td></td><td></td></tr>
<tr><td rowspan="4">素养评价
（30%）</td><td>是否遵守课堂纪律，上课精神是否饱满</td><td>7 分</td><td></td><td></td><td></td></tr>
<tr><td>是否具有自主学习意识，做好课前准备</td><td>8 分</td><td></td><td></td><td></td></tr>
<tr><td>是否善于思考，积极参与，勇于提出问题</td><td>8 分</td><td></td><td></td><td></td></tr>
<tr><td>是否具有团队合作精神，出色完成小组任务</td><td>7 分</td><td></td><td></td><td></td></tr>
<tr><td rowspan="2">合　计</td><td>综合得分：________</td><td>100 分</td><td></td><td></td><td></td></tr>
<tr><td>综合等级：________</td><td colspan="4">指导老师签字：________</td></tr>
<tr><td>综合评价</td><td colspan="5">最突出的表现（创新或进步）：

还需改进的地方（不足或缺点）：</td></tr>
</table>

项目二 Docker镜像和容器管理

项目导读

镜像和容器是 Docker 的核心概念，镜像是容器的基础，而容器是镜像的运行实例。当使用容器技术来部署和运行应用程序时，首要任务是获取一个合适的镜像，这个镜像是应用程序部署的起点，通过启动该镜像的容器实例，用户可以快速、可靠地在任何支持 Docker 的环境中部署并运行应用程序，从而极大地简化部署流程，提高运维效率。

知识目标

- 理解镜像的分层机制和容器的运行机制。
- 掌握镜像和容器的常用操作命令。
- 掌握基于已有容器创建镜像的方法。
- 掌握使用 Dockerfile 文件创建镜像的步骤。

能力目标

- 能够获取与管理镜像。
- 能够创建与管理容器。
- 能够使用 Dockerfile 文件创建镜像。

素质目标

- 鼓励学生了解时代新科技，弘扬民族文化，推动科技与社会融合。
- 培养学生严谨规范的工匠精神，塑造学生精益求精、遵守规范的职业素养。

任务一　操作 Docker 镜像

任务描述

小旌了解到镜像包含了完整的开发环境和依赖库，通过创建不同的镜像可以搭建出不同的运行环境，从而极大地提高开发效率。于是，他决定深入探索镜像的应用与管理，并使用镜像的基本操作命令获取与管理 httpd 镜像。

任务准备

全班同学以 5～6 人为一组进行分组，各组选出小组长，小组长组织组内成员扫码观看视频，了解 Docker 的应用领域，讨论并回答下列问题。

问题 1：Docker 作为一种轻量级的________技术，已经广泛应用于多个领域。

问题 2：简述 Docker 的 3 个应用领域。

Docker 的应用领域

一、镜像的分层机制

在 Docker 中，镜像是一个轻量级、可执行的独立软件包，它包含了运行某个应用程序或服务所必需的文件和依赖库。镜像是一个只读模板，一旦创建就不能修改。

镜像采用分层构建机制，即每个镜像都基于一个或多个“镜像层”构建，这些镜像层按照从下到上的顺序堆叠在一起，形成了一个完整的镜像。每个镜像层都是只读的，且可以被多个镜像共享，这可以极大地节省存储空间并加快构建速度。例如，以 Debian 操作系统镜像为底层，在其上叠加一个 MySQL 镜像层，即可创建一个 Debian＋MySQL 的镜像。

高手点拨

镜像是容器的静态表示，可以基于某个镜像启动一个或多个容器。一旦容器从镜像中启动，容器和镜像之间就变成了互相依赖的关系，并且在某个镜像上启动的容器全部停止之前，该镜像是无法删除的。

二、镜像的常用操作命令

1. 查找镜像

镜像是容器运行的基础，Docker 镜像仓库中存储着大量高质量的镜像，用户可以从 Docker Hub 公共仓库中查找所需要的镜像。docker search 命令用于查找镜像仓库中的镜像，其格式如下。

```
docker search [选项] 关键字
```

其中，常用选项的含义如表 2-1 所示；关键字表示要查找的镜像名或描述。

表 2-1 docker search 命令中常用选项的含义

选 项	含 义
-f、--filter	根据指定条件筛选查找结果。例如，--filter=is-official=true 表示筛选官方镜像
--no-trunc	不截断输出信息，即显示完整的镜像描述
--limit	限制查找结果的数量

【例 2-1】 在 Docker Hub 公共仓库中查找包含“java”关键字的镜像。

```
[root@localhost ~]# docker search --filter=is-official=true java
NAME      DESCRIPTION                    STARS    OFFICIAL  AUTOMATED
java      DEPRECATED; use "open…         2008     [OK]
ibmjava   Official IBM® SDK, Ja…         126      [OK]
groovy    Apache Groovy is a mul…        152      [OK]
...
```

在 docker search 命令显示信息中，各字段的说明如下。

① NAME：镜像的名称。

② DESCRIPTION：镜像的描述信息。

③ STARS：用户对镜像的收藏数（反映该镜像的受欢迎程度）。

④ OFFICIAL：该镜像是否为 Docker 官方发布的镜像。

⑤ AUTOMATED：该镜像是否为自动构建。

2. 拉取镜像

docker pull 命令用于从镜像仓库中拉取镜像到本地，其格式如下。

```
docker pull 镜像名[:标签名]
```

其中，镜像名表示镜像的名称；标签名表示镜像的标签名称，用于区分同一个镜像的不同版本，默认为 latest 标签，即仓库中最新版本的镜像。

指点迷津

镜像名可以使用仓库地址（即 registry 地址）作为前缀，这决定了将从哪个仓库中拉取镜像。若镜像名没有指定仓库地址，Docker 默认从 Docker Hub 公共仓库中拉取镜像。若镜像名指定了仓库地址，Docker 会从前缀指定的私有仓库中拉取镜像。例如，命令“docker pull myregistry.example.com/nginx”表示将从 myregistry.example.com 这个私有仓库中拉取 nginx 镜像。

【例 2-2】 从 Docker Hub 公共仓库中拉取最新版本的 ubuntu 镜像。

```
[root@localhost ~]# docker pull ubuntu
Using default tag: latest
latest: Pulling from library/ubuntu
31e907dcc94a: Pull complete
Digest: sha256:8a37d68f4f73ebf3d4efafbcf66379bf3728902a80386
16808f04e34a9ab63ee
Status: Downloaded newer image for ubuntu:latest
docker.io/library/ubuntu:latest
```

高手点拨

在拉取镜像时，若 Status 为“Tag latest not found in repository”，则通常表示镜像不存在或者存在网络问题。

3. 查看镜像信息

docker images 命令用于查看本地已有镜像的基本信息，其格式如下。

```
docker images [选项] [镜像名[:标签名]]
```

其中，常用选项的含义如表 2-2 所示；镜像名[:标签名]表示要查看的镜像，若省略，则查看所有镜像。

表 2-2 docker images 命令中常用选项的含义

选 项	含 义	选 项	含 义
-a、--all	查看所有镜像（默认隐藏中间镜像层）	-q、--quiet	仅显示镜像 ID
-f、--filter	根据指定条件筛选镜像	--format	自定义输出格式

【例 2-3】 查看本地的所有镜像。

```
[root@localhost ~]# docker images
REPOSITORY   TAG      IMAGE ID       CREATED       SIZE
ubuntu       latest   edbfe74c41f8   5 weeks ago   78.1MB
```

在 docker images 命令显示信息中，各字段的说明如下。

① REPOSITORY：镜像的名称。

② TAG：镜像的标签。标签只用于标记，并不能表示镜像内容，同一个镜像可以有多个标签。

③ IMAGE ID：镜像的 ID，是镜像的唯一标识。若两个镜像的 ID 相同，尽管它们的标签名不同，它们实际上指向的是同一个镜像。

④ CREATED：镜像的创建时间。

⑤ SIZE：镜像的大小。

4. 添加镜像标签

docker tag 命令用于为本地镜像添加新的标签，其格式如下。

```
docker tag 原镜像名[:原标签名] 新镜像名[:新标签名]
```

【例 2-4】 为本地镜像 ubuntu:latest 添加新的镜像标签 ubuntu:v1.0，并重新查看本地镜像信息。

```
[root@localhost ~]# docker tag ubuntu:latest ubuntu:v1.0
[root@localhost ~]# docker images
REPOSITORY    TAG       IMAGE ID       CREATED        SIZE
ubuntu        v1.0      edbfe74c41f8   5 weeks ago    78.1MB
ubuntu        latest    edbfe74c41f8   5 weeks ago    78.1MB
```

从结果中可以看出，镜像 ubuntu:latest 和 ubuntu:v1.0 的镜像 ID 完全一致，它们实际上指向的是同一个镜像文件，只是镜像的标签不同。

5. 删除镜像

删除镜像有两种方法：使用镜像标签删除镜像和使用镜像 ID 删除镜像。docker rmi 命令用于删除本地的一个或多个镜像，其格式如下。

```
docker rmi [选项] 镜像1 [镜像2 …]
```

其中，常用选项的含义如表 2-3 所示；镜像可以是镜像名（格式为镜像名[:标签名]）或镜像 ID。

表 2-3　docker rmi 命令中常用选项的含义

选　项	含　义
-f、--force	强制删除镜像，即使有容器依赖该镜像
--no-prune	不删除未带标签的父镜像

【例 2-5】 删除 ubuntu:v1.0 镜像。

```
[root@localhost ~]# docker rmi ubuntu:v1.0
Untagged: ubuntu:v1.0
```

知识加油站

使用 docker rmi 命令删除一个带有多个标签的镜像时，实际上只是删除了该镜像的一个或多个标签，而不是镜像本身。只要镜像还保留一个标签，它就不会被物理删除。

6. 镜像的导出和载入

（1）导出镜像。docker save 命令用于将镜像导出为 tar 文件。使用这个命令，用户可以将镜像保存到本地文件系统中，以便镜像的备份、迁移和恢复。docker save 命令的格式如下。

```
docker save -o 导出文件名 导出的镜像
```

【例 2-6】 将本地镜像 ubuntu:latest 导出到文件“ubuntu_latest.tar”中，并显示该文件的详细信息。

```
[root@localhost ~]# docker save -o ubuntu_latest.tar ubuntu:latest
[root@localhost ~]# ll ubuntu_latest.tar
-rw------- 1 root root 80572416 9月  9 22:12 ubuntu_latest.tar
```

（2）载入镜像。docker load 命令用于从指定的 tar 文件中载入镜像。使用这个命令，用户可以将之前使用 docker save 命令导出的镜像重新载入到 Docker 守护进程中，以便镜像的迁移和共享。docker load 命令的格式如下。

```
docker load -i 导出文件名
```

【例 2-7】 从“ubuntu_latest.tar”文件中载入镜像。

```
[root@localhost ~]# docker load -i ubuntu_latest.tar
Loaded image: ubuntu:latest
```

7. 上传镜像

docker push 命令用于将本地镜像上传到镜像仓库，默认上传到 Docker Hub 公共仓库（需要登录），其格式如下。

```
docker push 镜像名[:标签名]
```

高手点拨

第一次上传镜像时，Docker 会提示输入登录信息或进行注册。登录成功后，登录信息会记录在“~/.docker”目录下。

任务实施——获取与管理 httpd 镜像

Apache HTTP 服务器是一个开源的 Web 服务器，广泛用于托管网站和 Web 应用程序。HTTPD 指 Apache HTTP 服务器的守护进程，它使用 HTTP 协议进行文本传输。

获取与管理 httpd 镜像

本任务基于镜像维护的常见应用场景，通过运用获取与管理镜像的常用命令，加深对 httpd 镜像的理解。

步骤 1 以管理员身份登录 CentOS 操作系统，打开命令行终端，执行以下命令从 Docker Hub 公共仓库中拉取最新版本的 httpd 镜像。

```
[root@localhost ~]# docker pull httpd:latest
latest: Pulling from library/httpd
a2318d6c47ec: Pull complete
62dd86107c65: Pull complete
4f4fb700ef54: Pull complete
22871f73faed: Pull complete
ca061a523d1f: Pull complete
509789394c2a: Pull complete
Digest: sha256:ae1124b8d23ee3fc35d49da35d5c748a2fce318d1f5
5ce59ccab889d612f8be8
Status: Downloaded newer image for httpd:latest
docker.io/library/httpd:latest
```

步骤 2 执行以下命令查看本地的所有镜像，了解本地镜像的基本信息。

```
[root@localhost ~]# docker images
REPOSITORY    TAG       IMAGE ID       CREATED       SIZE
ubuntu        latest    edbfe74c41f8   5 weeks ago   78.1MB
httpd         latest    9cb0a2315602   7 weeks ago   148MB
```

步骤 3 为了方便使用和管理 httpd:latest 镜像，执行以下命令为镜像添加新的标签“v2.0”，并重新查看本地镜像信息。

```
[root@localhost ~]# docker tag httpd:latest httpd:v2.0
[root@localhost ~]# docker images
REPOSITORY    TAG       IMAGE ID       CREATED       SIZE
ubuntu        latest    edbfe74c41f8   5 weeks ago   78.1MB
httpd         latest    9cb0a2315602   7 weeks ago   148MB
httpd         v2.0      9cb0a2315602   7 weeks ago   148MB
```

步骤 4 执行以下命令删除不需要的 httpd:latest 镜像。

```
[root@localhost ~]# docker rmi httpd:latest
Untagged: httpd:latest
```

步骤 5 执行以下命令将本地的 httpd:v2.0 镜像导出到“httpd.tar”文件中，便于备份或传输，并使用 ll 命令显示该文件的详细信息。

```
[root@localhost ~]# docker save -o httpd.tar httpd:v2.0
[root@localhost ~]# ll httpd.tar
-rw------- 1 root root 152192512 9月  10 11:16 httpd.tar
```

任务二　管理 Docker 容器

任务描述

小旌了解到容器是基于镜像创建的，每个容器都包含了一个轻量级的、可移植的运行环境，这种部署方式可以提高资源的利用率和部署的灵活性。为了进一步理解和操作容器，小旌决定自己动手创建与管理 nginx 容器。

任务准备

全班同学以 5～6 人为一组进行分组，各组选出小组长，小组长组织组内成员扫码观看视频，了解 Linux 信号在 Docker 中的应用，讨论并回答下列问题。

问题 1：信号可分为__________和标准信号两类。

问题 2：简述 SIGTERM 和 SIGKILL 两种信号。

Linux 信号在 Docker 中的应用

一、容器的运行机制

Docker 使用容器来运行应用程序，这些容器作为镜像的运行实例，通过将镜像中的内容加载到宿主机的内存和文件系统中，并为其分配网络资源，从而形成一个独立的、可操作的应用程序运行环境。

镜像由一个或多个只读的镜像层组成，而容器是在镜像的顶部添加了可读/写的容器层，如图 2-1 所示。当第一次启动容器时，容器层会自动创建，且新建的容器层为空，所有对容器的操作（如添加、读取、修改和删除文件等）都在该层完成。容器层只会保存对镜像所做的修改，而不会直接修改镜像本身。

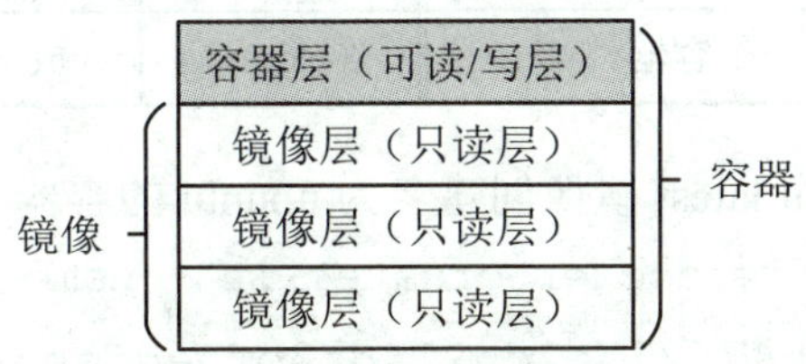

图 2-1　容器的分层架构

容器具有以下特点。

（1）隔离性。容器使用沙箱机制来确保容器之间的隔离性，即容器之间的应用程序相互隔离，互不干扰。

（2）轻量级。容器不需要单独的操作系统，而是共享宿主机的操作系统内核，这使得容器的启动速度更快，资源消耗更少。

（3）可移植性。容器不依赖于特定的基础架构，可以在任何支持容器技术的平台上运行。这种可移植性可以确保应用程序在不同的环境中以相同的方式运行。

（4）易于管理和扩展。容器可以被快速创建、启动、停止和删除，这使得容器非常适合于微服务架构。

二、容器的常用操作命令

1．创建容器

docker create 命令用于创建一个容器，创建的容器默认处于停止状态，不运行任何应用程序。docker create 命令的格式如下。

```
docker create [选项] 镜像 [命令]
```

其中，常用选项的含义如表 2-4 所示；镜像表示用于创建容器的镜像，可以是镜像名（格式为镜像名[:标签名]）也可以是镜像 ID；命令表示容器启动时要执行的命令。

表 2-4　docker create 命令中常用选项的含义

选　项	含　义	选　项	含　义
-n、--name	为容器指定一个名称	--network	指定容器的网络模式
-p、--publish	设置端口映射，格式为“宿主机端口:容器端口”	-e、--env	设置环境变量
-v、--volume	挂载数据卷	-d	在后台运行容器，并返回容器 ID

（续表）

选　项	含　义	选　项	含　义
-i	以交互模式运行容器，通常与-t同时使用	-t	为容器分配一个伪终端，以便用户与容器交互
--link	添加连接到另一个容器	--expose	开放一个端口或一组端口

【例 2-8】　基于 ubuntu:latest 镜像创建名为 ubuntu 的容器。

```
[root@localhost ~]# docker create -it --name ubuntu ubuntu:latest
35264ef633a0d355474277c2dd914db3cf5edfae331f8cf4fbe253f35a2
e6b9a
```

2. 启动容器

启动容器有两种方式：一种是启动已创建的容器，另一种是创建并启动容器。

（1）启动已创建的容器。docker start 命令用于启动一个已创建的容器，其格式如下。

```
docker start 容器名|容器 ID
```

【例 2-9】　启动已创建的 ubuntu 容器。

```
[root@localhost ~]# docker start ubuntu
ubuntu
```

（2）创建并启动容器。docker run 命令用于创建并启动容器，该命令等价于先执行 docker create 命令，再执行 docker start 命令。docker run 命令的格式如下。

```
docker run [选项] 镜像 [命令]
```

docker run 命令中可使用的选项及其含义与 docker create 命令一致，此处不再赘述。

当使用 docker run 命令创建并启动容器时，Docker 的操作包括以下几个步骤。

① 检查本地是否存在指定的镜像，若不存在则从 Docker Hub 公共仓库中拉取。

② 使用镜像创建一个容器，并启动该容器。

③ 分配文件系统给容器，并在只读的镜像层顶部添加可读/写的容器层。

④ 从宿主机配置的网桥接口中桥接一个虚拟接口到容器中。

⑤ 从网桥的地址池配置一个 IP 地址给容器。

⑥ 执行用户指定的应用程序。

⑦ 执行完毕后容器终止。

【例 2-10】　基于 httpd:v2.0 镜像，创建并启动一个容器，随后在容器内启动一个交互式的 bash shell，显示容器的当前日期和时间。

```
# 创建并启动容器，在容器内启动一个 bash shell
[root@localhost ~]# docker run -it httpd:v2.0 /bin/bash
# 显示容器的当前日期和时间
root@bf3e551e36f1:/usr/local/apache2# date
```

```
Fri Sep 13 07:47:36 UTC 2024
# 使用 exit 命令退出容器
root@bf3e551e36f1:/usr/local/apache2# exit
exit
```

高手点拨

命令“docker run -it httpd:v2.0 /bin/bash”中的参数“-it”是参数“-i”和“-t”的组合。当使用“-it”参数时，允许用户在容器内启动一个交互式的 shell 会话（通常使用“/bin/bash”表示）。这样，用户就可以通过命令行与容器内的进程进行交互了。

当用户在容器中启动一个终端，并通过 exit 命令或“Ctrl＋D”组合键退出容器时，所创建的容器会立刻终止。

3．查看容器

（1）查看容器列表。docker ps 命令用于查看当前正在运行的容器，其格式如下。

```
docker ps [选项]
```

其中，常用选项的含义如表 2-5 所示。

表 2-5　docker ps 命令中常用选项的含义

选　项	含　义	选　项	含　义
-a、--all	显示所有容器（包括未运行的容器）	-f、--filter	根据指定条件筛选显示结果
-l、--latest	显示最新创建的容器	s、--size	显示容器的大小
-q、--quiet	只显示容器 ID	-n <*X*>	显示最近创建的 *X* 个容器

【例 2-11】　查看宿主机中的所有容器，包括未运行的容器。

```
[root@localhost ~]# docker ps -a
CONTAINER ID  IMAGE  COMMAND  CREATED  STATUS  PORTS  NAMES
bf3e551e36f1  httpd:v2.0     "/bin/bash"       2 minutes ago
Exited (0) About a minute ago     suspicious_aryabhata
35264ef633a0  ubuntu:latest  "/bin/bash"       16 hours ago
Up 16 hours                       ubuntu
```

在 docker ps 命令显示信息中，各字段的说明如下。

① CONTAINER ID：容器的唯一标识符，通常为一个哈希值的前几位。

② IMAGE：创建容器所使用的镜像。

③ COMMAND：容器启动时运行的命令。

④ CREATED：容器的创建时间。

⑤ STATUS：容器的当前状态。例如，“Up”表示容器正在运行，“Exited”表示容器

已停止。

⑥ PORTS：容器端口的映射信息。格式通常为“宿主机端口:容器端口/协议”。

⑦ NAMES：容器的名称。

知识加油站

docker inspect 命令用于获取对象（如容器、镜像等）的详细信息。该命令会以 JSON 格式返回对象的配置、状态、网络设置等信息。

docker inspect 命令的格式为“docker inspect [选项] 名称|ID”。其中，常用选项的含义如表 2-6 所示；名称|ID 表示要查看对象（如容器、镜像等）的名称或 ID。

表 2-6 docker inspect 命令中常用选项的含义

选　项	含　义
-f、--format	自定义输出格式
--type	指定要查看对象的类型，如容器、镜像等
-s、--size	显示对象的大小

【例 2-12】 查看 ubuntu 容器的详细信息。

```
[root@localhost ~]# docker inspect ubuntu
[
    {
        "Id": "35264ef633a0d355474277c2dd914db3cf5edfae331f8c
f4fbe253f35a2e6b9a",
        "Created": "2024-09-12T09:20:45.92006513Z",
        "Path": "/bin/bash",
        "Args": [],
        "State": {
            "Status": "running",
            ...
    }
]
```

（2）获取容器的日志信息。docker logs 命令用于获取容器的日志信息，可以帮助用户监控容器的运行状况、调试应用程序或者获取容器内部程序的显示结果。docker logs 命令的格式如下。

```
docker logs [选项] 容器名|容器 ID
```

其中，常用选项的含义如表 2-7 所示。

表 2-7 docker logs 命令中常用选项的含义

选 项	含 义	选 项	含 义
-f、--follow	实时跟踪日志信息	--since	只显示某个时间戳之后的日志
-t、--timestamps	在日志信息前添加时间戳	--tail	显示日志的最后几行，默认为“all”

4. 进入容器

docker exec 命令用于在运行中的容器内执行命令，其格式如下。

```
docker exec [选项] 容器名|容器 ID 命令 [参数]
```

其中，常用选项的含义如表 2-8 所示；参数表示在容器中执行命令需要的参数，如指定路径。

表 2-8 docker exec 命令中常用选项的含义

选 项	含 义	选 项	含 义
-d、--detach	在后台运行命令	-u、--user	指定访问容器的用户名或用户 ID
-t、--tty	为容器分配一个伪终端，以便用户与容器交互	-i、--interactive	打开标准输入接受用户输入命令，保持 stdin 打开
-w、-workdir	指定容器内的工作目录	-e、--env	设置环境变量

知识加油站

Docker 还提供 docker attach 命令进入容器，该命令允许用户直接访问容器的标准输入（stdin）、标准输出（stdout）和标准错误输出（stderr）。然而，当多个窗口同时进入到同一个容器时，所有窗口都会同步显示，当某个窗口因命令阻塞时，其他窗口也无法执行操作。

【例 2-13】 根据容器 ID 进入 ubuntu 容器（容器 ID 为 35264ef633a0）的交互模式，并显示当前工作目录下的文件和目录。

```
# 根据容器 ID 进入容器的交互模式
[root@localhost ~]# docker exec -it 35264ef633a0 /bin/bash
# 显示当前工作目录下的文件和目录
root@35264ef633a0:/# ls
bin   dev  home  lib64  mnt  proc  run   srv  tmp  var
boot  etc  lib   media  opt  root  sbin  sys  usr
# 退出容器
root@35264ef633a0:/# exit
exit
```

5. 停止容器

（1）暂停容器。docker pause 命令用于暂停一个或多个正在运行的容器，其格式如下。

```
docker pause 容器名1|容器ID [容器名2|容器ID …]
```

知识加油站

当容器处于暂停状态时，用户可以使用 docker unpause 命令恢复容器的运行状态，其格式为“docker unpause 容器名 1|容器 ID [容器名 2|容器 ID …]”。

（2）终止容器。docker stop 命令用于终止一个正在运行的容器，其格式如下。

```
docker stop [-t|--time[=10]] 容器名|容器ID
```

docker stop 命令首先向容器发送 SIGTERM 信号，等待容器停止。如果等待一段时间（默认为 10 s）后，容器没有停止，则再发送 SIGKILL 信号终止容器。用户可以使用“-t”或“--time”选项指定容器停止的最大时间。

【例 2-14】 终止 ubuntu 容器，并查看正在运行的容器。

```
# 终止 ubuntu 容器
[root@localhost ~]# docker stop ubuntu
ubuntu
# 查看正在运行的容器
[root@localhost ~]# docker ps
CONTAINER ID  IMAGE  COMMAND  CREATED  STATUS  PORTS  NAMES
```

从结果中可以看出，没有正在运行的容器。

6. 删除容器

docker rm 命令用于删除一个或多个已经停止运行的容器，其格式如下。

```
docker rm [选项] [容器名|容器ID …]
```

其中，常用选项的含义如表 2-9 所示。

表 2-9　docker rm 命令中常用选项的含义

选　项	含　义	选　项	含　义
-f、--force	强制删除正在运行的容器	-v、--volumes	删除与容器关联的数据卷
-l、--link	删除容器间的网络连接，而非容器本身		

【例 2-15】 查看所有容器，并删除一个处于终止状态（Exited）的容器。

```
# 查看所有容器
[root@localhost ~]# docker ps -a
CONTAINER ID   IMAGE    COMMAND   CREATED   STATUS   PORTS  NAMES
bf3e551e36f1   httpd:v2.0     "/bin/bash"      17 hours ago
```

```
Exited (0) 17 hours ago                suspicious_aryabhata
  35264ef633a0   ubuntu:latest   "/bin/bash"      40 hours ago
Exited (137) 14 hours ago              ubuntu
  # 删除容器 ID 为 bf3e551e36f1 的容器
  [root@localhost ~]# docker rm bf3e551e36f1
  bf3e551e36f1
  # 查看所有容器
  [root@localhost ~]# docker ps -a
  CONTAINER ID IMAGE  COMMAND  CREATED  STATUS  PORTS  NAMES
  35264ef633a0   ubuntu:latest   "/bin/bash"      40 hours ago
Exited (137) 15 hours ago              ubuntu
```

7. 导出和导入容器

（1）导出容器。docker export 命令用于将容器的内容导出为 tar 文件，以便备份或迁移容器。docker export 命令的格式如下。

```
  docker export 容器名|容器 ID > 导出文件名.tar
```

【例 2-16】 将容器 ubuntu 导出到“export_ubuntu.tar”文件，并显示该文件的详细信息。

```
  # 将容器 ubuntu 导出到 export_ubuntu.tar 文件
  [root@localhost ~]# docker export ubuntu > export_ubuntu.tar
  # 显示文件的详细信息
  [root@localhost ~]# ll export_ubuntu.tar
  -rw-r--r-- 1 root root 80562688 9月  14 11:26 export_ubuntu.tar
```

（2）导入容器。docker import 命令用于根据指定的 tar 文件创建一个新的镜像，其格式如下。

```
  docker import 文件名 生成的镜像名:标签名
```

【例 2-17】 基于导出的“export_ubuntu.tar”文件创建 ubuntu:import 镜像，并查看本地镜像。

```
  # 基于 tar 文件创建 ubuntu:import 镜像
  [root@localhost   ~]#   docker   import   export_ubuntu.tar
ubuntu:import
  sha256:dd96285bdeb2a0ec25333d49e7a10791f07c09b96934f00b96c9e
48e19a3a6c4
  # 查看本地镜像
  [root@localhost ~]# docker images
  REPOSITORY   TAG       IMAGE ID       CREATED          SIZE
  ubuntu       import    dd96285bdeb2   23 seconds ago   78.1MB
  ubuntu       latest    edbfe74c41f8   6 weeks ago      78.1MB
  httpd        v2.0      9cb0a2315602   8 weeks ago      148MB
```

8. 其他操作命令

（1）docker rename 命令用于修改容器的名称，其格式如下。

```
docker rename 旧容器名 新容器名
```

（2）docker port 命令用于查看容器的端口映射信息，其格式如下。

```
docker port 容器名|容器 ID [端口号]
```

（3）docker stats 命令用于显示容器的资源使用情况，包括 CPU、内存和网络等统计信息，其格式如下。

```
docker stats [容器名|容器 ID …]
```

（4）docker top 命令用于显示运行中容器的进程信息，其格式如下。

```
docker top 容器名|容器 ID
```

（5）docker cp 命令用于在容器和宿主机之间复制文件，其格式如下。

```
docker cp [选项] 容器名|容器 ID:源路径 目标路径
```

或者

```
docker cp [选项] 目标路径 容器名|容器 ID:源路径
```

素养之窗

腾讯云拥有国内较大的容器集群，其容器规模已达到千万核级别的 CPU 资源规模。腾讯云提供了企业级容器云服务平台 TKE，它基于原生 Kubernetes 提供以容器为核心的、高度可扩展的高性能容器管理平台。TKE 无缝衔接了腾讯云在计算、网络、存储及安全方面的诸多能力，并且高效扩展了网络、GPU 虚拟化、特定 CRD 资源等 Kubernetes 插件。

目前，腾讯云的容器服务支持海量业务的平稳运行和迭代升级，同时也服务于互联网、电商、政务、能源等多个领域和方向。

任务实施——创建与管理 nginx 容器

Nginx 是一款备受欢迎的 Web 服务器和反向代理服务器，具有性能高、稳定性强、资源消耗低、模式化设计等特点，被广泛应用于各种场景，如企业级 Web 应用、云计算平台等。

本任务将从 Docker Hub 公共仓库中拉取 nginx 镜像，并基于该镜像创建与管理 nginx 容器。

创建与管理 nginx 容器

1. 创建容器

步骤 1 以管理员身份登录 CentOS 操作系统，打开命令行终端，执行以下命令从 Docker Hub 公共仓库中拉取 nginx 镜像。

```
[root@localhost ~]# docker pull nginx
Using default tag: latest
latest: Pulling from library/nginx
a2318d6c47ec: Already exists
095d327c79ae: Pull complete
bbfaa25db775: Pull complete
7bb6fb0cfb2b: Pull complete
0723edc10c17: Pull complete
24b3fdc4d1e3: Pull complete
3122471704d5: Pull complete
Digest: sha256:04ba374043ccd2fc5c593885c0eacddebabd5ca375f9
323666f28dfd5a9710e3
Status: Downloaded newer image for nginx:latest
docker.io/library/nginx:latest
```

步骤 2 执行以下命令查看本地镜像。

```
[root@localhost ~]# docker images
REPOSITORY   TAG      IMAGE ID       CREATED        SIZE
ubuntu       import   dd96285bdeb2   2 hours ago    78.1MB
nginx        latest   39286ab8a5e1   4 weeks ago    188MB
ubuntu       latest   edbfe74c41f8   6 weeks ago    78.1MB
httpd        v2.0     9cb0a2315602   8 weeks ago    148MB
```

从结果中可以看出，nginx 镜像已经拉取成功。

步骤 3 执行以下命令基于 nginx:latest 镜像创建并启动 webserver 容器，并将宿主机的 80 端口映射到该容器的 80 端口。

```
[root@localhost ~]# docker run -d --name webserver -p 80:80
nginx:latest
e9a8c42084f5b555649680e09d0c57cfcd63df87f7857b8d56cf101c0250
5659
```

步骤 4 执行以下命令查看正在运行的容器。

```
[root@localhost ~]# docker ps
CONTAINER ID   IMAGE   COMMAND  CREATED  STATUS   PORTS   NAMES
e9a8c42084f5      nginx:latest        "/docker-entrypoint.…"
11 seconds ago   Up 9 seconds   0.0.0.0:80->80/tcp, :::80->80/tcp
webserver
```

步骤 5 打开浏览器访问地址“http://192.168.65.130”（“192.168.65.130”为宿主机的 IP 地址），查看 Nginx 的欢迎界面，如图 2-2 所示。

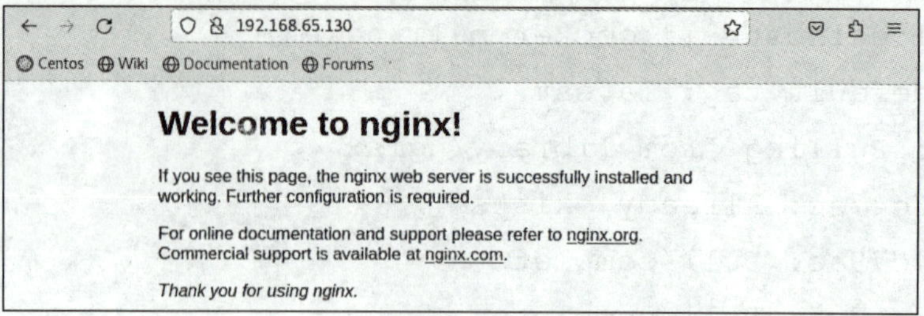

图 2-2　Nginx 的欢迎界面

指点迷津

用户可以使用 ifconfig 命令查看当前宿主机的 IP 地址，在浏览器中访问地址"http://当前宿主机的 IP 地址"或"http://localhost"，即可查看 Nginx 的欢迎界面。用户也可执行命令"curl 当前宿主机的 IP 地址"或"curl localhost"，查看 Nginx 的界面信息。

2. 导出和导入容器

步骤 1　执行以下命令将 webserver 容器导出到"mynginx.tar"文件，并显示该文件的详细信息。

```
[root@localhost ~]# docker export webserver > mynginx.tar
[root@localhost ~]# ll mynginx.tar
-rw-r--r-- 1 root root 190154240 9月  14 17:56 mynginx.tar
```

步骤 2　执行以下命令基于导出的"mynginx.tar"文件创建 nginx:new 镜像。

```
[root@localhost ~]# docker import mynginx.tar nginx:new
sha256:00cd22a82cb39330590cff6aeb9b1204b62b5ec74f6037dd598e
7c9ce2e9feea
```

步骤 3　执行以下命令查看本地镜像。

```
[root@localhost ~]# docker images
REPOSITORY    TAG       IMAGE ID        CREATED          SIZE
nginx         new       00cd22a82cb3    9 seconds ago    186MB
ubuntu        import    dd96285bdeb2    6 hours ago      78.1MB
nginx         latest    39286ab8a5e1    4 weeks ago      188MB
ubuntu        latest    edbfe74c41f8    6 weeks ago      78.1MB
httpd         v2.0      9cb0a2315602    8 weeks ago      148MB
```

3. 删除容器

步骤 1　执行以下命令终止 webserver 容器。

```
[root@localhost ~]# docker stop webserver
webserver
```

步骤 2 执行以下命令查看正在运行的容器。

```
[root@localhost ~]# docker ps
CONTAINER ID  IMAGE  COMMAND  CREATED  STATUS  PORTS  NAMES
```

从结果中可以看出，webserver 容器已经停止运行。

步骤 3 执行以下命令删除已经停止运行的容器 webserver。

```
[root@localhost ~]# docker rm webserver
Webserver
```

步骤 4 执行以下命令查看所有容器。

```
[root@localhost ~]# docker ps -a
CONTAINER ID  IMAGE  COMMAND  CREATED  STATUS  PORTS  NAMES
35264ef633a0   ubuntu:latest   "/bin/bash"   2 days ago
Exited (137) 23 hours ago          ubuntu
```

从结果中可以看出，webserver 容器已经被成功删除。

任务三 创建 Docker 镜像

任务描述

小旌意识到现有的公共镜像无法完全满足项目的需求，而镜像的分层架构可为镜像的创建提供极大的灵活性。于是，小旌决定深入学习如何创建 Docker 镜像，并计划通过编写 Dockerfile 文件创建 CentOS＋MySQL 镜像。

任务准备

全班同学以 5～6 人为一组进行分组，各组选出小组长，小组长组织组内成员扫码观看视频，了解镜像在 Docker 架构中的作用，讨论并回答下列问题。

问题 1：Docker 镜像采用________构建机制，可以高效地共享和重用相同的镜像层，减少存储空间的开销。

问题 2：简述镜像在 Docker 架构中的作用。

镜像在 Docker 架构中的作用

一、基于已有容器创建镜像

容器在启动后是可写的，其所有操作都会保存在容器顶部的可读/写层中。使用 docker commit 命令对当前容器进行提交，可以创建一个新的镜像，这个镜像是在原有镜像的基础上，叠加了容器的可读/写层而形成的。docker commit 命令的格式如下。

```
docker commit [选项] 容器名|容器 ID [仓库名[:标签名]]
```

其中，常用选项的含义如表 2-10 所示。

表 2-10 docker commit 命令中常用选项的含义

选 项	含 义	选 项	含 义
-a、--author	指定提交镜像的作者信息	-m、--message	提交说明信息
-c、--change	使用 Dockerfile 指令创建镜像	-p、--pause	提交时将容器暂停

使用 docker commit 命令创建镜像的步骤如下。

（1）基于现有的镜像启动一个容器，然后进入容器进行修改，这些修改会保存在容器的可读/写层。

（2）使用 docker commit 命令将容器的状态提交为一个新的镜像。这个过程会将容器的可读/写层转换为一个新的镜像层，并将其与基础镜像合并。

【例 2-18】 基于 ubuntu:latest 镜像启动容器并进入交互模式，在容器内创建“alter”文件，并根据容器 ID 将容器的当前状态提交为一个新镜像 alter:0.1，最后删除新创建的 alter:0.1 镜像。

```
# 基于 ubuntu:latest 镜像启动容器并进入交互模式
[root@localhost ~]# docker run -it ubuntu:latest /bin/bash
# 创建 alter 文件
root@597f5d499703:/# touch alter
# 退出容器
root@597f5d499703:/# exit
exit
# 提交新镜像 alter:0.1
[root@localhost ~]# docker commit -m "added a new file" 597f5d499703 alter:0.1
sha256:216fb319bbd28c4a04809be408c46ba410fd538163b5383e837b105129c9258c
# 查看本地镜像
[root@localhost ~]# docker images
REPOSITORY   TAG      IMAGE ID       CREATED          SIZE
```

```
alter       0.1      216fb319bbd2   16 seconds ago   78.1MB
nginx       new      00cd22a82cb3   9 seconds ago    186MB
ubuntu      import   dd96285bdeb2   6 hours ago      78.1MB
nginx       latest   39286ab8a5e1   4 weeks ago      188MB
ubuntu      latest   edbfe74c41f8   6 weeks ago      78.1MB
httpd       v2.0     9cb0a2315602   8 weeks ago      148MB
# 删除新创建的镜像 alter:0.1
[root@localhost ~]# docker rmi alter:0.1
Untagged: alter:0.1
Deleted: sha256:216fb319bbd28c4a04809be408c46ba410fd5381
63b5383e837b105129c9258c
Deleted: sha256:18cc48d379d6a9630f32a4afd0b8a54d629a88721
f1ae0a5ea50c19054098297
```

docker commit 是一个非常有用的命令，在某些场景中使用非常方便，但它存在着不可重复、安全性弱等问题。因此，建议优先选择基于 Dockerfile 文件创建镜像的方法，该方法的可维护性、可重复性和安全性更高。

二、基于 Dockerfile 文件创建镜像

Dockerfile 是一个文本文件，用于描述如何创建镜像。该文件由一系列的指令及其参数组成，这些指令按照特定的顺序排列，共同定义了镜像创建的整个过程。此外，Dockerfile 文件还支持以“#”开头的注释，这有助于提高文件的可读性。

在 Dockerfile 中，每一条指令代表了一个创建步骤，Docker 引擎将严格按照这些指令的顺序执行，从基础镜像开始，逐步添加镜像层，直至创建出最终的镜像。通过使用 Dockerfile 文件，用户能够实现镜像创建的自动化，这不仅提高了镜像的创建效率，还确保了每次创建出的镜像都具有高度的一致性和可重复性。

Dockerfile 文件由基础镜像信息（FROM 指令）、维护者信息（MAINTAINER 指令）、镜像操作指令（RUN、ENV、ADD 等指令）和容器启动时执行指令（CMD、ENTRYPOINT、USER 等指令）4 部分组成。常见 Dockerfile 指令的含义及格式如表 2-11 所示。

表 2-11　常见 Dockerfile 指令的含义及格式

指　令	含　义	格　式
FROM	指定基础镜像。在 Dockerfile 文件中，第一条非注释语句行须为 FROM 指令	FROM 镜像名[:标签名]
MAINTAINER	说明新镜像的维护者信息	MAINTAINER 名字

（续表）

指　令	含　义	格　式
RUN	在当前镜像的基础上执行指定命令。第一种格式在 shell 终端中运行命令；第二种格式使用 exec 执行命令，不会启动 shell 终端	RUN 命令
		RUN ["可执行程序", "参数 1", "参数 2"]
CMD	指定容器启动时默认执行的命令。若存在多条 CMD 指令，则只有最后一条生效。第一种格式使用 exec 执行，为首选方式；第二种格式为 ENTRYPOINT 指令提供默认参数；第 3 种格式在 shell 终端中执行命令	CMD ["可执行程序", "参数 1", "参数 2"]
		CMD ["参数 1", "参数 2"]
		CMD 命令 参数 1 参数 2
ENTRYPOINT	指定镜像的默认入口命令，即指定在启动容器时执行的命令。若存在多条 ENTRYPOINT 指令，则只有最后一条生效	ENTRYPOINT ["可执行程序", "参数 1", "参数 2"]
		ENTRYPOINT 命令 参数 1 参数 2
ADD	将源文件或源目录复制到镜像的目标路径中。若源文件是一个压缩文件，则 Docker 会自动将其解压	ADD 源文件|源目录 目标路径
COPY	将源文件或源目录复制到镜像的目标路径中	COPY 源文件|源目录 目标路径
ENV	指定环境变量	ENV 键 1=值 1 [键 2=值 2 …]
EXPOSE	声明镜像内服务监听的端口。该指令只是起到声明作用，并不会自动完成端口映射	EXPOSE 端口 1 [端口 2 …]
LABEL	为镜像添加标签信息	LABEL 键 1=值 1 键 2=值 2 …
ARG	定义在镜像创建过程中使用的变量	ARG 变量名[=默认值]
VOLUME	创建一个数据卷挂载点	VOLUME 挂载点路径
USER	指定运行容器的用户或用户组	USER 用户名[:用户组名]
WORKDIR	为 RUN、CMD、ENTRYPOINT 指令配置工作目录	WORKDIR 工作目录

知识加油站

（1）Dockerfile 文件名首字母必须大写。

（2）在 Dockerfile 文件中，指令不区分大小写，但为方便与参数进行区分，通常指令使用大写字母。

（3）在 Dockerfile 文件中，指令按顺序从上至下依次执行。

(4) 在 Dockerfile 文件中，需要调用的文件必须与其在同一目录下，或在其子目录下，在父目录或者其他路径下无效。

(5) 编写 Dockerfile 文件要求尽可能精简，其目的是尽可能产生数量较少的中间层镜像。

使用 Dockerfile 文件创建镜像的步骤如下。

(1) 使用 mkdir 命令创建一个工作目录，并使用 cd 命令切换到该工作目录下。

(2) 创建并打开 Dockerfile 文件，使用 Dockerfile 指令编写 Dockerfile 文件的内容，并添加注释。

(3) 创建镜像。在 Dockerfile 文件编写完成后，使用 docker build 命令创建镜像，其格式如下。

```
docker build [选项] 上下文路径
```

其中，常用选项的含义如表 2-12 所示；上下文路径表示在创建镜像时 Docker 客户端发送给 Docker 守护进程的文件和目录的集合，包括 Dockerfile 文件及创建镜像所需的所有资源，如源代码、配置文件和依赖库等。

表 2-12 docker build 命令中常用选项的含义

选　项	含　义
-t、--tag	为创建的镜像添加一个标签
-f、--file	指定 Dockerfile 文件的路径。若省略，则寻找当前目录下名为 Dockerfile 的文件
--build-arg	为创建过程设置变量
--no-cache	禁用缓存

(4) 测试镜像。使用 docker run 命令启动容器进行测试。

任务实施——创建 CentOS + MySQL 镜像

本任务通过编写 Dockerfile 文件创建一个集成了 CentOS 操作系统与 MySQL 数据库的 Docker 镜像。

创建 CentOS + MySQL 镜像

1. 创建并编辑 Dockerfile 文件

步骤 1 以管理员身份登录 CentOS 操作系统，打开命令行终端，执行以下命令创建名为 mysql 的工作目录，并切换到该工作目录下。

```
[root@localhost ~]# mkdir mysql
[root@localhost ~]# cd mysql
```

步骤 2 使用文本编辑器 Vim 创建并编辑数据库初始化脚本文件“db_init.sh”，编辑完成后保存文件并退出。

```
[root@localhost mysql]# vim db_init.sh
#!/bin/bash
mysql_install_db --user=root
mysqld_safe --user=root &
sleep 3
mysqladmin  -u root  password '123456'
mysql   -uroot  -p123456
```

步骤 3 使用文本编辑器 Vim 创建并编辑 Dockerfile 文件，编辑完成后保存文件并退出。

```
[root@localhost mysql]# vim  Dockerfile
# 编辑 Dockerfile 文件
FROM centos:centos7                                    # 设置基础镜像
MAINTAINER  shenggy                                    # 指定维护者信息
# 添加 repo 源
RUN mkdir -p /etc/yum.repos.d/backup && \
    mv /etc/yum.repos.d/CentOS-Base.repo /etc/yum.repos.d/
backup/CentOS-Base.repo && \
    curl -o /etc/yum.repos.d/CentOS-Base.repo http://mirrors.
aliyun.com/repo/Centos-7.repo
# 安装 MariaDB 数据库、MariaDB 服务器及 MariaDB 的开发库
RUN  yum install  mariadb  mariadb-server  maraidb-devel  -y
# 设置环境变量 LC_ALL
ENV  LC_ALL  en_US.UTF-8
# 将主机上的 db_init.sh 文件添加到镜像中的指定位置
ADD db_init.sh   /root/db_init.sh
# 将脚本的权限设置为 777
RUN  chmod  777  /root/db_init.sh   &&  /root/db_init.sh
# 指定监听端口
EXPOSE  3306
# 设置自动启动命令
CMD  ["mysqld_safe","--user=root"]
```

2. 创建镜像

步骤 1 执行以下命令创建 mysql:v2 镜像。

```
[root@localhost mysql]# docker build  -t  mysql:v2  .
[+] Building 200.0s (10/10) FINISHED            docker:default
 => [internal] load build definition from Dockerfile        0.0s
 => => transferring dockerfile: 557B                        0.0s
```

```
    => [internal] load metadata for docker.io/library/centos:
centos7    86.9s
    => [internal] load .dockerignore                          0.0s
    => => transferring context: 2B                            0.0s
    => CACHED [1/5] FROM docker.io/library/centos:centos7@sha256:
be65f488b77  0.0s
    => [internal] load build context                          0.0s
    => => transferring context: 32B                           0.0s
    => [2/5] RUN mkdir -p /etc/yum.repos.d/backup && mv
/etc/yum.repos.d  0.3s
    => [3/5] RUN yum install mariadb mariadb-server
maraidb-devel - 108.1s
    => [4/5] ADD db_init.sh /root/db_init.sh                  0.1s
    => [5/5] RUN chmod 777 /root/db_init.sh && /root/
db_init.sh  3.5s
    => exporting to image                                     1.0s
    => => exporting layers                                    1.0s
    => => writing image sha256:019e80c81174f3301bef193eec8e6dd
4e1c87632a06b9                                                0.0s
    => => naming to docker.io/library/mysql:v2                0.0s
```

指点迷津

在命令“docker build -t mysql:v2 .”中，“.”表示上下文路径。

步骤 2　执行以下命令查看本地镜像列表。

```
[root@localhost mysql]# docker images
REPOSITORY   TAG          IMAGE ID       CREATED        SIZE
nginx        new          00cd22a82cb3   2 days ago     186MB
ubuntu       import       dd96285bdeb2   2 days ago     78.1MB
mysql        v2           019e80c81174   4 days ago     645MB
nginx        latest       39286ab8a5e1   4 weeks ago    188MB
ubuntu       dockerfile   caef3089a96c   6 weeks ago    127MB
ubuntu       latest       edbfe74c41f8   6 weeks ago    78.1MB
httpd        v2.0         9cb0a2315602   2 months ago   148MB
```

3. 测试镜像

步骤 1　执行以下命令基于 mysql:v2 镜像创建并启动名为 mysqlv2 的容器。

```
[root@localhost mysql]# docker run -d -p 3306:3306
```

```
--name=mysqlv2  mysql:v2
    146755947cdce3d17c75fa03f729122b4fece4db60fa91106446f0cc970
99778
```

步骤 2 执行以下命令查看所有容器。

```
    [root@localhost mysql]# docker ps -a
    CONTAINER ID   IMAGE   COMMAND  CREATED  STATUS   PORTS   NAMES
    146755947cdc   mysql:v2   "mysqld_safe --user=…"  8 minutes ago
Up 8 minutes  0.0.0.0:3306->3306/tcp, :::3306->3306/tcp   mysqlv2
    b33915446693   ubuntu:dockerfile    "/bin/bash"  1 days ago
Exited (0) 1 days ago                determined_tesla
    597f5d499703   ubuntu:latest   "/bin/bash"       2 days ago
Exited (0) 2 days ago                      zealous_proskuriakova
    28c97f9cf8a4   nginx:latest   "/docker-entrypoint.…"   6 days
ago   Exited (255) 5 days ago   0.0.0.0:80->80/tcp, :::80->80/tcp
nostalgic_kilby
```

步骤 3 执行以下命令进入 mysqlv2 容器，并启动一个 bash。

```
    [root@localhost mysql]# docker exec -it mysqlv2  /bin/bash
```

步骤 4 执行以下命令登录 MySQL 数据库。

```
    [root@146755947cdc /]# mysql -uroot -p123456
    Welcome to the MariaDB monitor.  Commands end with ; or \g.
    Your MariaDB connection id is 1
    Server version: 5.5.68-MariaDB MariaDB Server
    Copyright (c) 2000, 2018, Oracle, MariaDB Corporation Ab and
others.
    Type  'help;'  or  '\h'  for  help.  Type  '\c'  to  clear  the
current input statement.
```

步骤 5 执行以下命令查看当前服务器下的所有数据库。

```
    MariaDB [(none)]> SHOW DATABASES;
    +--------------------+
    | Database           |
    +--------------------+
    | information_schema |
    | mysql              |
    | performance_schema |
    | test               |
    +--------------------+
    4 rows in set (0.07 sec)
```

步骤 6 执行以下命令退出 MySQL 数据库。

```
MariaDB [(none)]> exit
```

项目实训

一、实训目的

（1）熟练掌握从 Docker Hub 公共仓库中拉取镜像的方法。

（2）熟练掌握使用 Dockerfile 文件创建镜像的方法。

二、实训内容

SSHD 是 Linux 操作系统中的一个守护进程，它负责处理 SSH 协议的相关功能。用户可以通过 SSH 客户端程序连接运行 SSHD 的服务器，从而进行远程登录、文件传输、命令执行等操作。本实训通过编写 Dockerfile 文件，为 centos:7 镜像添加 SSHD 服务，创建一个新的镜像，基于该镜像创建并启动一个容器，最后进行测试。

（1）使用 docker pull 命令从 Docker Hub 公共仓库中拉取 centos:7 镜像。

（2）使用 ssh-keygen 命令生成 SSH 密钥对，用于后续的 SSH 认证过程，提高远程连接的安全性。

（3）使用 mkdir 命令创建工作目录“sshd”，并复制 SSH 密钥到工作目录“sshd”中。

（4）切换到工作目录“sshd”下，使用文本编辑器 Vim 创建并编辑 Dockerfile 文件。

（5）使用 docker build 命令创建名为 sshd:v1 的镜像。

（6）基于镜像 sshd:v1，使用 docker run 命令创建并启动名为 mysshd 的容器。

（7）执行“ssh localhost -p 333”命令，通过 SSH 协议，使用非标准端口 333，登录到当前计算机。

三、实训小结

按要求完成实训内容，并将实训过程中遇到的问题和解决办法记录在表 2-13 中。

表 2-13 实训过程

序　号	主要问题	解决办法
1		
2		
3		

项目总结

完成本项目的学习与实践后，总结应掌握的知识点，并将思维导图（见图 2-3）填写完整。

Docker镜像和容器管理

- 镜像的分层机制
  - 镜像包含了运行某个应用程序或服务所必需的文件和依赖库
  - 镜像采用（　　）构建机制
  - 镜像是容器的（　　）表示，可以基于某个镜像启动一个或多个容器
- 镜像的常用操作命令
  - （　　）命令用于查找镜像仓库中的镜像
  - docker pull命令用于从镜像仓库中拉取镜像到本地
  - docker images命令用于查看本地已有镜像的（　　）
  - （　　）命令用于为本地镜像添加新的标签
  - docker rmi命令用于删除本地一个或多个镜像
  - （　　）命令用于将镜像导出为tar文件
  - docker load 命令用于从指定的tar文件中载入镜像
  - （　　）命令用于将本地镜像上传到镜像仓库
- 基于已有容器创建镜像
  - 使用（　　）命令对当前容器进行提交，可以创建一个新的镜像
- 基于Dockerfile文件创建镜像
  - Dockerfile是一个（　　）文件，用于描述如何构建镜像
  - Dockerfile文件名首字母必须（　　）
  - Dockerfile文件中的指令按顺序从上至下依次执行
- 容器的运行机制
  - 容器是（　　）的一个运行实例
  - 容器具有隔离性、轻量级、可移植性、易于管理和扩展的特点
- 容器的常用操作命令
  - （　　）命令用于创建一个容器
  - docker start命令用于启动一个已创建的容器
  - docker run命令用于（　　）容器
  - docker ps命令用于列出当前正在运行的容器
  - （　　）命令用于获取对象的详细信息
  - docker logs命令用于获取容器的日志信息
  - docker exec命令用于在运行中的容器内执行命令
  - docker pause命令用于（　　）一个或多个正在运行的容器
  - （　　）命令用于删除一个或多个已经停止运行的容器
  - docker export命令用于将容器的内容导出为tar文件
  - docker import命令用于根据指定的tar文件创建一个新的镜像

图 2-3　项目总结

项目考核

一、选择题

（1）在下列命令中，（ ）可以删除 nginx 镜像。

A．docker rmi nginx　　B．docker rm nginx

C．docker push nginx　　D．docker pause nginx

（2）在 docker images 命令显示信息中，下列描述错误的是（ ）。

A．IMAGE ID 表示镜像的 ID

B．TAG 表示镜像的标签，是镜像的唯一标识

C．CREATED 表示镜像的创建时间

D．REPOSITORY 表示镜像的名称

（3）在 Docker 中，（ ）命令将容器导出为一个 tar 文件，用于备份或迁移容器。

A．docker load　　B．docker import

C．docker save　　D．docker export

（4）在 Dockerfile 文件中，必须包含的指令是（ ）。

A．FROM　　B．RUN

C．ENV　　D．CMD

（5）在下列关于 Dockerfile 文件的描述中，错误的是（ ）。

A．Dockerfile 文件中的指令不区分大小写

B．Dockerfile 文件中的注释以“#”开头

C．Dockerfile 文件中的指令按顺序从上至下依次执行

D．Dockerfile 文件名首字母可以小写

二、填空题

（1）镜像采用__________机制，即每个镜像都基于一个或多个“镜像层”构建。

（2）Docker 提供__________与__________两种命令进入容器。

（3）Dockerfile 是一个__________文件，用于描述如何创建镜像。

（4）Docker 提供的__________命令等价于先执行 docker create 命令，再执行 docker start 命令。

三、简答题

（1）简述容器的特点。

（2）简述使用 Dockerfile 文件创建镜像的步骤。

项目评价

结合本项目的学习情况，完成项目评价并将评价结果填入表 2-14 中。

表 2-14　项目评价表

评价项目	评价内容	评价分数			
		分值	自评	互评	师评
知识评价（30%）	是否理解镜像的分层机制和容器的运行机制	7 分			
	是否掌握镜像和容器的常用操作命令	7 分			
	是否掌握基于已有容器创建镜像的方法	8 分			
	是否掌握使用 Dockerfile 文件创建镜像的步骤	8 分			
技能评价（40%）	是否能够获取与管理镜像	10 分			
	是否能够创建与管理容器	10 分			
	是否能够使用 Dockerfile 文件创建镜像	20 分			
素养评价（30%）	是否遵守课堂纪律，上课精神是否饱满	7 分			
	是否具有自主学习意识，做好课前准备	8 分			
	是否善于思考，积极参与，勇于提出问题	8 分			
	是否具有团队合作精神，出色完成小组任务	7 分			
合　计	综合得分：________	100 分			
	综合等级：________	指导老师签字：________			
综合评价	最突出的表现（创新或进步）： 还需改进的地方（不足或缺点）：				

Docker 仓库管理

项目导读

Docker 仓库提供存储和分发 Docker 镜像的服务。它允许用户上传、下载和管理镜像。Docker 仓库可以是公共的，也可以是私有的。公共仓库提供了大量的开源镜像供用户免费使用，而私有仓库安全性更高，通常用于企业内部的镜像管理。

知识目标

- 了解公共仓库和私有仓库的特点。
- 掌握 Registry 私有仓库的搭建流程。
- 了解 Harbor 及其特点。
- 了解 Harbor 框架。

能力目标

- 能够搭建 Registry 私有仓库。
- 能够搭建 Harbor 私有仓库。

素质目标

- 培养学生探究学习的能力，激发他们的创新思维和自主学习能力。
- 通过构建私有仓库，提升学生的逻辑思维和结构化思维的能力。

任务一　搭建 Registry 私有仓库

任务描述

小旌了解到，相较于公共仓库，私有仓库更适合存储那些包含特定依赖和配置、且需要保持私密性的镜像。于是他决定深入学习公共仓库和私有仓库的相关概念，并动手搭建 Registry 私有仓库，以便实现镜像的集中存储和高效管理。

任务准备

全班同学以 5～6 人为一组进行分组，各组选出小组长，小组长组织组内成员扫码观看视频，了解公有云与 Docker 仓库的联系，讨论并回答下列问题。

问题 1：公有云厂商通常提供 Docker 仓库的__________服务，允许用户将 Docker 镜像上传到云端进行存储和管理。

问题 2：简述 Docker 仓库对公有云的影响。

公有云与 Docker 仓库的联系

一、Docker 公共仓库

Docker Hub 是 Docker 官方提供的一个公共仓库，也是较为常用的公共注册中心（Registry），该仓库提供了大量高质量的官方镜像供用户免费使用。

知识加油站

Registry 又称注册中心或注册服务器，是存放 Docker 仓库的地方。按照用户的访问方法，Registry 主要分为公共 Registry 服务和私有 Registry 服务两种。

1. Docker Hub 公共仓库的特点

Docker Hub 公共仓库为用户提供了镜像的存储、共享和分发服务，主要具有以下特点。

（1）丰富的镜像资源。Docker Hub 公共仓库拥有数百万个镜像，涵盖了各种操作系统、数据库、应用服务器及中间组件，可以满足不同用户的需求。

（2）便捷地查找并拉取镜像。用户可以轻松地在 Docker Hub 公共仓库中查找所需的镜像，并将其快速下载到本地使用。

（3）自动化构建。Docker Hub 公共仓库支持自动化构建功能，即当用户提交代码到指定的代码仓库时，Docker Hub 公共仓库会自动触发构建流程，生成新的镜像并上传到 Docker Hub 公共仓库上。这为用户提供了更加便捷和高效的镜像更新方式。

（4）版本控制与更新。Docker Hub 公共仓库允许用户为镜像添加不同的标签，便于用户管理和追踪不同版本的镜像。

（5）安全性。Docker Hub 公共仓库由 Docker 公司官方维护，Docker 公司会对上传的镜像进行审核，并对一些常见的安全漏洞进行扫描和检测，确保镜像的安全性。

2. Docker Hub 公共仓库的使用方式

（1）命令方式。通过 docker login、docker search、docker pull 和 docker push 等命令使用 Docker Hub 公共仓库。

docker login 命令用于登录 Docker Hub 公共仓库，其格式如下。

```
docker login [-u 用户名] [-p 密码]
```

docker logout 命令用于退出 Docker Hub 公共仓库，其格式如下。

```
docker logout
```

（2）Web 界面方式。打开浏览器访问地址“https://hub.docker.com”，登录后可以在 Web 界面中使用 Docker Hub 公共仓库的各种功能，如上传和拉取镜像、创建和管理仓库等。

二、Docker 私有仓库

Docker 私有仓库是一种为企业内部或特定用户群体设计的存储和管理 Docker 镜像的私有解决方案，它允许企业或个人在本地或专用网络中存储、管理和分发 Docker 镜像，而不依赖于公共的 Docker 镜像仓库。

1. 私有仓库的特点

（1）安全性。私有仓库通常运行在企业内部网络中，限制了外部访问，可以减少外部安全风险。

（2）访问控制。私有仓库提供了严格的访问控制机制，确保只有授权用户才能访问和操作仓库中的镜像，从而保护敏感数据。

（3）性能优化。相较于从公共仓库中拉取镜像，内部网络中的私有仓库可以提供更快的下载和上传速度，减少网络延迟。

（4）定制化。私有仓库能够根据用户的实际需求，灵活定制仓库的功能，以适应个性化的使用场景。

2. 搭建 Docker 私有仓库的方式

搭建私有仓库通常基于 Registry 和 Harbor 等方式。其中，Registry 是 Docker 官方提供的开源镜像仓库软件，它本身不包含图形界面，也不提供镜像维护、用户管理、访问控制等高级功能，只提供简单的私有仓库需求；Harbor 提供了更丰富的功能和更高的安全性。用户可以根据具体的需求和场景选择搭建私有仓库的方式。

3．Registry 私有仓库的搭建流程

（1）拉取 registry 镜像。

（2）创建并启动 registry 容器。

（3）查看仓库是否成功创建。使用浏览器访问地址“http://宿主机的 IP 地址:5000/v2/_catalog”，或者使用 curl 命令进行验证。curl 命令的格式如下。

```
curl -X GET http://宿主机的 IP 地址:5000/v2/_catalog
```

（4）修改“/etc/docker/daemon.json”文件。由于 Docker 客户端采用 HTTPS 协议，而 Registry 并未采用 HTTPS 协议，所以需要添加以下内容，避免因协议不一致导致无法上传镜像。

```
{
  "insecure-registries": ["宿主机的 IP 地址:5000"]
}
```

在“/etc/docker/daemon.json”文件修改完成后，需要重新加载配置文件，并重启 Docker 服务。

（5）测试仓库。首先拉取一个镜像，并为该镜像设置新的标签（格式为“宿主机的 IP 地址:5000/镜像名:标签名”），然后将该镜像上传到私有仓库，最后查看镜像是否上传成功。

任务实施——搭建 Registry 私有仓库

搭建 Registry 私有仓库

使用 Registry 搭建本地私有仓库，实际上就是运行一个 registry 容器，并由该容器管理本地镜像仓库。

步骤 1 以管理员身份登录 CentOS 操作系统，打开命令行终端，执行以下命令从 Docker Hub 公共仓库中拉取 registry 镜像。

```
[root@localhost ~]# docker pull registry
Using default tag: latest
latest: Pulling from library/registry
1cc3d825d8b2: Pull complete
85ab09421e5a: Pull complete
40960af72c1c: Pull complete
e7bb1dbb377e: Pull complete
a538cc9b1ae3: Pull complete
Digest: sha256:ac0192b549007e22998eb74e8d8488dcfe70f1489520
```

```
c3b144a6047ac5efbe90
    Status: Downloaded newer image for registry:latest
    docker.io/library/registry:latest
```

步骤 2 执行以下命令基于 registry 镜像创建并启动名为 pri_registry 的容器，并将宿主机的 5 000 端口映射到容器的 5 000 端口。

```
    [root@localhost ~]# docker run -d -p 5000:5000 --name
pri_registry registry
    dfd1a0b1999d38415eac796123b31ed7a191417a3a8aae39eaf3750d0af
3a702
```

步骤 3 执行以下命令查看正在运行的容器。

```
    [root@localhost ~]# docker ps
    CONTAINER ID  IMAGE  COMMAND  CREATED  STATUS  PORTS  NAMES
    dfd1a0b1999d  registry  "/entrypoint.sh /etc…"  17 minutes ago
Up  17  minutes     0.0.0.0:5000->5000/tcp,   :::5000->5000/tcp
pri_registry
```

步骤 4 执行以下命令查看 Registry 仓库是否创建成功。

```
    [root@localhost ~]# curl -X GET http://192.168.65.130:5000
/v2/_catalog
    {"repositories":[]}
```

当在运行结果中显示“{"repositories":[]}”时，表示 Registry 仓库已经创建和启动，但仓库中还没有镜像。

步骤 5 使用文本编辑器 Vim 打开“/etc/docker/daemon.json”文件，并在其中添加配置参数（注意使用逗号和前面的配置进行分隔），避免因协议不一致导致无法上传镜像，编辑完成后保存文件并退出，如图 3-1 所示。

```
    [root@localhost ~]# vim /etc/docker/daemon.json
```

图 3-1 编写“daemon.json”文件

步骤 6 执行以下命令重新加载配置文件，并重启 Docker 服务。Docker 服务重启后镜像仓库容器会关闭，需要重启 pri_registry 容器。

```
    [root@localhost ~]# systemctl daemon-reload
    [root@localhost ~]# systemctl restart docker
```

```
[root@localhost ~]# docker restart pri_registry
pri_registry
```

步骤 7 执行以下命令从 Docker Hub 公共仓库中拉取 busybox 镜像。

```
[root@localhost ~]# docker pull busybox
Using default tag: latest
latest: Pulling from library/busybox
a46fbb00284b: Pull complete
Digest: sha256:768e5c6f5cb6db0794eec98dc7a967f40631746c32232
b78a3105fb946f3ab83
Status: Downloaded newer image for busybox:latest
docker.io/library/busybox:latest
```

步骤 8 执行以下命令将 busybox:latest 镜像的标签修改为 192.168.65.130:5000/busybox:latest，并查看镜像信息。

```
[root@localhost ~]# docker tag busybox:latest 192.168.65.130:
5000/busybox:latest
[root@localhost ~]# docker images
REPOSITORY    TAG          IMAGE ID       CREATED       SIZE
192.168.65.130:5000/busybox   latest   27a71e19c956   13 days
ago    4.27MB
busybox   latest        27a71e19c956   13 days ago    4.27MB
ubuntu     dockerfile   caef3089a96c    2 weeks ago    127MB
...
```

步骤 9 执行以下命令将镜像上传到本地私有仓库中。

```
[root@localhost ~]# docker push 192.168.65.130:5000/busybox:
latest
The push refers to repository [192.168.65.130:5000/busybox]
58f32e9504c8: Pushed
latest: digest: sha256:ff0b2bbabd0147f23a4b4b499175a2aadf4b
775285ea4cfdeb7b30fa3af4bdb8 size: 527
```

步骤 10 执行以下命令查看镜像是否上传成功。

```
[root@localhost ~]# curl -X GET http://192.168.65.130:5000/
v2/_catalog
{"repositories":["busybox"]}
```

从结果中可以看出，busybox 镜像已经成功上传到本地私有仓库中。

任务二 搭建 Harbor 私有仓库

任务描述

小旌发现，虽然 Registry 私有仓库能够满足基本的私有镜像的存储需求，但一些企业往往期望私有仓库能够具备更丰富的功能和更高的安全性，而 Harbor 可以提供更高效、更安全、更稳定的 Docker 镜像管理服务。于是，小旌准备学习 Harbor 的相关知识，并着手搭建 Harbor 私有仓库。

任务准备

全班同学以 5～6 人为一组进行分组，各组选出小组长，小组长组织组内成员扫码观看视频，了解常用的 Docker 仓库，讨论并回答下列问题。

常用的 Docker 仓库

问题 1：__________为用户提供了一个集中管理和分发 Docker 镜像的平台。

问题 2：列举 5 个常用的 Docker 仓库。

一、什么是 Harbor

Harbor 是一个由 VMware 公司打造的开源企业级 Docker Registry 项目，旨在帮助用户快速搭建一个企业级的 Docker Registry 服务。Harbor 的主要特点如下。

（1）图形化用户界面。Harbor 提供了直观的 Web 界面，使用户能够轻松地浏览和管理镜像。

（2）访问控制。Harbor 采用基于角色的访问控制（role based access control, RBAC），管理员能够根据组织结构和角色需求为不同用户分配不同的权限。例如，开发者可以拥有上传和拉取镜像的权限，而测试人员可能只拥有拉取镜像的权限。

（3）镜像复制。Harbor 支持在多个镜像仓库之间复制镜像，适用于负载均衡、高可用和混合云等场景。

（4）审计管理。所有针对镜像和仓库的操作都可以被记录追溯，便于审计和合规性检查。

（5）支持 LDAP/AD。Harbor 支持多种身份验证和授权机制，如 LDAP（轻量级目录访问协议）和 AD（活动目录）等，确保只有授权用户可以访问和管理镜像。

二、Harbor 架构

Harbor 的每个组件都被封装为独立的 Docker 容器，即每个组件都可以独立运行，并且可以在不同的环境中部署和扩展。Harbor 主要包括 Proxy、Registry、Core Service、Database、Log Collector 和 Job Service 组件，其架构如图 3-2 所示，各组件含义如下。

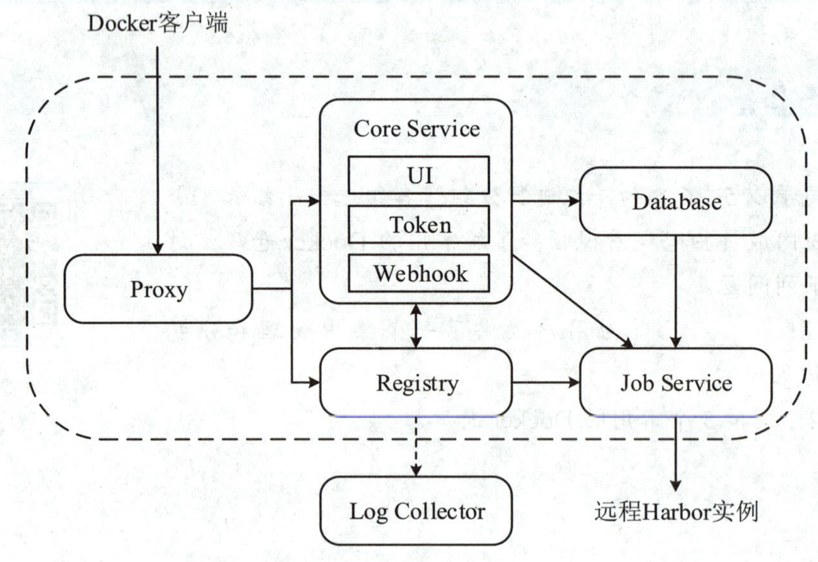

图 3-2　Harbor 架构

（1）Proxy：使用 Nginx 作为反向代理服务器，它位于 Harbor 的前端，负责接收用户的请求并将其转发给相应的后端服务。

（2）Registry：Docker 仓库，主要用于存储 Docker 镜像，并为 docker push/docker pull 命令请求获取有效的令牌。

（3）Core Service：Harbor 的核心组件，主要包括 UI、Token 和 Webhook 模块。其中，UI 提供图形化用户界面，帮助用户管理镜像，并对用户进行授权；Token 主要用于根据用户权限为每条 docker push/docker pull 命令分发令牌，若发送的命令请求没有令牌，则该命令请求将被重定向给 Token，获得令牌后再重新向 Registry 进行命令请求；Webhook 主要用于及时获取 Registry 中镜像的状态变化，并将这些状态变化传递给 UI。

（4）Database：Harbor 的数据库，用于存储用户权限、审查日志等数据。

（5）Log Collector：提供 Harbor 的日志服务，用于收集其他组件的日志。

（6）Job Service：提供镜像远程复制功能，可以把本地镜像复制或同步到其他 Harbor 实例中。

素养之窗

天翼云是中国电信旗下的云计算服务品牌，提供包括云服务器、云存储、云数据库、大数据、人工智能等多种云服务。天翼云云容器引擎（cloud container engine, CCE）是天翼云提供的一种基于 Kubernetes 的容器服务，提供了丰富的容器部署方式，支持多种类型的容器集群，简化了应用程序的部署和管理，旨在帮助用户在云上轻松地部署、管理和扩展容器化应用程序。

任务实施——搭建 Harbor 私有仓库

Harbor 私有仓库能够为用户提供一个简洁的 Web 操作界面，用户可以通过可视化的操作方式管理镜像。用户在任务实施前须将“docker-compose-linux-x86_64-2.17”和“harbor-offline-installer-v1.10.10.tgz”文件上传到宿主机的“/root”目录下。

搭建 Harbor 私有仓库

1. 安装 Docker Compose

步骤 1 以管理员身份登录 CentOS 操作系统，打开命令行终端，执行以下命令将“docker-compose-linux-x86_64-2.17”文件移动到“/usr/local/bin/”目录下，并修改文件名称为“docker-compose”。

```
[root@localhost ~]# mv docker-compose-linux-x86_64-2.17 /usr/local/bin/docker-compose
```

指点迷津

Docker Compose 是 Docker 容器的编排工具，用于定义和管理多个容器。通过 Docker Compose，Harbor 私有仓库的各个组件可以以容器化的方式快速部署和启动。项目 5 将对 Docker Compose 进行详细讲解。

步骤 2 执行以下命令将“/usr/local/bin/docker-compose”文件的访问权限设置为完全权限。

```
[root@localhost ~]# chmod 777 /usr/local/bin/docker-compose
```

步骤 3 执行以下命令查看 Docker Compose 的版本，测试 Docker Compose 是否安装成功。

```
[root@localhost ~]# docker-compose --version
Docker Compose version v2.17.2
```

2. 安装 Harbor 私有仓库

步骤 1 执行以下命令创建“/opt/harbor”目录。

```
[root@localhost ~]# mkdir -p /opt/harbor
```

步骤 2 执行以下命令将“harbor-offline-installer-v1.10.10.tgz”文件解压到“/opt/harbor/”目录中。

```
[root@localhost ~]# tar -zxvf harbor-offline-installer-v1.
10.10.tgz -C /opt/harbor/
harbor/harbor.v1.10.10.tar.gz
harbor/prepare
harbor/LICENSE
harbor/install.sh
harbor/common.sh
harbor/harbor.yml
```

步骤 3 执行以下命令切换到“/opt/harbor/harbor/”目录，并查看当前目录中的文件。

```
[root@localhost ~]# cd /opt/harbor/harbor/
[root@localhost harbor]# ll
总用量 597988
-rw-r--r-- 1 root root      3398 1月  12 2022 common.sh
-rw-r--r--  1  root  root  612306524  1  月  12  2022
harbor.v1.10.10.tar.gz
-rw-r--r-- 1 root root      5882 1月  12 2022 harbor.yml
-rwxr-xr-x 1 root root      2284 1月  12 2022 install.sh
-rw-r--r-- 1 root root     11347 1月  12 2022 LICENSE
-rwxr-xr-x 1 root root      1750 1月  12 2022 prepare
```

步骤 4 使用文本编辑器 Vim 打开“/opt/harbor/harbor/harbor.yml”文件。将“hostname”的值修改为宿主机的 IP 地址（如 192.168.65.130），注释“https”部分的所有行（即在行首添加“#”），编辑完成后保存文件并退出，如图 3-3 所示。

```
[root@localhost harbor]# vim /opt/harbor/harbor/harbor.yml
```

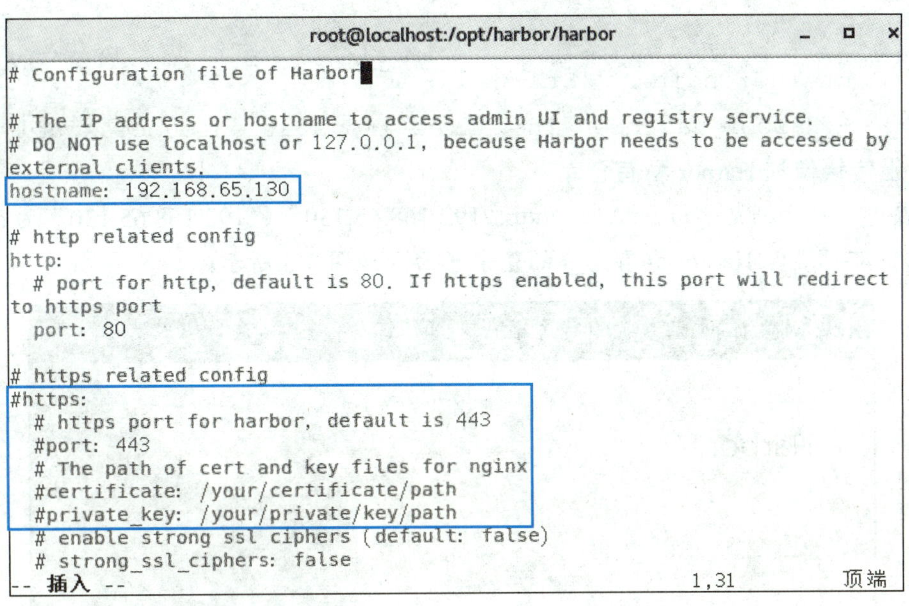
```
# Configuration file of Harbor

# The IP address or hostname to access admin UI and registry service.
# DO NOT use localhost or 127.0.0.1, because Harbor needs to be accessed by
external clients.
hostname: 192.168.65.130

# http related config
http:
  # port for http, default is 80. If https enabled, this port will redirect
to https port
  port: 80

# https related config
#https:
  # https port for harbor, default is 443
  #port: 443
  # The path of cert and key files for nginx
  #certificate: /your/certificate/path
  #private_key: /your/private/key/path
  # enable strong ssl ciphers (default: false)
  # strong_ssl_ciphers: false
-- 插入 --                                          1,31          顶端
```

图 3-3　修改"/opt/harbor/harbor/harbor.yml"文件

高手点拨

在"/opt/harbor/harbor/harbor.yml"文件中会提示 Harbor 私有仓库默认的管理员为"admin"，密码为"Harbor12345"，如图 3-4 所示。

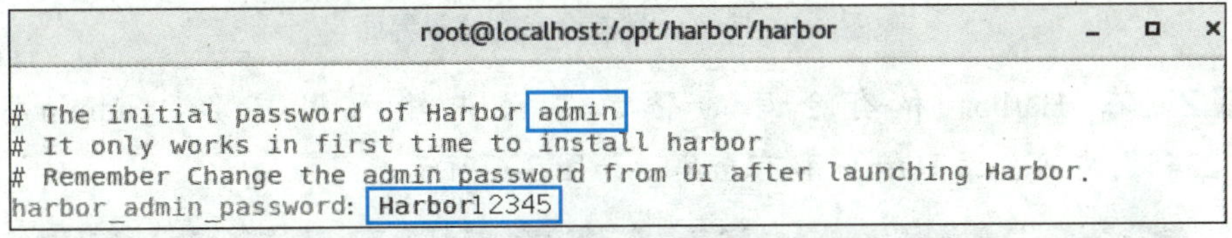
```
# The initial password of Harbor admin
# It only works in first time to install harbor
# Remember Change the admin password from UI after launching Harbor.
harbor_admin_password: Harbor12345
```

图 3-4　Harbor 私有仓库默认的管理员及密码

步骤 5　为了避免其他容器与 Harbor 私有仓库中的容器发生冲突，执行以下命令删除其他容器。

```
[root@localhost harbor]# docker rm -f $(docker ps -a -q)
```

步骤 6　执行以下命令运行"./install.sh"脚本安装 Harbor 私有仓库，Harbor 私有仓库在安装成功后会自动启动。

```
[root@localhost harbor]# ./install.sh
[Step 0]: checking if docker is installed ...
Note: docker version: 26.1.4
[Step 1]: checking docker-compose is installed ...
Note: Docker Compose version 2.27.2
[Step 2]: loading Harbor images ...
fa65d0b345aa: Loading layer   40.5MB/40.5MB
```

```
...
✔ Container nginx    Started                               4.9s
✔ ----Harbor has been installed and started successfully.----
```

3. 上传镜像到 Harbor 私有仓库

步骤 1 打开浏览器访问地址“http://192.168.65.130”(“192.168.65.130”为宿主机的 IP 地址),即可进入 Harbor 私有仓库的登录界面,如图 3-5 所示。

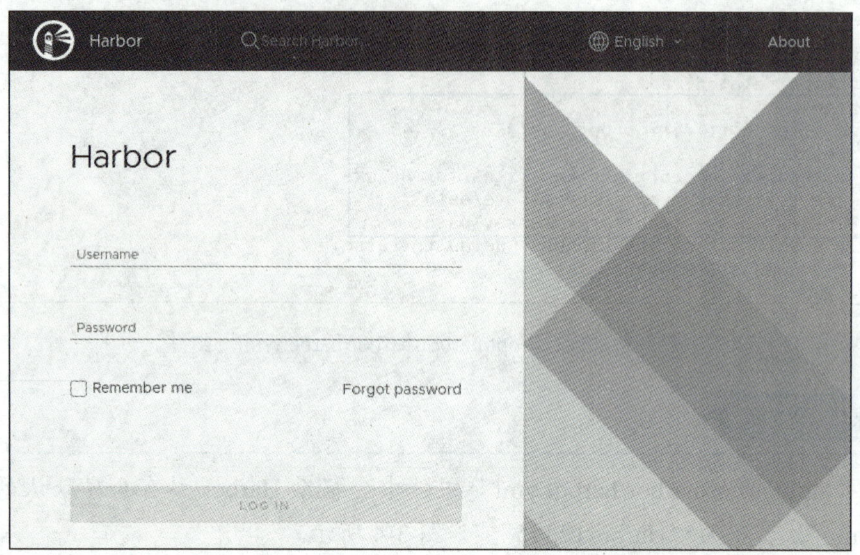

图 3-5 Harbor 私有仓库的登录界面

步骤 2 在 Harbor 私有仓库的登录界面中输入用户名“admin”,密码“Harbor12345”,即可登录 Harbor 私有仓库,如图 3-6 所示。

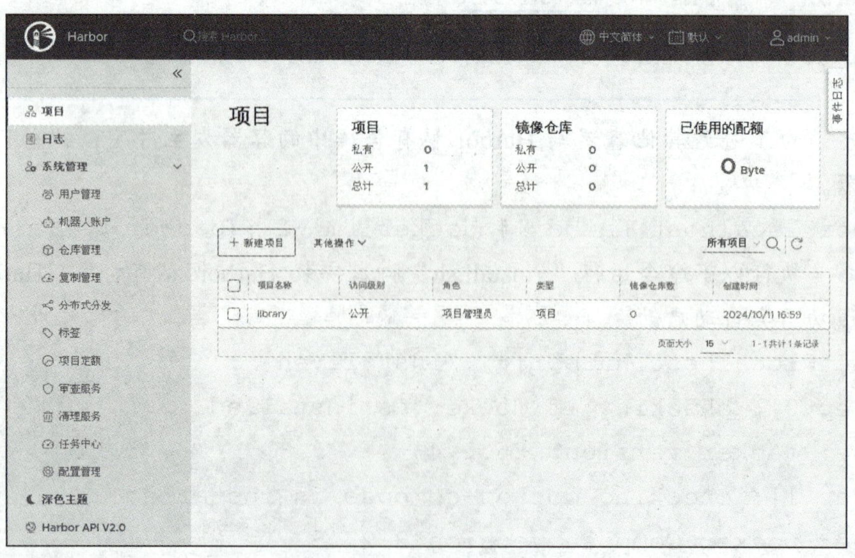

图 3-6 成功登录 Harbor 私有仓库

步骤 3 在 Harbor 私有仓库中，可以使用默认的 library 项目，也可以创建自己的项目。单击“项目”窗口中的“新建项目”按钮，在弹出的“新建项目”窗口中，输入项目名称“myproject”，单击“确定”按钮，如图 3-7 所示。

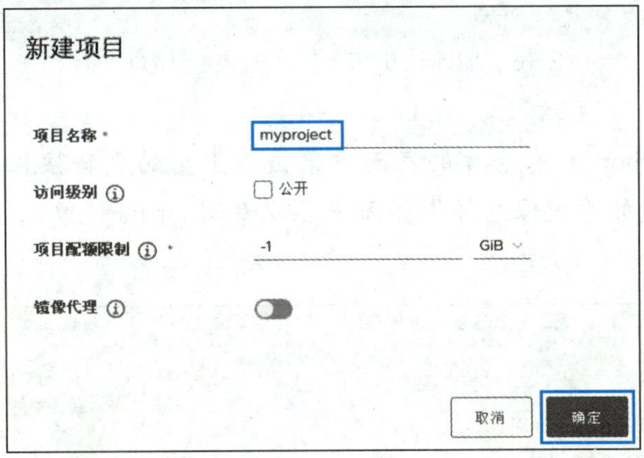

新建项目

项目名称 * myproject

访问级别 ⓘ ☐ 公开

项目配额限制 ⓘ * -1 GiB

镜像代理 ⓘ

取消 确定

图 3-7 新建项目“myproject”

步骤 4 在命令行终端中，执行以下命令登录 Harbor 私有仓库。

```
[root@localhost harbor]# docker login -u admin -p Harbor12345
http://192.168.65.130
```

步骤 5 执行以下命令从 Docker Hub 公共仓库中拉取 cirros 镜像。

```
[root@localhost harbor]# docker pull cirros
Using default tag: latest
latest: Pulling from library/cirros
57744a926da1: Pull complete
898f17ab44c3: Pull complete
e515d9888048: Pull complete
Digest: sha256:9aef66b2a694f8cd31bd5c334419a0c75dc7f4c869931
087c04ea9b2cfbdebaf
Status: Downloaded newer image for cirros:latest
docker.io/library/cirros:latest
```

步骤 6 执行以下命令将镜像 cirros:latest 的标签修改为“192.168.65.130/myproject/cirros:v1”。

```
[root@localhost harbor]# docker tag cirros:latest
192.168.65.130/myproject/cirros:v1
```

步骤 7 执行以下命令将镜像 192.168.65.130/myproject/cirros:v1 上传到 Harbor 私有仓库。

```
[root@ localhost harbor]# docker push 192.168.65.130/
myproject/cirros:v1
```

```
The push refers to repository [192.168.65.130/myproject/cirros]
935ac64ea78c: Pushed
af2bdd10ee79: Pushed
8de089dcf0c9: Pushed
v1: digest: sha256:72da1427efc182d4d8d111f00b9b84c30916f41a
44a627aeffb0a9543e9f7229 size: 943
```

步骤 8 在 Harbor 私有仓库的界面中单击右上角的刷新按钮，然后单击项目名称“myproject”，在打开的“镜像仓库”界面中可以看到 cirros 镜像已经上传成功，如图 3-8 所示。

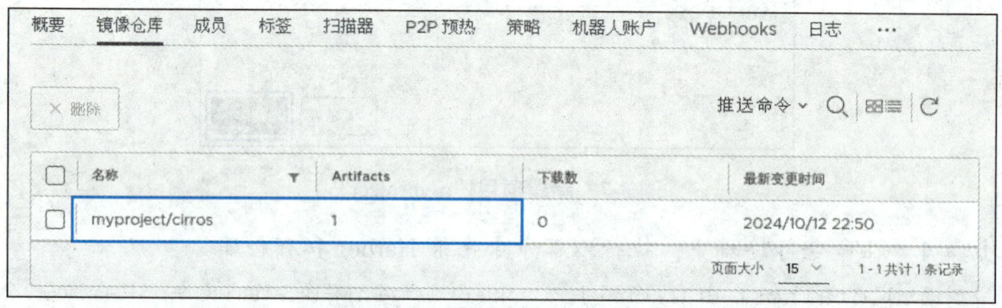

图 3-8 cirros 镜像上传成功

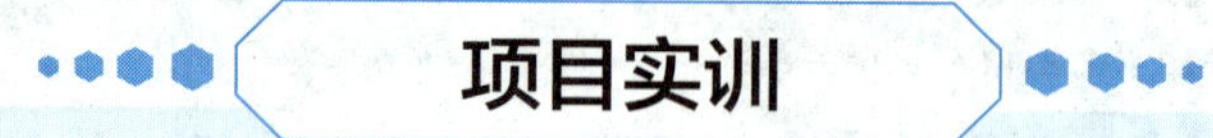

一、实训目的

（1）熟练掌握搭建和管理 Harbor 私有仓库的方法。

（2）熟练掌握从 Harbor 私有仓库中拉取镜像的方法。

二、实训内容

1. 搭建 Harbor 私有仓库

（1）安装 Docker Compose，并为“docker-compose”文件设置完全访问权限。

（2）下载 Harbor 安装包，并解压 Harbor 安装包到“/opt/harbor”目录中。

（3）修改“/opt/harbor/harbor/harbor.yml”文件。将“hostname”的值修改为宿主机的 IP 地址，注释“https”部分的所有行。

（4）运行“./install.sh”脚本安装 Harbor 私有仓库。

指点迷津

若已安装 Harbor 私有仓库，则可跳过此部分实训。

2. 管理 Harbor 私有仓库

（1）在浏览器中登录 Harbor 私有仓库（默认用户名为“admin”，密码为“Harbor12345”）。

（2）在 Harbor 私有仓库的界面中创建“myproject1”项目。

（3）将镜像 cirros:latest 的标签修改为“127.0.0.1/myproject1/cirros:v2”，并上传到 Harbor 私有仓库。

（4）在 Harbor 私有仓库的界面中创建用户，用户名设置为“xiaojing”，密码设置为“Harbor123”。

（5）为用户“xiaojing”分配管理员权限。

（6）在“myproject1”项目中添加项目成员“xiaojing”，并将其角色设置为“开发者”。

（7）在命令行终端中，执行以下命令退出当前用户“admin”。

```
docker logout 127.0.0.1
```

（8）以用户“xiaojing”的身份登录 Harbor 私有仓库。

（9）从 Harbor 私有仓库中拉取镜像 127.0.0.1/myproject1/cirros:v2。

（10）在 Harbor 私有仓库的界面中查看 myproject1 项目的日志信息。

三、实训小结

按要求完成实训内容，并将实训过程中遇到的问题和解决办法记录在表 3-1 中。

表 3-1 实训过程

序号	主要问题	解决办法
1		
2		
3		

项目总结

完成本项目的学习与实践后，总结应掌握的知识点，并将思维导图（见图 3-9）填写完整。

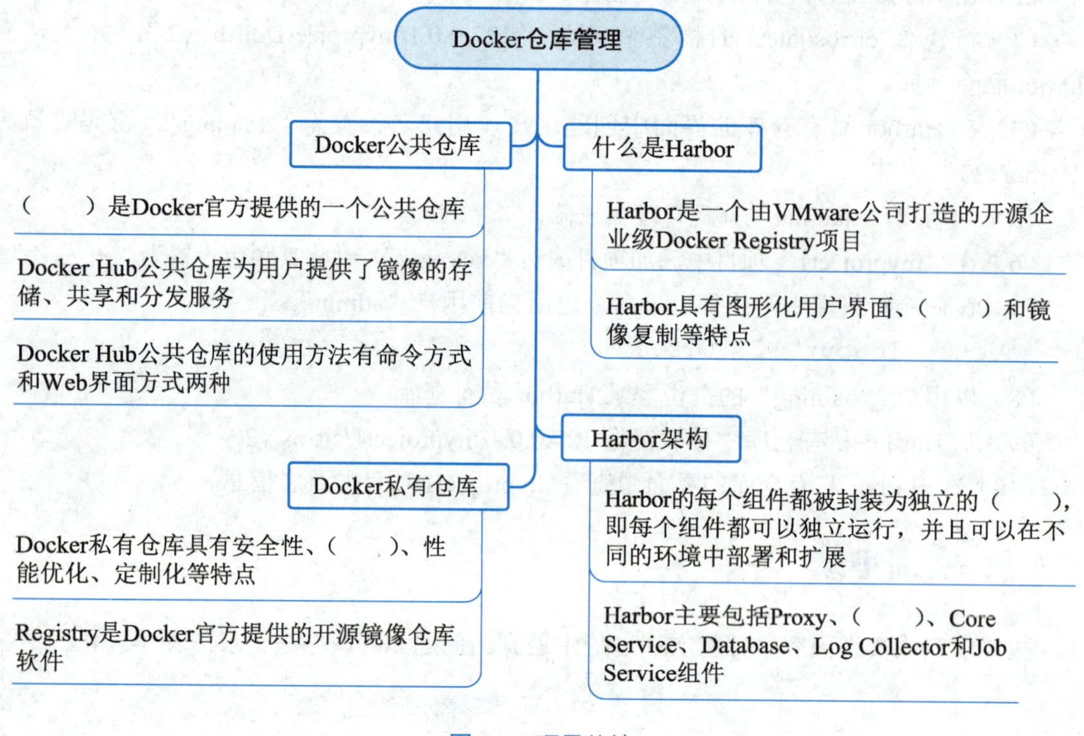

图 3-9　项目总结

项目考核

一、选择题

（1）在下列选项中，（　　）是 Docker 官方提供的公共仓库。

A．Docker Hub　　B．Registry

C．Harbor　　D．Nginx

（2）在下列描述中，错误的是（　　）。

A．在 Docker 注册中心可以存放多个仓库

B．仓库中可以包含多个镜像

C．镜像可以具有不同的标签

D．Docker 注册中心与仓库一一对应

（3）将本地镜像上传到 Registry 私有仓库，不需要进行的操作是（　　）。

A．检查私有仓库的端口是否开放

B．使用 docker tag 命令为镜像添加标签

C．将私有仓库添加到 Docker 的信任列表

D．使用 docker push 命令上传镜像

（4）在下列关于 Harbor 的描述中，正确的是（　　）。

A．Harbor 只能支持 http 访问

B．Harbor 比 Registry 私有仓库的功能更多

C．Harbor 安装包不可以在 Github 上下载

D．Harbor 私有仓库只支持浏览器访问

（5）下列不属于 Harbor 组件的是（　　）。

A．Registry　　B．Database

C．Core Services　　D．Haproxy

二、填空题

（1）在 Docker 中，__________命令用于退出 Docker Hub 公共仓库。

（2）创建 Registry 私有仓库，需要先拉取__________镜像。

（3）Docker Hub 公共仓库的使用方法有命令方式和__________两种。

（4）在命令行终端中，默认在__________仓库中拉取镜像。

三、简答题

（1）简述搭建 Registry 私有仓库的具体流程。

（2）简述 Harbor 主要包含的组件及各组件的含义。

项目评价

结合本项目的学习情况，完成项目评价并将评价结果填入表 3-2 中。

表 3-2　项目评价表

<table>
<tr><th rowspan="2">评价项目</th><th rowspan="2">评价内容</th><th colspan="4">评价分数</th></tr>
<tr><th>分值</th><th>自评</th><th>互评</th><th>师评</th></tr>
<tr><td rowspan="4">知识评价（30%）</td><td>是否了解公共仓库和私有仓库的特点</td><td>7 分</td><td></td><td></td><td></td></tr>
<tr><td>是否掌握私有仓库的搭建流程</td><td>7 分</td><td></td><td></td><td></td></tr>
<tr><td>是否了解 Harbor 及其特点</td><td>8 分</td><td></td><td></td><td></td></tr>
<tr><td>是否了解 Harbor 框架</td><td>8 分</td><td></td><td></td><td></td></tr>
<tr><td rowspan="2">技能评价（40%）</td><td>是否能够搭建 Registry 私有仓库</td><td>20 分</td><td></td><td></td><td></td></tr>
<tr><td>是否能够搭建 Harbor 私有仓库</td><td>20 分</td><td></td><td></td><td></td></tr>
<tr><td rowspan="4">素养评价（30%）</td><td>是否遵守课堂纪律，上课精神是否饱满</td><td>7 分</td><td></td><td></td><td></td></tr>
<tr><td>是否具有自主学习意识，做好课前准备</td><td>8 分</td><td></td><td></td><td></td></tr>
<tr><td>是否善于思考，积极参与，勇于提出问题</td><td>8 分</td><td></td><td></td><td></td></tr>
<tr><td>是否具有团队合作精神，出色完成小组任务</td><td>7 分</td><td></td><td></td><td></td></tr>
<tr><td rowspan="2">合　计</td><td>综合得分：________</td><td>100 分</td><td></td><td></td><td></td></tr>
<tr><td>综合等级：________</td><td colspan="4">指导老师签字：________</td></tr>
<tr><td>综合评价</td><td colspan="5">最突出的表现（创新或进步）：

还需改进的地方（不足或缺点）：</td></tr>
</table>

项目四 Docker 网络和存储管理

项目导读

Docker 中的网络配置和存储管理是容器应用程序的关键组成部分。网络配置是容器与容器、容器与外部网络之间通信的基础，合理的网络配置可以确保通信的安全性和高效性。存储管理用于存储和管理容器中的数据，有效的存储管理机制能够实现数据的持久化和容器之间的数据共享，可以为应用程序的扩展和维护提供有力的支持。

知识目标

- 掌握 Docker 的容器网络模型中的核心组件。
- 理解 Docker 网络模式的相关概念。
- 掌握 Docker 存储的挂载类型。
- 理解数据卷和数据卷容器的相关概念。
- 掌握 Docker 网络命令和数据卷管理命令。

能力目标

- 能够创建并管理 Docker 网络。
- 能够创建并管理数据卷。

素质目标

- 提升学生的职业操守，使其在面临重大选择时能够做出有利于国家和民族的选择。
- 培养学生一丝不苟的学习态度，增强积极主动寻求解决方法的意识。

任务一　配置 Docker 网络

任务描述

小旌意识到容器并非孤立存在，它能够与其他容器或外部网络进行通信，而这离不开顺畅的网络连接。为了确保容器能够相互连接并进行有效通信，小旌决定深入学习 Docker 网络的相关知识，动手创建自定义网络并对容器之间的通信进行测试。

任务准备

全班同学以 5～6 人为一组进行分组，各组选出小组长，小组长组织组内成员扫码观看视频，了解网络配置的基本内容，讨论并回答下列问题。

问题 1：当网络中的两台主机进行通信时，必须知道双方各自的地址，这个地址称为__________。

问题 2：实现不同网段的主机通信，须设置__________地址。

网络配置基本内容

一、Docker 的容器网络模型

Docker 网络是容器通信的基础，它能够实现容器之间、容器与外部网络之间的连接。从 Docker 1.7 开始，Docker 将网络部分的代码独立出来，形成了一个名为 libnetwork 的网络库。在 libnetwork 项目中，Docker 提供了一个标准化的容器网络模型（container network model, CNM），该模型为应用程序提供了一致的编程接口和所需的网络抽象。

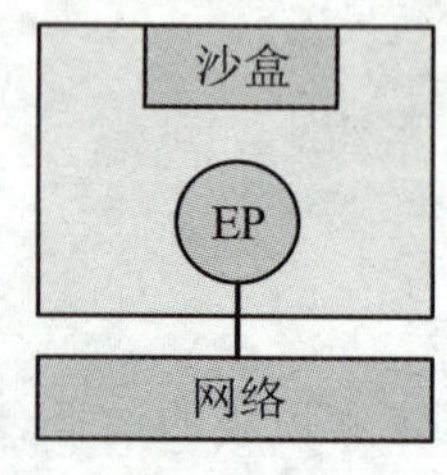

图 4-1　CNM 的核心组件

CNM 的核心组件包括沙盒（sandbox）、端点（endpoint, EP）和网络（network），如图 4-1 所示。

（1）沙盒：一个独立的网络栈，包括以太网接口、路由表和 DNS 设置等。一个沙盒可以容纳来自多个网络的多个端点。

（2）端点：虚拟网络接口，用于将沙盒连接到网络。一个端点只属于一个网络且只属于一个沙盒。

（3）网络：相互连接的端点的集合，没有连接到网络的端点将无法通信。

CNM 负责为容器提供网络功能，即沙盒被放置在容器内部，为容器提供网络连接，如图 4-2 所示。

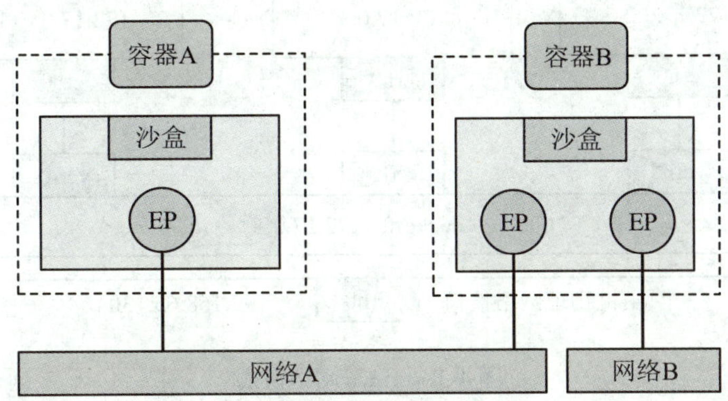

图 4-2　容器使用 CNM 进行网络连接

在图 4-2 中，容器 A 只有一个端点，连接到了网络 A；容器 B 有两个端点，分别连接到网络 A 和网络 B；容器 A 与容器 B 可以通过网络 A 进行通信，容器 B 的两个端点之间不能通信。

指点迷津

端点与常见的网络适配器类似，即一个端点只能接入某一个网络。若一个容器需要接入到多个网络中，就需要有多个端点。

二、Docker 网络模式

Docker 提供了 bridge、host、none 和 container 等多种网络模式，允许用户根据不同的需求配置容器的网络环境。当基于镜像创建容器时（使用“docker create”或“docker run”命令），默认采用 bridge 网络模式，若要采用其他网络模式，可以使用“--network=网络模式”选项设置容器要连接的网络。

1. bridge 网络模式

bridge 网络模式是 Docker 默认的网络模式，使用“--network=bridge”选项指定，其网络模式如图 4-3 所示。当采用 bridge 网络模式时，Docker 会在宿主机上创建一个名为 docker0 的虚拟网桥，所有的容器都会连接到该虚拟网桥上，并为该虚拟网桥分配一个独立的 IP 地址。Docker 通常使用 172.17.0.0/16 这个网段，并将 172.17.0.1 分配给 docker0 网桥。容器之间、容器与宿主机之间的通信是通过 docker0 虚拟网桥和 iptables 的 NAT 表来实现的。

当 Docker 创建一个容器时，它会在宿主机上创建一个虚拟以太网对（veth pair）。veth pair 由两个虚拟网络接口组成，其中一个接口为新创建容器的网络接口（命名为 eth0），另一个接口会连接到 docker0 虚拟网桥（命名为 veth*）。

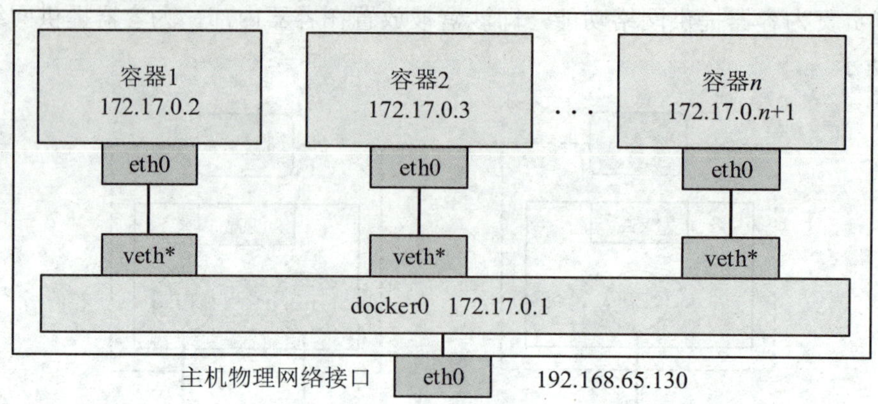

图 4-3 bridge 网络模式

2. host 网络模式

host 网络模式使用“--network=host”选项指定，其网络模式如图 4-4 所示。当采用 host 网络模式时，容器不会虚拟出自己的网络接口，也没有独立的 IP 地址，而是直接使用宿主机的 IP 地址和端口。由于容器都使用相同的宿主机接口，因此在同一台宿主机上的容器在绑定端口时必须要相互协调，避免要绑定的端口与已经使用的端口发生冲突。

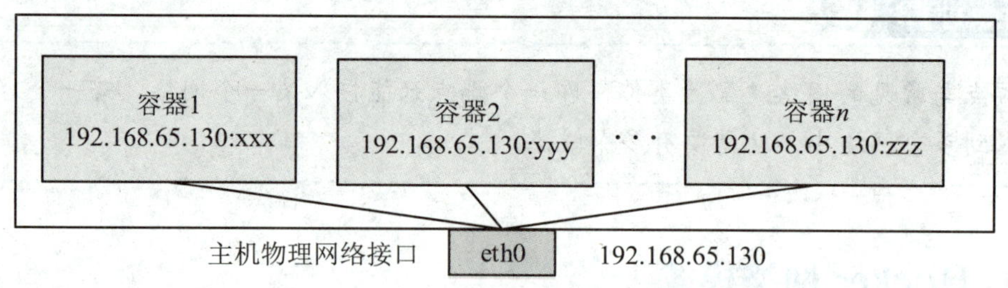

图 4-4 host 网络模式

3. none 网络模式

none 网络模式使用“--network=none”选项指定，其网络模式如图 4-5 所示。当采用 none 网络模式时，Docker 会为容器分配独立的网络命名空间，但不会进行任何网络配置，IP 地址、路由等网络资源需要用户自行配置。在该网络模式下的容器实现了高度的网络隔离，可用于对安全性要求较高且不需要通信的容器。

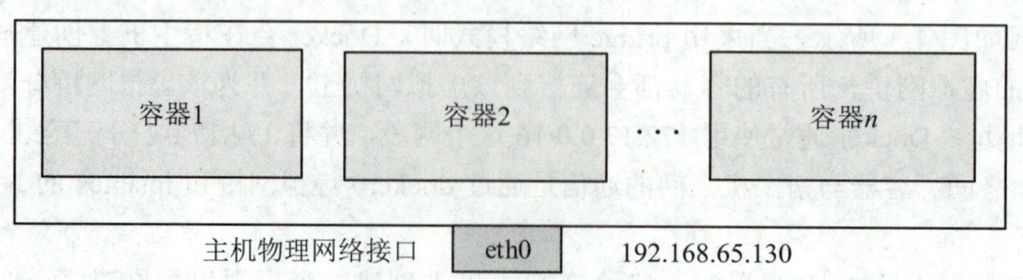

图 4-5 none 网络模式

4．container 网络模式

container 网络模式使用“--network=container:NAME_or_ID”选项指定，其网络模式如图 4-6 所示。当采用 container 网络模式时，新创建的容器不会分配独立的网络接口和 IP 地址，而是共享指定容器的 IP 地址、端口及其他网络资源。

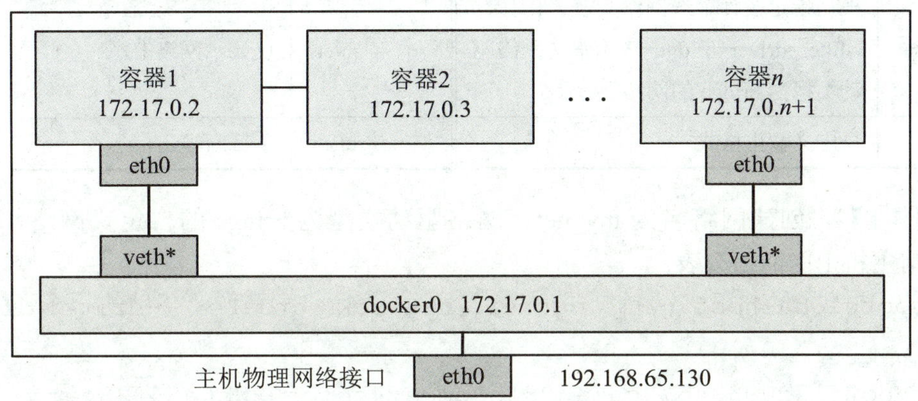

图 4-6 container 网络模式

三、docker network 命令

1．创建网络

docker network create 命令用于创建自定义网络，在默认情况下该自定义网络的网络模式为 bridge 网络模式。docker network create 命令的格式如下。

```
docker network create [选项] 网络名
```

其中，常用选项的含义如表 4-1 所示。

表 4-1 docker network create 命令中常用选项的含义

选 项	含 义	选 项	含 义
-d、--driver	指定网络的驱动类型	--ip-range	指定网络的 IP 地址范围
--subnet	指定网络的子网范围	--gateway	指定网络的网关 IP 地址

指点迷津

在安装 Docker 时，Docker 会自动创建 3 个默认网络（bridge、host 和 none），且 Docker 守护进程会默认将容器连接到 bridge 网络中。

2．查看网络列表

docker network ls 命令用于查看网络列表，包括默认网络和用户自定义的网络。docker network ls 命令的格式如下。

```
docker network ls [选项]
```

其中，常用选项的含义如表 4-2 所示。

表 4-2　docker network ls 命令中常用选项的含义

选　项	含　义	选　项	含　义
-f、--filter	根据指定条件筛选网络列表。例如，--filter=driver=bridge 表示筛选网络驱动类型为 bridge 的网络	-q、--quiet	仅显示网络 ID
--format	自定义输出格式	--no-trunc	不截断输出信息

【例 4-1】　创建网络名为 my_net、网络驱动类型为 bridge 的自定义网络，并查看 Docker 宿主机上的网络列表。

```
[root@localhost ~]# docker network create --driver=bridge my_net
9fdbd3f13c0908eb79cd6a698ab5bceaf4becc5980b6a84f38ceca575c4bfa60
[root@localhost ~]# docker network ls
NETWORK ID     NAME            DRIVER    SCOPE
6656147553f2   bridge          bridge    local
7bec906a1116   harbor_harbor   bridge    local
0cceaf8acf02   host            host      local
9fdbd3f13c09   my_net          bridge    local
5c171ba2ec36   none            null      local
```

从结果中可以看出，当前 Docker 宿主机上有 5 个网络，包括在安装 Docker 时自动创建的 3 个默认网络（bridge、host 和 none），以及用户自定义网络 my_net 和 harbor_harbor（在搭建 Harbor 私有仓库时自动创建的网络）。

在 docker network ls 命令显示信息中，各字段的说明如下。

① NETWORK ID：网络的唯一标识符，用于各种网络操作，如连接或断开容器与网络的连接。

② NAME：网络的名称，该名称必须是唯一的，不能与其他网络的名称重复。

③ DRIVER：网络驱动的类型，如 bridge、host、null 和 overlay 等。

④ SCOPE：网络的作用域，如 local 和 swarm。其中，local 表示网络仅在当前 Docker 宿主机上可用，swarm 表示网络在 Swarm 集群的所有节点上可用。

知识加油站

在 Docker 中，网络驱动是负责实现特定网络功能和行为的组件，它定义了容器如何连接到网络、如何与其他容器或外部网络通信。Docker 提供了多种内置的网络驱动，同时也支持第三方网络插件。Docker 网络驱动的常见类型如下。

（1）bridge：桥接网络驱动，是 Docker 默认的网络驱动，用于创建一个隔离的网络环境，允许连接到此网络的容器相互通信。

（2）host：主机网络驱动，连接到此网络的容器将共享宿主机的网络命名空间，没有网络隔离。

（3）overlay：覆盖网络驱动，支持跨多个 Docker 主机的网络通信，通常用于 Docker Swarm 集群。

（4）null：无网络驱动，连接到此网络的容器将不具有任何网络接口，容器无法进行任何网络通信。

3. 查看网络信息

docker network inspect 命令用于查看一个或多个网络的详细信息，该命令会以 JSON 格式返回网络信息，包括网络名称、网络 ID 等。docker network inspect 命令的格式如下。

```
docker network inspect [选项] 网络名 1|网络 ID [网络名 2|网络 ID …]
```

其中，常用选项的含义如表 4-3 所示。

表 4-3　docker network inspect 命令中常用选项的含义

选　项	含　义
--format	自定义网络信息的输出格式。例如，--format "{{.Containers}}"表示以 GO 模板输出网络信息中的容器信息
-v、--verbose	显示网络的详细信息

4. 将容器连接到网络

docker network connect 命令用于将容器连接到指定网络。当容器连接到网络后，可以与同一网络中的其他容器进行通信。docker network connect 命令的格式如下。

```
docker network connect [选项] 网络名|网络 ID 容器名|容器 ID
```

其中，常用选项的含义如表 4-4 所示。

表 4-4　docker network connect 命令中常用选项的含义

选　项	含　义	选　项	含　义
--alias	指定容器在网络中的别名	--driver-opt	指定网络的驱动程序
--ip	指定容器的 IP 地址		

【例 4-2】　基于 cirros:latest 镜像创建名为 cirros 的容器，将该容器连接到 my_net 网络，并查看 my_net 网络的容器信息。

```
[root@localhost ~]# docker run -d -it --name cirros
```

```
cirros:latest
   fe05c64a0002d3ef23ad0ca55b94c81c490a411a0d515444915b17c1dc05
6d3e
   [root@localhost ~]# docker network connect my_net cirros
   [root@localhost ~]# docker network inspect my_net --format
"{{.Containers}}"
   map[fe05c64a0002d3ef23ad0ca55b94c81c490a411a0d515444915b17c
1dc056d3e:{cirros da821ac65ad4b94529f78a34039027cc9de66ffd9cfd
ccc90bc9acd7144d7a1d 02:42:ac:13:00:02 172.19.0.2/16 }]
```

从结果中可以看出，cirros 容器已经成功连接到了 my_net 网络，且该容器的 IP 地址为 172.19.0.2。

5．断开容器与网络的连接

docker network disconnect 命令用于断开容器与网络的连接。当容器与网络断开连接后，它将无法再与该网络中的其他容器进行通信。docker network disconnect 命令的格式如下。

```
   docker network disconnect [-f|--force] 网络名|网络 ID 容器名|容
器 ID
```

其中，“-f”或“--force”选项用于强制断开容器与网络的连接，即使容器正在使用该网络进行通信。

6．删除网络

docker network rm 命令用于删除一个或多个网络。在删除网络时必须先断开连接到该网络上的所有容器，且该命令无法删除 Docker 自动创建的 3 个默认网络。docker network rm 命令的格式如下。

```
   docker network rm [-f|--force] 网络名 1|网络 ID [网络名 2|网络
ID …]
```

其中，“-f”或“--force”选项用于强制删除网络。

【例 4-3】 断开 cirros 容器与 my_net 网络的连接，然后查看 my_net 网络的容器信息，最后删除 my_net 网络。

```
   # 断开 cirros 容器与 my_net 网络的连接，查看 my_net 网络的容器信息
   [root@localhost ~]# docker network disconnect my_net cirros
   [root@localhost ~]# docker network inspect my_net --format
"{{.Containers}}"
   map[]
   # 删除 my_net 网络
   [root@localhost ~]# docker network rm my_net
   my_net
```

7. 删除所有未使用的网络

docker network prune 命令用于删除所有未使用的网络。未使用的网络是指没有与容器连接的网络。docker network prune 命令的格式如下。

```
docker network prune [选项]
```

其中，常用选项的含义如表 4-5 所示。

表 4-5 docker network prune 命令中常用选项的含义

选 项	含 义
--filter	根据指定条件筛选要删除的网络。例如，--filter "until=timestamp"表示删除在该时间戳之前创建的网络
--force	不提示确认，直接删除未使用的网络

任务实施——创建并管理 Docker 网络

Alpine 是一款面向安全、轻量级的 Linux 系统，专为嵌入式设备和服务器设计。它以体积小巧和安全性高而闻名，非常适合作为容器的基础镜像。

创建并管理 Docker 网络

本任务将基于 alpine 镜像创建 4 个容器，分别将 alpine1 容器（IP 地址为 172.27.0.16）和 alpine2 容器连接到用户自定义网络 alpine-net（网关 IP 地址为 172.27.0.1），alpine3 容器连接到默认 bridge 网络，alpine4 容器同时连接到默认 bridge 网络和用户自定义网络 alpine-net，如图 4-7 所示。最后测试容器之间的连通性。

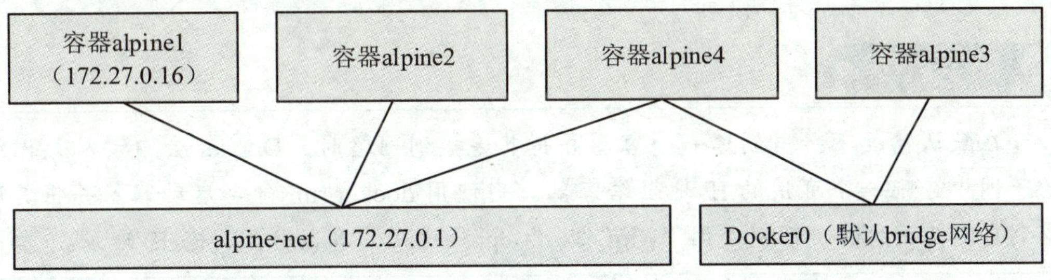

图 4-7 网络连接结构

1. 创建用户自定义网络

步骤 1 以管理员身份登录 CentOS 操作系统，打开命令行终端，执行以下命令创建用户自定义网络 alpine-net，并设置其子网范围为“172.27.0.0/16”，网关 IP 地址为“172.27.0.1”。

```
[root@localhost ~]# docker network create --driver bridge
alpine-net --subnet=172.27.0.0/16 --gateway=172.27.0.1
```

```
    855af8e5d40e8bb4497ad2b2afe19e65b4302afbd4df98f430762af1d97
2a36e
```

步骤 2 执行以下命令查看 Docker 主机上的网络列表。

```
    [root@localhost ~]# docker network ls
    NETWORK ID     NAME             DRIVER    SCOPE
    855af8e5d40e   alpine-net       bridge    local
    ef550dc23640   bridge           bridge    local
    7bec906a1116   harbor_harbor    bridge    local
    0cceaf8acf02   host             host      local
    5c171ba2ec36   none             null      local
```

2. 将容器连接到网络

步骤 1 执行以下命令基于 alpine 镜像创建名为 alpine1 的容器，将 alpine1 容器连接到用户自定义网络 alpine-net，并为 alpine1 容器设置静态 IP 地址 172.27.0.16。

```
    [root@localhost ~]# docker run -d -it --name alpine1 --network
alpine-net --ip 172.27.0.16 alpine ash
    Unable to find image 'alpine:latest' locally
    latest: Pulling from library/alpine
    43c4264eed91: Pull complete
    Digest: sha256:beefdbd8a1da6d2915566fde36db9db0b524eb73
7fc57cd1367effd16dc0d06d
    Status: Downloaded newer image for alpine:latest
    f8aaa6189aeb044ccbbbfe3a1f1ba0997f1375488b2cad5376cee5c331c
91598
```

高手点拨

在默认情况下，当创建一个容器并将其连接到网络时，Docker 会自动从该网络的子网中分配一个可用的 IP 地址给容器。当使用 docker run 命令启动容器并将其连接到自定义网络时，可以使用“--ip”或“--ip6”选项为容器分配静态 IP 地址。

步骤 2 执行以下命令基于 alpine 镜像创建名为 alpine2 的容器，并将 alpine2 容器连接到用户自定义网络 alpine-net。

```
    [root@localhost ~]# docker run -d -it --name alpine2 --network
alpine-net  alpine ash
    e0e43a65cad5a75233d41a7a2f5b85ace8cfdc615f39f3d92fa25a38031
1a9fb
```

步骤 3 执行以下命令基于 alpine 镜像创建名为 alpine3 的容器，并将 alpine3 容器连接到默认 bridge 网络。

```
[root@localhost ~]# docker run -d -it --name alpine3 alpine ash
0e0fc0d9181e5a30803783c2036e991b78abf87203738b2ba11f50c29db7ea1f
```

步骤 4 执行以下命令基于 alpine 镜像创建名为 alpine4 的容器，并将 alpine4 容器分别连接到用户自定义网络 alpine-net 和默认 bridge 网络。

```
[root@localhost ~]# docker run -d -it --name alpine4 --network alpine-net alpine ash
7e57b7e02bcc42c15e8ec053b648f8b5d370c092e88d751c89ebc3ae4454e3ba
[root@localhost ~]# docker network connect bridge alpine4
```

步骤 5 执行以下命令查看默认 bridge 网络的详细信息，包括该网络的子网范围、网关 IP 地址、连接到该网络的 alpine3 容器和 alpine4 容器的详细信息，如图 4-8 所示。

```
[root@localhost ~]# docker network inspect bridge
```

```
[root@bogon ~]# docker network inspect bridge
[
    {
        "Name": "bridge",
        "Id": "ef550dc23640654952a75efc1fcabf16e4e65db4bf1943821bc77c459ddb21e4",
        "Created": "2024-10-17T19:13:31.262523793+08:00",
        "Scope": "local",
        "Driver": "bridge",
        "EnableIPv6": false,
        "IPAM": {
            "Driver": "default",
            "Options": null,
            "Config": [
                {
                    "Subnet": "172.17.0.0/16",
                    "Gateway": "172.17.0.1"
                }
            ]
        },
        "Internal": false,
        "Attachable": false,
        "Ingress": false,
        "ConfigFrom": {
            "Network": ""
        },
        "ConfigOnly": false,
        "Containers": {
            "0e0fc0d9181e5a30803783c2036e991b78abf87203738b2ba11f50c29db7ea1f": {
                "Name": "alpine3",
                "EndpointID": "043a86554cbb7b32fca8149df7e3f043c03b905d7c8b6d83be99e2a3
e9ab30d7",
                "MacAddress": "02:42:ac:11:00:02",
                "IPv4Address": "172.17.0.2/16",
                "IPv6Address": ""
            },
            "7e57b7e02bcc42c15e8ec053b648f8b5d370c092e88d751c89ebc3ae4454e3ba": {
                "Name": "alpine4",
                "EndpointID": "e2c2bfea0[illegible]4acafa3d9605714205cf0de2b63dbd1856186870035
330b18d2",
                "MacAddress": "02:42:ac:11:00:03",
                "IPv4Address": "172.17.0.3/16",
                "IPv6Address": ""
            }
        },
```

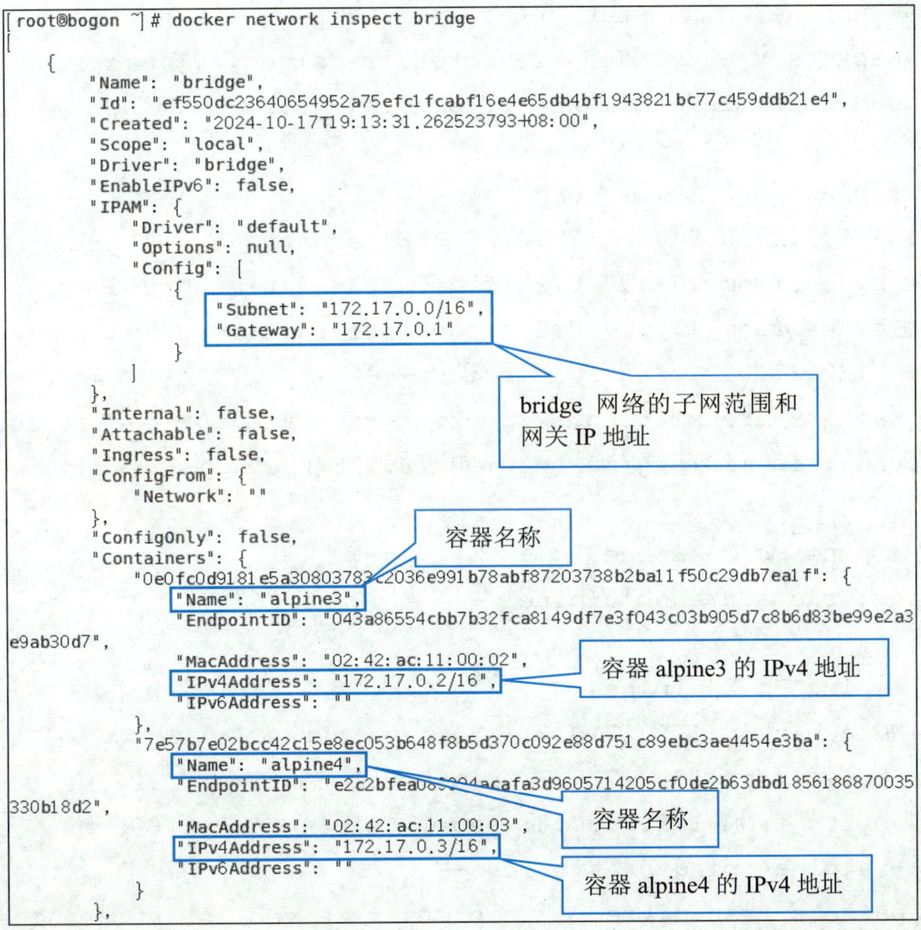

图 4-8 默认 bridge 网络的详细信息

高手点拨

按照同样的方法执行“docker network inspect alpine-net”命令即可查看自定义网络 alpine-net 的详细信息，包括该网络的子网范围、网关 IP 地址、连接到该网络的 alpine1 容器、alpine2 容器、alpine4 容器的详细信息。

3. 容器之间的通信

步骤 1 执行以下命令进入 alpine1 容器，使用 ping 命令分别 ping 容器 alpine2、容器 alpine3 和容器 alpine4 测试容器之间的连通性。

```
[root@localhost ~]# docker attach alpine1
/ # ping -c 2 alpine2
PING alpine2 (172.27.0.2): 56 data bytes
64 bytes from 172.27.0.2: seq=0 ttl=64 time=0.105 ms
64 bytes from 172.27.0.2: seq=1 ttl=64 time=0.253 ms
--- alpine2 ping statistics ---
2 packets transmitted, 2 packets received, 0% packet loss
round-trip min/avg/max = 0.105/0.179/0.253 ms

/ # ping -c 2 172.27.0.2
PING 172.27.0.2 (172.27.0.2): 56 data bytes
64 bytes from 172.27.0.2: seq=0 ttl=64 time=0.065 ms
64 bytes from 172.27.0.2: seq=1 ttl=64 time=0.203 ms
--- 172.27.0.2 ping statistics ---
2 packets transmitted, 2 packets received, 0% packet loss
round-trip min/avg/max = 0.105/0.138/0.177 ms

/ # ping -c 2 alpine3
ping: bad address 'alpine3'

/ # ping -c 2 alpine4
PING alpine4 (172.27.0.3): 56 data bytes
64 bytes from 172.27.0.3: seq=0 ttl=64 time=0.122 ms
64 bytes from 172.27.0.3: seq=1 ttl=64 time=0.095 ms
--- alpine4 ping statistics ---
2 packets transmitted, 2 packets received, 0% packet loss
round-trip min/avg/max = 0.095/0.108/0.122 ms
```

从结果中可以看出，alpine1 容器可以与 alpine2 容器和 alpine4 容器通信，而无法与 alpine3 容器通信。这是因为 alpine3 容器连接到默认 bridge 网络，并未连接到自定义网络 alpine-net。

步骤 2 依次使用“Ctrl＋P”和“Ctrl＋Q”组合键退出 alpine1 容器。

步骤 3 执行以下命令进入 alpine4 容器，使用 ping 命令分别 ping 容器 alpine1 和容器 alpine3 测试容器之间的连通性。

```
[root@localhost ~]# docker attach alpine4
/ # ping -c 2 alpine1
PING alpine1 (172.27.0.16): 56 data bytes
64 bytes from 172.27.0.16: seq=0 ttl=64 time=0.126 ms
64 bytes from 172.27.0.16: seq=1 ttl=64 time=0.199 ms
--- alpine1 ping statistics ---
2 packets transmitted, 2 packets received, 0% packet loss
round-trip min/avg/max = 0.126/0.162/0.199 ms

/ # ping -c 2 alpine3
ping: bad address 'alpine3'

/ # ping -c 2 172.17.0.2
PING 172.17.0.2 (172.17.0.2): 56 data bytes
64 bytes from 172.17.0.2: seq=0 ttl=64 time=0.720 ms
64 bytes from 172.17.0.2: seq=1 ttl=64 time=0.079 ms
--- 172.17.0.2 ping statistics ---
2 packets transmitted, 2 packets received, 0% packet loss
round-trip min/avg/max = 0.079/0.399/0.720 ms
```

指点迷津

在自定义 bridge 网络中，容器之间的通信可以通过 IP 地址或容器名实现，这是因为自定义 bridge 网络支持自动服务发现（automatic service discovery），即容器的名称会自动解析为其 IP 地址。但在默认 bridge 网络中，容器之间的通信只能通过 IP 地址实现，无法通过容器名实现。

步骤 4 容器无论连接到默认 bridge 网络还是自定义 bridge 网络，都可以访问外部网络。执行以下命令访问外部网络，并退出 alpine4 容器。

```
/ # ping -c 2 www.baidu.com
PING www.baidu.com (110.242.68.3): 56 data bytes
```

```
64 bytes from 110.242.68.3: seq=0 ttl=127 time=12.695 ms
64 bytes from 110.242.68.3: seq=1 ttl=127 time=13.483 ms

--- www.baidu.com ping statistics ---
2 packets transmitted, 2 packets received, 0% packet loss
round-trip min/avg/max = 12.695/13.089/13.483 ms
/ # read escape sequence
```

步骤 5 执行以下命令删除正在运行的 alpine1、alpine2、alpine3 和 alpine4 容器，以及用户自定义网络 alpine-net，释放系统资源。

```
[root@localhost ~]# docker rm -f alpine1 alpine2 alpine3 alpine4
alpine1
alpine2
alpine3
alpine4
[root@localhost ~]# docker network rm alpine-net
alpine-net
```

任务二 管理 Docker 存储

任务描述

小旌发现当容器被删除或重启后，容器内的数据会随之丢失，而数据卷能够独立于容器将数据存储在宿主机上，且能够实现容器之间的数据共享。于是，他决定深入学习数据持久化存储的相关知识，并着手创建和管理数据卷，旨在实现数据的持久化存储和跨容器共享。

任务准备

全班同学以 5～6 人为一组进行分组，各组选出小组长，小组长组织组内成员扫码观看视频，了解容器的非持久化存储与持久化存储，讨论并回答下列问题。

容器的非持久化存储与持久化存储

问题 1：在 Docker 中，容器的存储可以分为__________存储和__________存储两种类型。

问题 2：什么是非持久化存储？

一、Docker 存储的挂载类型

在 Docker 中创建容器时会为容器自动分配本地存储，即默认存储。此时容器中的数据默认存储在容器的可读/写层，当容器被删除后，容器中的数据会丢失。

除了默认存储，Docker 还提供了数据卷（data volume）、绑定挂载（bind mounts）和 tmpfs 挂载（tmpfs mounts）3 种挂载，如图 4-9 所示。其中，数据卷和绑定挂载能够实现数据的持久化存储。

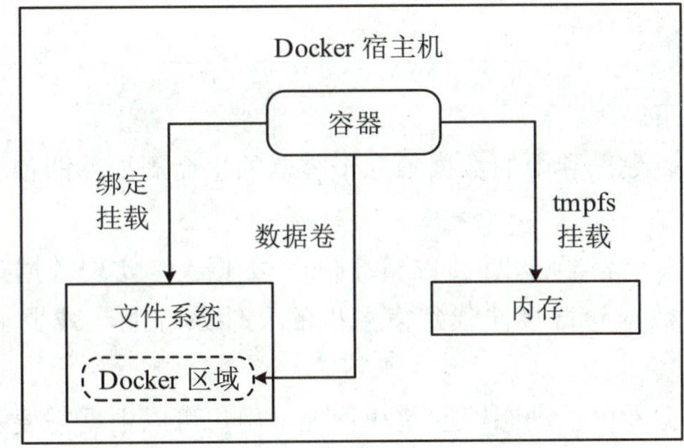

图 4-9　Docker 的 3 种挂载类型

1. 数据卷

数据卷存储在宿主机的文件系统中，由 Docker 管理，数据默认存储在宿主机的“/var/lib/docker/volumes”目录下。数据卷可以使用 Docker 命令对其进行管理，且较容易实现数据的备份和迁移。

2. 绑定挂载

绑定挂载是将宿主机上的文件或目录直接挂载到容器中，能够实现数据的持久化存储。绑定挂载性能较高，但它依赖于具有特定目录结构的主机文件系统，不能使用 Docker 命令直接管理绑定挂载。在引入文件或目录时，绑定挂载需要使用其在宿主机上的完整路径或相对路径。

3. tmpfs 挂载

tmpfs 是一种基于内存的文件系统，数据暂存在宿主机的内存中，宿主机重新启动后，数据将被删除。tmpfs 挂载不会在磁盘上持久化存储数据，适用于不希望数据持久保存到宿主机或容器中的情况。

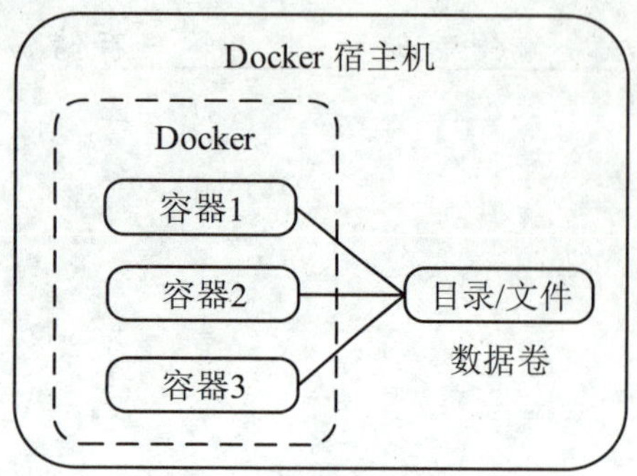

图 4-10　容器与数据卷的关系

二、Docker 数据卷

1. 什么是数据卷

数据卷是一个特殊的目录或文件，这个目录或文件能够独立于容器存储在宿主机中，Docker 会将宿主机中的指定目录或文件挂载到容器中，如图 4-10 所示。

知识加油站

如果挂载一个空的数据卷到容器中的非空目录，那么 Docker 会将容器目录下的内容复制到数据卷中；如果挂载一个非空的数据卷到容器中的目录，那么容器中的内容会被数据卷中的内容覆盖。

数据卷的特点如下。

（1）持久化存储。数据卷中的数据独立于容器的生命周期，即使容器被删除，数据卷中的数据也不会丢失。

（2）数据共享。多个容器可以同时挂载同一个数据卷，实现数据共享。

（3）性能优化。数据卷直接挂载到宿主机的文件系统上，减少了数据传输的延迟和开销。

（4）灵活性。数据卷可以动态地创建和管理，用户可以根据需要随时添加、修改或删除数据卷。

2. 数据卷管理命令

（1）创建数据卷。docker volume create 命令用于创建一个数据卷，其格式如下。

```
docker volume create [选项] [数据卷名]
```

其中，常用选项的含义如表 4-6 所示。

表 4-6　docker volume create 命令中常用选项的含义

选　项	含　义	选　项	含　义
-d、--driver	指定数据卷的存储驱动，默认为“local”	--name	为数据卷指定名称
--label	设置数据卷的元数据标签	-o、--opt	设置驱动程序特定选项

（2）查看数据卷列表。docker volume ls 命令用于查看所有数据卷的列表，其格式如下。

```
docker volume ls [选项]
```

其中，常用选项的含义如表 4-7 所示。

表 4-7 docker volume ls 命令中常用选项的含义

选　项	含　义	选　项	含　义
-f、--filter	根据指定条件筛选查找结果	--format	自定义输出格式
-q、--quiet	只显示数据卷的名称		

（3）查看数据卷的详细信息。docker volume inspect 命令用于查看一个或多个数据卷的详细信息，其格式如下。

```
docker volume inspect [--format] 数据卷名1 [数据卷名2 …]
```

其中，“--format”选项表示自定义数据卷信息的输出格式。

（4）删除数据卷。docker volume rm 命令用于删除一个或多个未被任何容器挂载的数据卷。若要删除的数据卷已经被容器挂载，则要先停止并删除相关容器，才能删除该数据卷。docker volume rm 命令的格式如下。

```
docker volume rm [-f|--force] 数据卷名1 [数据卷名2 …]
```

其中，“-f”或“--force”选项表示强制删除一个或多个数据卷。

（5）删除所有未使用的数据卷。docker volume prune 命令用于一次性删除所有未使用的数据卷，其格式如下。

```
docker volume prune [选项]
```

其中，常用选项的含义如表 4-8 所示。

表 4-8 docker volume prune 命令中常用选项的含义

选　项	含　义	选　项	含　义
--filter	指定筛选值	-f、--force	不提示确认

3. docker run 命令中的存储配置选项

数据卷创建完成后，可以使用 docker run 命令的“-v|--volume”或“--mount”选项在创建容器时将数据卷挂载到容器中。

知识加油站

绑定挂载也可以使用 docker run 命令的“-v|--volume”或“--mount”选项在创建容器时将指定的文件或目录挂载到容器中。

（1）在 docker run 命令中，使用“-v|--volume”选项挂载数据卷的格式如下。

```
-v 宿主机中的挂载源:容器中的挂载目标[:选项]
```

该格式由“:”分隔的 3 个字段组成，这些字段必须按照正确的顺序排列。其中，第一个字段为数据卷的名称（若挂载类型为绑定挂载，则其为宿主机中的目录或文件，且当目录不存在时会自动创建)；第二个字段为容器中的目录或文件；第 3 个字段表示访问权限，可以为“ro”(只读) 或“rm”(读写，默认值)。

【例 4-4】 创建名为 volume 的数据卷，然后基于 ubuntu:latest 镜像创建名为 ubuntu 的容器，并在启动容器时使用“-v”选项将 volume 数据卷挂载到 ubuntu 容器中的“data”目录下，最后删除 volume 数据卷。

```
# 创建 volume 数据卷
[root@localhost ~]# docker volume create volume
Volume
# 将 volume 数据卷挂载到 ubuntu 容器
[root@localhost ~]# docker run --name ubuntu -d -it -v
volume:/data ubuntu:latest /bin/bash
69ce5b97d879c78e1472e945bb163743c49a670e3db98c098a0c7d193c52
5544
# 查看 volume 数据卷是否正确挂载到容器中
[root@localhost ~]# docker inspect 69ce5b97d87
...
"Mounts": [
        {
            "Type": "volume",
            "Name": "volume",
            "Source": "/var/lib/docker/volumes/volume/_data",
            "Destination": "/data",
            "Driver": "local",
            "Mode": "z",
            "RW": true,
            "Propagation": ""
...
# 先删除 ubuntu 容器，再删除 volume 数据卷
[root@localhost ~]# docker rm -f ubuntu
ubuntu
[root@localhost ~]# docker volume rm volume
volume
```

挂载类型
数据卷名
宿主机中的挂载源
容器中的挂载目标
数据卷驱动
Selinux 标签
可读写

(2) 在 docker run 命令中，使用“--mount”选项挂载数据卷的格式如下。

```
--mount 键 1=值 1[,键 2=值 2,…]
```

该格式由“,”分隔的键值对组成，常用键的含义如表 4-9 所示。

表 4-9 在 docker run 命令中“--mount”选项常用键的含义

键	含 义
type	指定挂载类型，如 bind、volume 或 tmpfs，默认使用 volume
source	指定挂载源。若挂载类型为数据卷，则其值为数据卷的名称；若挂载类型为绑定挂载，则其值为宿主机的路径
target	指定挂载目标路径，即容器中的目录或文件

【例 4-5】 基于 ubuntu:latest 镜像创建名为 ubuntu1 的容器，并在启动容器时使用“--mount”选项将 volume 数据卷挂载到 ubuntu 容器中的“data”目录下。

```
[root@localhost ~]# docker run --name ubuntu1 -d -it --mount source=volume,target=/data ubuntu:latest /bin/bash
2bc00ae1933b987fed5d3c64666687aef9f14707ceb1c0b1df840c6f415e9520
```

三、数据卷容器

1. 什么是数据卷容器

数据卷容器（data volume containers）是一种特殊的容器，它并不运行任何应用程序，而是作为数据存储媒介存在，其目的是为其他容器提供数据卷挂载。容器、数据卷容器与宿主机之间的关系如图 4-11 所示。

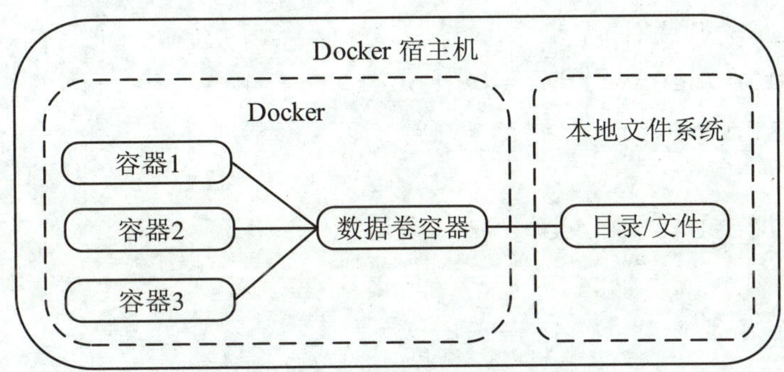

图 4-11 容器、数据卷容器与宿主机之间的关系

2. 创建并挂载数据卷容器

（1）创建数据卷容器。使用 docker run 或 docker create 命令可创建数据卷容器，并将指定目录或数据卷挂载到数据卷容器中（使用“-v|--volume”或“--mount”选项）。

（2）挂载数据卷容器。在其他容器中可以使用 docker run 命令的“--volumes-from”选项来挂载数据卷容器中的数据卷。如果多个容器挂载到同一个数据卷，则任何一个容器在该数据卷中的操作都会同步到其他容器。

【例 4-6】 基于 ubuntu:latest 镜像创建名为 data-volume 的数据卷容器，并将宿主机中的“/dataV”目录挂载到数据卷容器的“/dataV”目录。然后，基于 ubuntu:latest 镜像创建两个名为 db1 和 db2 的容器，挂载 data-volume 数据卷容器中的数据卷。最后，在任意一个容器中创建“file1”文件，以验证容器间的数据共享。

```
    # 创建名为 data-volume 的数据卷容器并挂载
    [root@localhost ~]# docker run -it -v /dataV:/dataV --name data-volume ubuntu:latest
    root@a1feb801f4fe:/# cd /dataV
    # 查看 data-volume 数据卷容器的“dataV”目录下是否存在文件
    root@a1feb801f4fe:/dataV# ls
    root@a1feb801f4fe:/dataV# exit
    exit
    # 创建容器 db1 和 db2，并挂载到 data-volume 数据卷容器中
    [root@localhost ~]# docker run -it --volumes-from data-volume --name db1 ubuntu:latest
    root@d0751fc84949:/# exit
    exit
    [root@localhost ~]# docker run -it --volumes-from data-volume --name db2 ubuntu:latest
    # 切换到 db2 容器中的“dataV”目录
    root@28113d9b465f:/# cd /dataV
    # 创建“file1”文件
    root@28113d9b465f:/dataV# touch file1
    root@28113d9b465f:/dataV# ls
    file1
    root@28113d9b465f:/dataV# exit
    exit
    # 启动 db1 容器
    [root@localhost ~]# docker start db1
    db1
    # 进入 db1 容器
    [root@localhost ~]# docker exec -it db1 /bin/bash
    # 查看 db1 容器中的“dataV”目录下是否存在“file1”文件
    root@d0751fc84949:/# cd /dataV
    root@d0751fc84949:/dataV# ls
    file1
    root@d0751fc84949:/dataV# exit
    exit
```

从结果中可以看出，在 db2 容器中的“dataV”目录下创建的“file1”文件，能够在 db1 容器中的“dataV”目录下查到，这是因为 db1 和 db2 容器挂载了同一数据卷容器，实现了数据的共享与同步。

3. 使用数据卷容器迁移数据

用户可以使用数据卷容器对其中的数据卷进行备份和恢复，以实现数据的迁移。

（1）数据备份。在备份数据卷容器中的数据时，使用 docker run 命令启动一个临时容器，将数据卷容器挂载到临时容器上（使用“--volumes-from”选项），然后将宿主机的当前目录挂载到临时容器的指定目录下（使用“-v $(pwd)”选项），并在临时容器启动后，使用 tar 命令将数据卷容器中的数据备份到临时容器的指定目录下（即宿主机的当前目录下），即可实现数据备份。

【例 4-7】 基于 ubuntu:latest 镜像创建名为 db3 的临时容器，将 data-volume 数据卷容器挂载到 db3 容器上，然后将宿主机的当前目录挂载到 db3 容器的“volfile”目录下，并在 db3 容器启动后，使用 tar 命令将 data-volume 数据卷容器中的数据备份到“volfile”目录下的“file.tar”文件中。

```
[root@localhost ~]# docker run --volumes-from data-volume -v $(pwd):/volfile --name db3 ubuntu:latest tar cvf /volfile/file.tar dataV
dataV/
dataV/file1
[root@localhost ~]# ls
anaconda-ks.cfg                          mysql              视频
export_ubuntu.tar                        myubuntu           图片
file.tar                                 save_nginx.tar     文档
get-pip.py                               sshd               下载
harbor-offline-installer-v2.11.1.tgz     tomcat             音乐
httpd                                    ubuntu_latest.tar  桌面
initial-setup-ks.cfg                     公共
mynginx.tar                              模板
```

从结果中可以看出，data-volume 数据卷容器目录中的“file1”文件已经成功备份到了“file.tar”文件中。

（2）数据恢复。将数据恢复到数据卷容器中时，首先需要创建一个空的数据卷容器，再创建一个临时容器挂载数据卷容器中的数据卷，并将宿主机的当前目录挂载到临时容器的指定目录下。当临时容器启动后，解压备份文件到挂载的数据卷容器中即可。

【例 4-8】 基于 ubuntu:latest 镜像创建名为 volume-dock1 的数据卷容器，随后创建一个临时容器挂载 volume-dock1 数据卷容器，并将宿主机的当前目录挂载到临时容器的“volfile”目录下。运行临时容器后解压备份文件“file.tar”，最后进入 volume-dock1 数据卷容器查看数据是否恢复。

```
# 创建 volume-dock1 数据卷容器
[root@localhost ~]# docker run -it -v /dataV --name volume-dock1
ubuntu:latest /bin/bash
root@bb726bab7e07:/# cd /dataV
root@bb726bab7e07:/dataV# ls        # "dataV"目录下没有数据
root@bb726bab7e07:/dataV# exit
exit
# 创建一个容器并挂载，解压备份文件"file.tar"
[root@localhost ~]# docker run --volumes-from volume-dock1 -v
$(pwd):/volfile ubuntu:latest tar xvf /volfile/file.tar
dataV/
dataV/file1
# 启动并进入 volume-dock1 数据卷容器
[root@localhost ~]# docker start volume-dock1
volume-dock1
[root@localhost ~]# docker exec -it volume-dock1 /bin/bash
# 查看数据是否恢复
root@bb726bab7e07:/# cd /dataV
root@bb726bab7e07:/dataV# ls
file1
root@bb726bab7e07:/dataV# exit
exit
```

素养之窗

时速云（TenxCloud）是一家以技术创新为驱动的新型云计算公司，是国内基于 Kubernetes 的企业级容器云平台，提供以应用为中心的容器云产品和解决方案，涵盖轻量级容器虚拟化、微服务、DevOps、持续交付等，最大化地帮助企业实现业务应用的快速交付与持续创新。

时速云广泛应用于金融、能源、交通和制造等多个领域。通过为企业提供定制化的容器云解决方案和专业的技术支持服务，时速云已经成功帮助数百家企业实现了数字化转型和业务创新。

任务实施——创建并管理数据卷

创建并管理数据卷

1. 创建并挂载数据卷

步骤 1 以管理员身份登录 CentOS 操作系统，打开命令行终端，执行以下命令创建名为 vol-test 的数据卷。

```
[root@localhost ~]# docker volume create vol-test
vol-test
```

步骤 2 执行以下命令查看数据卷列表。

```
[root@localhost ~]# docker volume ls
DRIVER    VOLUME NAME
local     7ca90f93029ea8270f31596e3e40c41d6965e50a5c8ff
local     7ece7f9a84b57a8e8c6baa26ccf7d6028b96548960cba
...
local     vol-test
```

步骤 3 执行以下命令查看 vol-test 数据卷的详细信息。

```
[root@localhost ~]# docker volume inspect vol-test
[
    {
        "CreatedAt": "2024-10-21T23:38:33+08:00",
        "Driver": "local",
        "Labels": null,
        "Mountpoint": "/var/lib/docker/volumes/vol-test/_data",
        "Name": "vol-test",
        "Options": null,
        "Scope": "local"
    }
]
```

步骤 4 执行以下命令基于 centos 镜像创建名为 centos 的容器，并将 vol-test 数据卷挂载到 centos 容器中的“world”目录下。

```
[root@localhost ~]# docker run --name centos -it -v
vol-test:/world centos /bin/bash
Unable to find image 'centos:latest' locally
latest: Pulling from library/centos
a1d0c7532777: Pull complete
Digest: sha256:a27fd8080b517143cbbbab9dfb7c8571c40d67d534bbd
Status: Downloaded newer image for centos:latest
```

步骤 5 执行以下命令查看当前工作目录下的文件和目录，并查看“world”目录下的内容，然后退出容器。

```
[root@f02a2e719a77 /]# ls
bin  etc   lib    lost+found mnt  proc run  srv tmp var
dev  home  lib64  media      opt  root sbin sys usr world
```

```
[root@f02a2e719a77 /]# cd world
[root@f02a2e719a77 world]# ls
[root@f02a2e719a77 world]# exit
exit
```

从结果中可以看出，在当前目录下创建了“world”目录，且当前“world”目录为空。

步骤 6 执行以下命令切换到 vol-test 数据卷的“_data”目录下，并创建内容为“test volume”的“test.html”文件。

```
[root@localhost ~]# cd /var/lib/docker/volumes/vol-test/_data
[root@localhost _data]# echo 'test volume'>test.html
[root@localhost _data]# cat test.html
test volume
```

步骤 7 执行以下命令启动并进入 centos 容器，并查看“world”目录下的内容。

```
[root@localhost _data]# docker start centos
centos
[root@localhost _data]# docker exec -it centos /bin/bash
[root@f02a2e719a77 /]# cd /world
[root@f02a2e719a77 world]# ls
test.html
[root@f02a2e719a77 world]# exit
exit
```

从结果中可以看出，修改宿主机中挂载的源数据，容器中挂载的数据也会同步发生变化。同理，若修改容器中挂载的数据，宿主机中挂载的源数据也会发生变化。

步骤 8 执行以下命令删除 centos 容器及 vol-test 数据卷。

```
[root@localhost ~]# docker rm -f centos
centos
[root@localhost ~]# docker volume rm vol-test
vol-test
```

2. 使用数据卷容器管理容器数据

步骤 1 执行以下命令基于 httpd 镜像创建名为 myhttpd 的容器，并将宿主机的 80 端口映射到容器的 80 端口。

```
[root@localhost ~]# docker run -d --name myhttpd -p 80:80 httpd
b1895350fa33c8ea362c9a37ebf8532539226ea801fe0f0ba6b2a68f539
994e0
```

步骤 2 打开浏览器访问地址“http://192.168.65.130:80/”（“192.168.65.130”为宿主机的 IP 地址），查看 httpd 的首页内容，如图 4-12 所示。

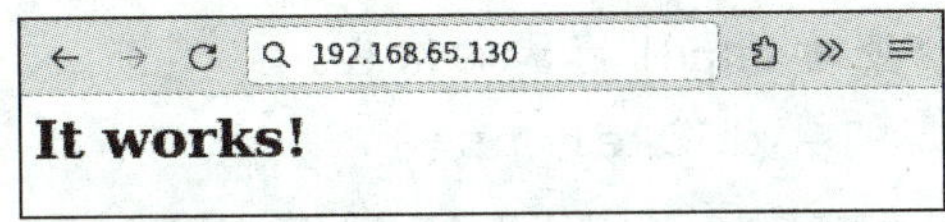

图 4-12 httpd 的首页内容

步骤 3 执行以下命令进入 myhttpd 容器，查看 myhttpd 容器的文件结构和首页内容，为数据卷挂载做准备。

```
[root@localhost ~]# docker exec -it myhttpd /bin/bash
root@b1895350fa33:/usr/local/apache2# ls
bin  build  cgi-bin  conf  error  htdocs  icons  include  logs
modules
root@b1895350fa33:/usr/local/apache2# cd htdocs
root@b1895350fa33:/usr/local/apache2/htdocs# ls
index.html
root@b1895350fa33:/usr/local/apache2/htdocs# cat index.html
<html><body><h1>It works!</h1></body></html>
root@b1895350fa33:/usr/local/apache2/htdocs# exit
exit
```

从结果中可以看出，myhttpd 容器中的“index.html”文件的默认内容是“It works!”，该文件所在的位置为“/usr/local/apache2/htdocs”。

步骤 4 执行以下命令在当前目录下创建“htdocs”目录，并切换到“htdocs”目录下创建“index.html”文件。

```
[root@localhost ~]# mkdir htdocs
[root@localhost ~]# cd htdocs
[root@localhost htdocs]# vim index.html
<html><body><h1>This is the volume container!</h1></body></html>
```

步骤 5 执行以下命令基于 httpd 镜像创建名为 vc-con 的数据卷容器，并将宿主机的“/htdocs”目录挂载到 vc-con 容器的“/usr/local/apache2/htdocs”目录下。

```
[root@localhost ~]# docker create --name vc-con -v
~/htdocs:/usr/local/apache2/htdocs httpd
bc8872bea8accd9954074a36986947a6ca3347fff1250f62c87a04b6d75
91b53
```

步骤 6 执行以下命令基于 httpd 镜像创建名为 httpd1 的容器，并挂载 vc-con 数据卷容器中的数据卷。

```
[root@localhost ~]# docker run -d --name httpd1 -p 80
--volumes-from vc-con httpd
764e6aa4bd61755ef94808a51658f22217d06c92e85bccead485d85ea94
22251
```

步骤 7　执行以下命令查看 httpd1 容器的信息。

```
[root@localhost ~]# docker ps
CONTAINER ID   IMAGE   COMMAND   CREATED   STATUS   PORTS
NAMES
764e6aa4bd61   httpd   "httpd-foreground"   7 minutes ago   Up
7 minutes   0.0.0.0:32768->80/tcp, :::32768->80/tcp   httpd1
b1895350fa33   httpd   "httpd-foreground"   49 minutes ago
Up 49 minutes   0.0.0.0:80->80/tcp, :::80->80/tcp   myhttpd
```

从结果中可以看出，httpd1 容器的访问端口为 32 768。

步骤 8　打开浏览器访问地址“http://192.168.65.130:32768/”，查看 httpd1 容器的首页内容，如图 4-13 所示。

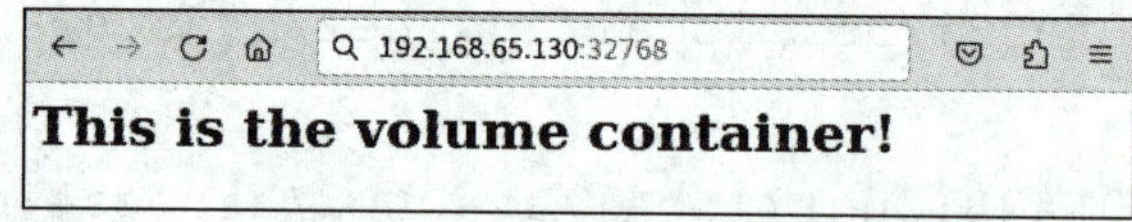

图 4-13　httpd1 容器的首页内容

步骤 9　执行以下命令修改数据卷中“index.html”文件的内容。

```
[root@localhost ~]# cd htdocs
[root@localhost htdocs]# vim index.html
<html><body><h1>The volume container has changed!</h1></body>
</html>
```

步骤 10　打开浏览器访问地址“http://192.168.65.130:32768/”，再次查看首页内容，如图 4-14 所示。

图 4-14　修改后的首页内容

从结果中可以看出，网页中的内容已经修改，通过修改数据卷容器中的内容，可以实现数据的共享。

项目实训

一、实训目的

（1）熟练掌握 Docker 网络的基本配置方法。

（2）熟练掌握数据卷和数据卷容器的应用。

二、实训内容

1. Docker 网络的基本配置

（1）创建自定义网络 mynet1。

（2）创建自定义网络 mynet2，并设置其子网范围为“172.29.0.0/16”，网关 IP 地址为“172.29.0.1”。

（3）基于 alpine 镜像创建名为 netContainer1 的容器，并将该容器连接到 mynet1 网络。

（4）基于 alpine 镜像创建名为 netContainer2 和 netContainer3 的容器，将这两个容器连接到 mynet2 网络，并为 netContainer2 容器设置静态 IP 地址 172.29.0.16。

（5）进入容器 netContainer2，使用 ping 命令测试与 netContainer1 容器和 netContainer3 容器的连通性。

（6）删除正在运行的 netContainer1、netContainer2 和 netContainer3 容器，以及用户自定义网络 mynet1 和 mynet2，释放系统资源。

2. 创建与管理数据卷和数据卷容器

（1）创建名为 volume1 的数据卷。

（2）基于 nginx 镜像创建名为 mynginx 的容器，将 volume1 数据卷挂载到 mynginx 容器的“/usr/data”目录下。

（3）查看 volume1 数据卷是否挂载到 mynginx 容器中。

（4）基于 busybox 镜像创建名为 mycontainer 的数据卷容器，并将宿主机目录“/opt/mydate”挂载到数据卷容器的“/test/data”目录下。

（5）基于 centos 镜像创建名为 my_centos 的容器，并挂载 mycontainer 数据卷容器中的数据卷。

三、实训小结

按要求完成实训内容，并将实训过程中遇到的问题和解决办法记录在表 4-10 中。

表 4-10　实训过程

序　号	主要问题	解决办法
1		
2		
3		

项目总结

完成本项目的学习与实践后，总结应掌握的知识点，并将思维导图（见图 4-15）填写完整。

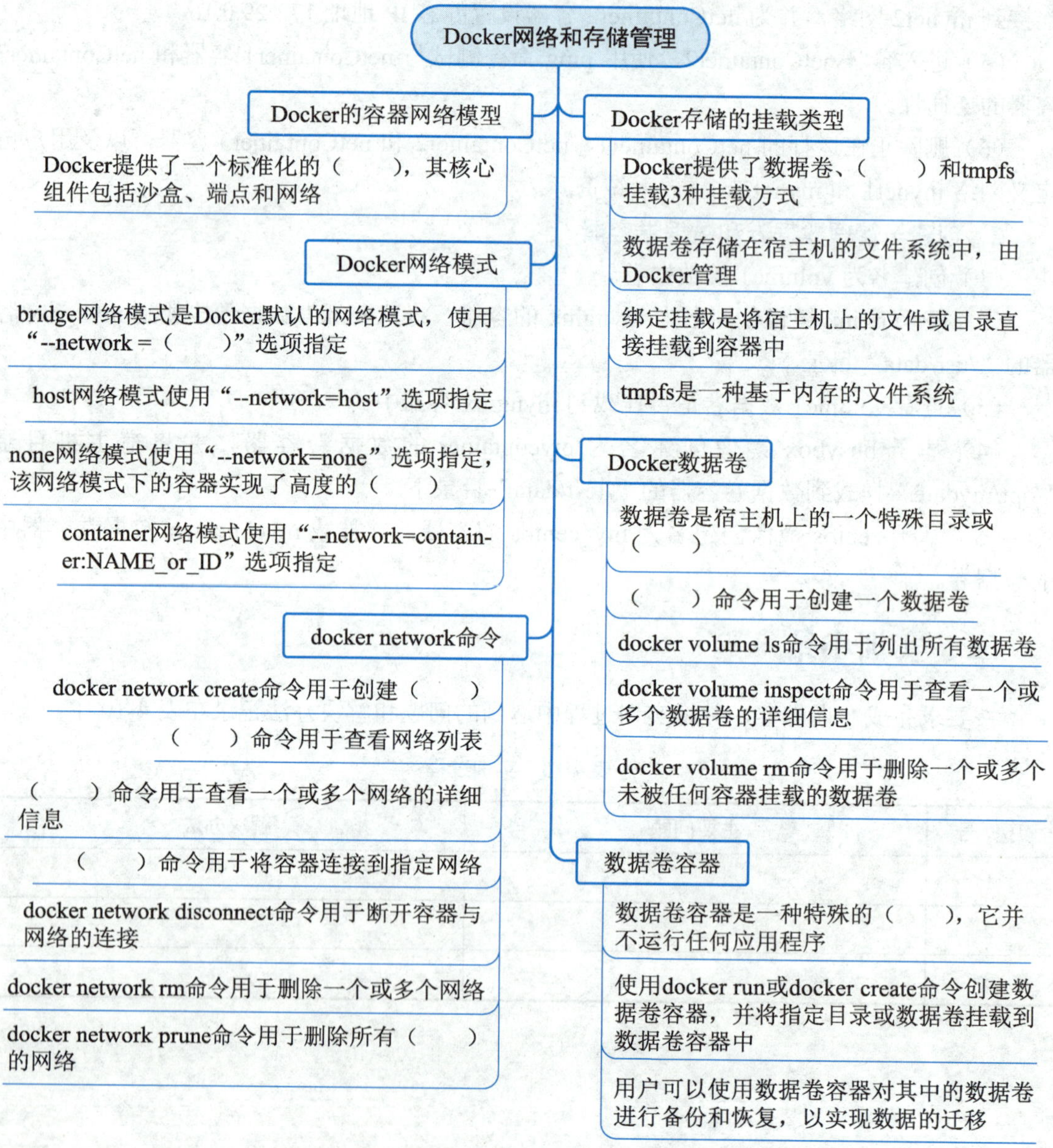

Docker网络和存储管理

- Docker的容器网络模型
  - Docker提供了一个标准化的（　　），其核心组件包括沙盒、端点和网络
- Docker网络模式
  - bridge网络模式是Docker默认的网络模式，使用“--network =（　　）”选项指定
  - host网络模式使用“--network=host”选项指定
  - none网络模式使用“--network=none”选项指定，该网络模式下的容器实现了高度的（　　）
  - container网络模式使用“--network=container:NAME_or_ID”选项指定
- docker network命令
  - docker network create命令用于创建（　　）
  - （　　）命令用于查看网络列表
  - （　　）命令用于查看一个或多个网络的详细信息
  - （　　）命令用于将容器连接到指定网络
  - docker network disconnect命令用于断开容器与网络的连接
  - docker network rm命令用于删除一个或多个网络
  - docker network prune命令用于删除所有（　　）的网络
- Docker存储的挂载类型
  - Docker提供了数据卷、（　　）和tmpfs挂载3种挂载方式
  - 数据卷存储在宿主机的文件系统中，由Docker管理
  - 绑定挂载是将宿主机上的文件或目录直接挂载到容器中
  - tmpfs是一种基于内存的文件系统
- Docker数据卷
  - 数据卷是宿主机上的一个特殊目录或（　　）
  - （　　）命令用于创建一个数据卷
  - docker volume ls命令用于列出所有数据卷
  - docker volume inspect命令用于查看一个或多个数据卷的详细信息
  - docker volume rm命令用于删除一个或多个未被任何容器挂载的数据卷
- 数据卷容器
  - 数据卷容器是一种特殊的（　　），它并不运行任何应用程序
  - 使用docker run或docker create命令创建数据卷容器，并将指定目录或数据卷挂载到数据卷容器中
  - 用户可以使用数据卷容器对其中的数据卷进行备份和恢复，以实现数据的迁移

图 4-15　项目总结

项目考核

一、选择题

(1) 在下列选项中，(　　) 命令用于查看 Docker 的网络列表。

A．docker network look　　B．docker network ls

C．docker network images　　D．docker network search

(2) 在下列关于数据卷的描述中，错误的是 (　　)。

A．同一个数据卷可以被多个容器挂载

B．启动带有数据卷的容器时，若数据卷不存在，则 Docker 会自动创建该数据卷

C．将空白数据卷挂载到容器中的非空目录，容器目录中的文件会复制到数据卷中

D．删除容器时会同时删除挂载的数据卷

(3) 在下列关于 Docker 网络的描述中，正确的是 (　　)。

A．容器和容器之间都可以互相访问

B．所有的网络模式都可以访问外部网络

C．用户可以通过创建自定义网络限制容器之间的访问

D．只有进入容器才能查看该容器的 IP 地址

(4) 在下列选项中，(　　) 不属于安装 Docker 时自动创建的网络。

A．overlay　　B．bridge

C．host　　D．none

(5) 在下列选项中，(　　) 命令用于创建数据卷。

A．docker volume inspect　　B．docker volume create

C．docker volume prune　　D．docker volume rm

二、填空题

(1) 当使用 docker run 命令创建容器时，可以使用__________选项指定容器的网络模式。

(2) 当不指定网络模式时，容器默认使用__________网络模式。

(3) __________命令用于将容器连接到指定网络。

(4) 数据卷容器是一种特殊的__________，它并不运行任何应用程序，而是作为数据存储媒介。

三、简答题

(1) CNM 的核心组件有哪些？

(2) Docker 存储的挂载类型有哪些？

项目评价

结合本项目的学习情况，完成项目评价并将评价结果填入表 4-11 中。

表 4-11　项目评价表

评价项目	评价内容	评价分数			
		分值	自评	互评	师评
知识评价（30%）	是否掌握 Docker 的容器网络模型中的核心组件	6 分			
	是否理解 Docker 网络模式的相关概念	6 分			
	是否掌握 Docker 存储的挂载类型	6 分			
	是否理解数据卷和数据卷容器的相关概念	6 分			
	是否掌握 Docker 网络命令和数据卷管理命令	6 分			
技能评价（40%）	是否能够创建并管理 Docker 网络	20 分			
	是否能够创建并管理数据卷	20 分			
素养评价（30%）	是否遵守课堂纪律，上课精神是否饱满	7 分			
	是否具有自主学习意识，做好课前准备	8 分			
	是否善于思考，积极参与，勇于提出问题	8 分			
	是否具有团队合作精神，出色完成小组任务	7 分			
合　计	综合得分：＿＿＿＿	100 分			
	综合等级：＿＿＿＿	指导老师签字：＿＿＿＿			
综合评价	最突出的表现（创新或进步）： 还需改进的地方（不足或缺点）：				

进阶篇

项目五

Docker Compose 编排

项目导读

对于大量容器资源的管理和复杂应用程序的部署，需要执行多条 Docker 命令，操作麻烦且不便于统一管理。而 Docker Compose 是一种容器编排和部署的工具，可以通过模板文件管理多个 Docker 容器，使用单个命令就可以创建并启动模板文件中的所有容器，实现了多容器的自动化管理。

知识目标

- 了解 Docker Compose 的概念。
- 掌握 Docker Compose 的工作机制。
- 掌握 Docker Compose 模板文件的结构。
- 掌握 services 配置中的主要指令。
- 掌握 Docker Compose 的常用命令。

能力目标

- 能够使用不同的方法安装 Docker Compose。
- 能够编写 Docker Compose 模板文件并实现多容器的编排。

素质目标

- 培养做事的条理性和团队合作精神，提升个人和团队的整体效能。
- 培养自主学习和终身学习的能力，为未来的职业发展做好准备。

任务一　初识 Docker Compose

任务描述

小旌发现 Docker Compose 可以轻松地管理多个 Docker 容器，能够提高应用程序开发和部署的效率。因此，他决定深入学习 Docker Compose 的相关知识，并动手安装 Docker Compose。

任务准备

全班同学以 5～6 人为一组进行分组，各组选出小组长，小组长组织组内成员扫码观看视频，了解 pip 工具包，讨论并回答下列问题。

问题 1：pip 是 Python 的__________管理工具，用于方便地安装、卸载和管理 Python 包。

问题 2：用户可以在命令行中执行__________命令安装指定包。

扫码学习

pip 工具包

一、Docker Compose 概述

Docker Compose 是 Docker 官方的开源项目，负责实现对 Docker 容器集群的快速编排。Docker Compose 将逻辑关联的多个容器编排为一个整体进行统一管理，使用单个命令就可以创建并启动所有服务，提高了应用程序的部署效率。

Docker Compose 允许用户通过模板文件（即 docker-compose.yml）将一组相关联的容器定义为一个项目，以项目为单位管理应用程序。按照从上到下的顺序，Docker Compose 管理的对象可划分为以下 3 个层次。

（1）项目：表示一组相关的服务。项目由“docker-compose.yml”文件定义，该文件包含了项目中所有服务的配置。

（2）服务：定义了如何运行一个或多个容器。服务定义了容器的配置，包括使用的镜像、挂载的数据卷、容器间的依赖关系等。

（3）容器：Docker 中的运行实例，是服务的具体实现。当启动一个服务时，Docker Compose 会根据服务的定义创建并启动容器。

二、Docker Compose 工作机制

Docker Compose 使用 Python 语言编写，调用 Docker API 实现对容器的管理，其工作机制如图 5-1 所示。

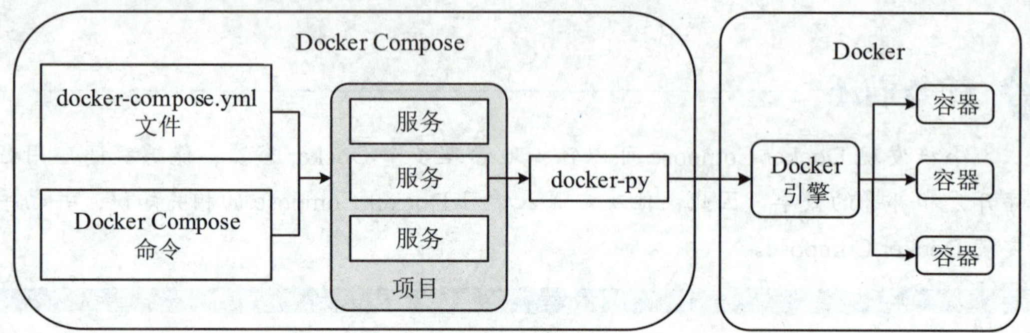

图 5-1　Docker Compose 的工作机制

Docker Compose 的使用步骤如下。

（1）安装 Docker Compose。

（2）编写“docker-compose.yml”文件。在“docker-compose.yml”文件中可定义应用程序的服务、网络和数据卷等配置。

（3）启动项目。使用 Docker Compose 命令，解析“docker-compose.yml”文件配置，创建并启动该文件中配置的所有 Docker 服务。

高手点拨

docker-py 是一个 Python 库，用于与 Docker 引擎进行交互。

任务实施——安装 Docker Compose

安装 Docker Compose

Docker Compose 有两种常见的安装方法，一种是从 GitHub 网站上下载“docker-compose”二进制文件进行安装（在项目三中已使用该方法进行安装）；另一种是使用 pip 工具进行安装。本任务将使用 pip 工具安装 Docker Compose。

1. 卸载 Docker Compose

步骤 1　以管理员身份登录 CentOS 操作系统，打开命令行终端，执行以下命令查看宿主机是否已经安装 Docker Compose。

```
[root@localhost ~]# docker-compose --version
Docker Compose version v2.17.2
```

从结果中可以看出，当前宿主机已经安装了版本为 2.17.2 的 Docker Compose。

步骤 2 执行以下命令删除“docker-compose”二进制文件。

```
[root@localhost ~]# rm -rf /usr/local/bin/docker-compose
[root@localhost ~]# docker-compose --version
bash: /usr/local/bin/docker-compose: 没有那个文件或目录
```

从结果中可以看出，Docker Compose 已经被成功卸载。

2. 使用 pip 安装 Docker Compose

步骤 1 执行以下命令安装 EPEL 扩展源，获取更多的软件包。

```
[root@localhost ~]# yum -y install epel-release
已加载插件: fastestmirror, langpacks
Loading mirror speeds from cached hostfile
 * base: mirrors.aliyun.com
 * extras: mirrors.aliyun.com
 * updates: mirrors.aliyun.com
正在解决依赖关系
--> 正在检查事务
---> 软件包 epel-release.noarch.0.7-11 将被 安装
--> 解决依赖关系完成
...
已安装:
  epel-release.noarch 0:7-11
完毕!
```

步骤 2 执行以下命令安装 Python 3 和 Python 3 的包管理工具 pip。

```
[root@localhost ~]# yum -y install python3 python3-pip
已加载插件: fastestmirror, langpacks
Loading mirror speeds from cached hostfile
 * base: mirrors.aliyun.com
 * epel: d2lzkl7pfhq30w.cloudfront.net
 * extras: mirrors.aliyun.com
 * updates: mirrors.aliyun.com
正在解决依赖关系
--> 正在检查事务
---> 软件包 python3.x86_64.0.3.6.8-21.el7_9 将被 安装
...
已安装:
  python3.x86_64 0:3.6.8-21.el7_9          python3-pip.noarch
0:9.0.3-8.el7
```

```
作为依赖被安装：
  python3-libs.x86_64                    0:3.6.8-21.el7_9
python3-setuptools.noarch 0:39.2.0-10.el7
完毕！
```

步骤 3 执行以下命令升级包管理工具 pip。

```
[root@localhost ~]# pip3 install --upgrade pip
Collecting pip
  Downloading
https://files.pythonhosted.org/packages/a4/6d/6463d49a933f54743
9d6b5b98b46af8742cc03ae83543e4d7688c2420f8b/pip-21.3.1-py3-none
-any.whl (1.7MB)
    100% |████████████████████████████████| 1.7MB 34kB/s
Installing collected packages: pip
Successfully installed pip-21.3.1
```

步骤 4 执行以下命令查看包管理工具 pip 的版本。

```
[root@localhost ~]# pip3 --version
pip  21.3.1  from  /usr/local/lib/python3.6/site-packages/pip
(python 3.6)
```

步骤 5 执行以下命令安装 Docker Compose。

```
[root@localhost ~]# pip3 install docker-compose
Collecting docker-compose
  Using  cached  docker_compose-1.29.2-py2.py3-none-any.whl
(114 kB)
...
Successfully installed PyYAML-5.4.1 attrs-22.2.0 bcrypt-4.0.1
cached-property-1.5.2       certifi-2024.8.30       cffi-1.15.1
charset-normalizer-2.0.12   cryptography-40.0.2   distro-1.9.0
docker-5.0.3 docker-compose-1.29.2 dockerpty-0.4.1 docopt-0.6.2
idna-3.10        importlib-metadata-4.8.3        jsonschema-3.2.0
paramiko-3.5.0  pycparser-2.21  pynacl-1.5.0  pyrsistent-0.18.0
python-dotenv-0.20.0 requests-2.27.1 six-1.16.0 texttable-1.7.0
typing-extensions-4.1.1 urllib3-1.26.20 websocket-client-0.59.0
zipp-3.6.0
```

步骤 6 执行以下命令查看 Docker Compose 是否安装成功。

```
[root@localhost ~]# docker-compose --version
docker-compose version 1.29.2, build unknown
```

高手点拨

若 Docker Compose 是使用二进制文件进行安装的，则执行“rm -rf /usr/local/bin/docker-compose”命令即可卸载 Docker Compose。

若 Docker Compose 是使用 pip 工具进行安装的，则执行“pip3 uninstall docker-compose”命令即可卸载 Docker Compose。

任务二 使用 Docker Compose 部署微服务

任务描述

小旌了解到“docker-compose.yml”模板文件是 Docker Compose 实现多容器应用程序部署的核心。于是，他决定编写该模板文件，并通过 Docker Compose 的相关命令完成 WordPress 博客的部署。

任务准备

全班同学以 5～6 人为一组进行分组，各组选出小组长，小组长组织组内成员扫码观看视频，了解 YAML 文件，讨论并回答下列问题。

YAML 文件

问题 1：YAML 文件是一种__________语言，可以直观地展示数据序列化格式，可读性较高。

问题 2：YAML 文件编写的注意事项有哪些？

一、Docker Compose 模板文件的结构

Docker Compose 模板文件是 Docker Compose 的核心，该模板文件是一个文本文件，采用 YAML 格式，以“.yaml”或“.yml”作为扩展名，默认的文件名为“docker-compose.yml”。

标准的 Docker Compose 模板文件包含 4 部分：version、services、networks 和 volumes。其中，version 是必须指定的，且总是位于模板文件的第一行，它定义了 Docker Compose 模板文件的版本信息；services 是 Docker Compose 模板文件中较重要的一部分，该部分定义了应用程序的服务信息，每个服务都有唯一的名称，服务中指定了镜像、端口、网络和数据卷；networks 定义了网络信息，并将网络提供给 services 中的具体容器使用；volumes 定义了数据卷信息，并将数据卷提供给 services 中的具体容器使用。这 4 部分都采用缩进结构，并以"键:选项:值"格式定义具体配置。

例如，以下是一个简单的 Docker Compose 模板文件。

```
version: '3'
services:
  webapp:
    image: my-webapp:latest
    ports:
      - "5000:5000"
    environment:
      - ENV=development
    networks:
      - my-network
networks:
  my-network:
```

在这个实例中，定义了 3 部分：version、services 和 networks。version 部分定义了 Docker Compose 模板文件的版本为"3"；services 部分定义了一个名为 webapp 的服务，该服务使用 my-webapp:latest 镜像，将容器的 5 000 端口映射到宿主机的 5 000 端口，将环境变量 ENV 设置为 development，并将该服务连接到名为 my-network 的网络；networks 部分定义了一个名为 my-network 的网络。

知识加油站

Docker Compose 模板文件是一种 YAML 文件，在编写 Docker Compose 模板文件时，用户可以参考 YAML 文件的编写格式。

用户可以先将顶级指令 version、services、networks 和 volumes 写在同一列，在编写下一级内容时使用空格进行缩进（缩进大小没有限制，但同级指令要在同一列，如 image 和 ports）。

二、services 配置中的主要指令

services 部分可以定义多个服务，每个服务实际上是一个容器，每个服务使用指令进行具体定义。

1. image 指令

image 指令用于指定服务的镜像名或镜像 ID。若镜像不存在，Docker Compose 将会尝试从镜像仓库中拉取镜像。例如，下列配置指定了 webapp 服务的镜像为 ubuntu。

```
services:
  webapp:
    image: ubuntu
```

其中，在 services 下的 webapp 为服务名称，该名称由用户自定义。

2. build 指令

服务除了可以使用指定的镜像，还可以通过 Dockerfile 文件创建一个新镜像。build 指令用于指定 Dockerfile 文件的路径。例如，下列配置是 build 的 3 种设置方法。

```
build: /path/to/build/dir    # 指定绝对路径
build: ./dir                  # 指定相对路径
build:                     # 分别指定上下文目录和 Dockerfile 文件路径
  context: ../
  dockerfile: path/of/Dockerfile
```

其中，前两种方式是简写形式，直接指定上下文目录，而第 3 种方式提供了更多的灵活性，分别指定上下文目录和 Dockerfile 文件的路径。

高手点拨

如果同时指定了 build 和 image 两个指令，Docker Compose 会创建一个新的镜像，并将镜像命名为 image 指定的名称。例如，下列配置将从“./dir”中创建一个新的镜像，并将该镜像命名为 webapp:tag。

```
build: ./dir
image: webapp:tag
```

定义 build 指令时，除了可以使用“context”和“dockerfile”选项，还可以使用“args”选项。“args”选项用于指定创建过程中的环境变量，允许为空值。

3. command 指令

command 指令用于覆盖容器启动后默认执行的命令。例如，下列配置定义了在容器启动后运行 thin 服务器，并监听 3 000 端口。

```
command: bundle exec thin -p 3000
```

4. container_name 指令

container_name 指令用于指定容器的名称。例如，下列配置将容器名称设置为 ubuntu1。

```
container_name: ubuntu1
```

5. depends_on 指令

depends_on 指令用于定义服务之间的依赖关系，指定服务的启动顺序。例如，下列配置定义了 webapp、redis 和 db 服务，且 webapp 服务依赖于 redis 和 db 两个服务。按照服务依赖关系启动服务时，会先启动 redis 和 db 服务，再启动 webapp 服务。

```
version: '2'
services:
  webapp:
    build: .
    depends_on:
      - redis
      - db
  redis:
    image: redis
  db:
    image: postgres
```

6. dns 指令

dns 指令用于配置 DNS 服务器，其配置既可以是一个值，也可以是一个列表。例如，下列配置是 DNS 的两种设置方法。

```
dns: 8.8.8.8             # 值
dns:                     # 列表
  - 8.8.8.8
  - 9.9.9.9
```

7. ports 指令

ports 指令用于设置端口映射，其既可以明确指定端口的映射关系，也可以只指定容器的端口（宿主机会随机映射端口）。例如，下列配置是两种不同的端口映射方法。

```
ports:
  - "4000"                    # 指定容器端口
  - "8080:8080"               # 宿主机端口:容器端口
```

8. expose 指令

expose 指令用于设置暴露端口。例如，下列配置会使容器监听 3 000 和 8 000 这两个端口，且这些端口不会被自动映射到宿主机的任何端口。

```
expose:
  - "3000"
  - "8000"
```

9．volumes 指令

volumes 指令用于设置数据卷挂载的路径，格式为“宿主机目录:容器目录”。例如，下列配置是 3 种不同的挂载方法。

```
volumes:
  - /var/lib/mysql              # 指定一个路径，Docker 会自动创建数据卷
  - /opt/data:/var/lib/mysql    # 使用绝对路径挂载数据卷
  - datavolume:/var/lib/mysql   # 挂载已经存在的数据卷
```

10．networks 指令

networks 指令用于指定连接的网络，并可以使用“aliases”选项设置服务在该网络上的别名。例如，下列配置将 some-service 服务连接到 some-network 和 other-network 两个网络，且将 some-service 服务在 some-network 网络中的别名设置为 alias1，在 other-network 网络中的别名设置为 alias2。

```
some-service:
  networks:
    - some-network
       aliases:
         - alias1
    - other-network
       aliases:
         - alias2
```

11．environment 指令

environment 指令用于设置环境变量。例如，下列配置将 RACK_ENV 的值设置为 development，将 SHOW 的值设置为 true，只定义了环境变量 SESSION_SECRET 的名称，没有赋值。对于未赋值的环境变量，Docker 会尝试从宿主机的环境变量中读取该变量的值。

```
environment:
  - RACK_ENV=development
  - SHOW=true
  - SESSION_SECRET
```

三、Docker Compose 常用命令

Docker Compose 中的命令与 Docker 命令类似，Docker Compose 中的大部分命令都是针对项目本身或项目中的服务。

1．docker-compose up 命令

docker-compose up 命令用于为服务创建并启动所有容器，其格式如下。

```
docker-compose up [选项] [服务 …]
```

其中，常用选项的含义如表 5-1 所示。

表 5-1 docker-compose up 命令中常用选项的含义

选 项	含 义
-d、--detach	在后台运行容器
--build	在启动容器之前构建镜像
--force-recreate	强制重新创建容器，即使容器的配置和镜像没有更改

【例 5-1】 创建名为 mynginx 的项目目录，并编辑“docker-compose.yml”文件，然后创建并启动 nginx 容器。

```
# 创建 mynginx 项目目录
[root@localhost ~]# mkdir mynginx
[root@localhost ~]# cd mynginx
# 编辑“docker-compose.yml”文件
[root@localhost mynginx]# vim docker-compose.yml
version: '3.0'
services:
  nginx:
    restart: always
    image: nginx
    ports:
      - 443:443
    volumes:
      - /opt/data:/var/lib/nginx
# 创建并启动 nginx 容器
[root@localhost mynginx]# docker-compose up -d
Creating network "mynginx_default" with the default driver
Creating mynginx_nginx_1 ... done
```

2. docker-compose ps 命令

docker-compose ps 命令用于查看项目中的所有容器，其格式如下。

```
docker-compose ps [选项] [服务 …]
```

其中，服务表示指定服务的名称，默认格式为“项目名_服务名”；常用选项的含义如表 5-2 所示。

表 5-2 docker-compose ps 命令中常用选项的含义

选 项	含 义	选 项	含 义
-q、--quiet	只显示容器 ID	-a、--all	显示所有容器，包括已停止的容器
--services	显示服务	--filter	根据指定条件筛选服务

3．docker-compose build 命令

docker-compose build 命令用于创建或重建服务，其格式如下。

```
docker-compose build [选项] [服务 …]
```

其中，常用选项的含义如表 5-3 所示。

表 5-3 docker-compose build 命令中常用选项的含义

选 项	含 义	选 项	含 义
--pull	始终尝试拉取最新版本的镜像	-m、--memory	设置创建容器的内存限制

4．docker-compose stop 命令

docker-compose stop 命令用于停止容器，其格式如下。

```
docker-compose stop [-t|--timeout] [服务 …]
```

其中，“-t”或“--timeout”选项用于指定停止容器的超时时间。

5．docker-compose start 命令

docker-compose start 命令用于重新启动之前创建且已停止的容器，并不创建新的容器，其格式如下。

```
docker-compose start [服务 …]
```

【例 5-2】 使用 docker-compose 命令停止运行中的容器，并重新启动已停止的容器。

```
# 停止运行中的容器
[root@localhost mynginx]# docker-compose stop
Stopping mynginx_nginx_1 ... done
# 查看项目中的所有容器
[root@localhost mynginx]# docker-compose ps
    Name                 Command              State   Ports
-----------------------------------------------------------
mynginx_nginx_1   /docker-entrypoint.sh ngin  ...   Exit 0
# 重新启动已停止的容器
[root@localhost mynginx]# docker-compose start
Starting nginx ... done
# 查看项目中的所有容器
[root@localhost mynginx]# docker-compose ps
    Name            Command           State           Ports
-----------------------------------------------------------
mynginx_nginx_1     /docker-entrypoint.sh  ngin  ...      Up
0.0.0.0:443->443/tcp,:::443->443/tcp,
                                                 80/tcp
```

6. docker-compose rm 命令

docker-compose rm 命令用于删除所有已停止运行的容器，其格式如下。

```
docker-compose rm [选项] [服务 …]
```

其中，常用选项的含义如表 5-4 所示。

表 5-4 docker-compose rm 命令中常用选项的含义

选 项	含 义	选 项	含 义
-f、--force	强制删除容器，包括正在运行的容器	-v、--volumes	删除容器的同时删除所挂载的数据卷
-s、--stop	删除正在运行的容器，先停止再删除		

【例 5-3】 删除正在运行的容器，并查看项目中的所有容器。

```
[root@localhost mynginx]# docker-compose rm -s
Stopping mynginx_nginx_1 ... done
Going to remove mynginx_nginx_1
Are you sure? [yN] y
Removing mynginx_nginx_1 ... done
[root@localhost mynginx]# docker-compose ps
Name   Command   State   Ports
-------------------------------
```

7. docker-compose down 命令

docker-compose down 命令用于停止并删除容器、网络、数据卷和镜像，其格式如下。

```
docker-compose down [选项]
```

其中，常用选项的含义如表 5-5 所示。

表 5-5 docker-compose down 命令中常用选项的含义

选 项	含 义
--rmi type	删除镜像。当 type 值为“all”时，删除模板文件中定义的所有镜像；当 type 值为“local”时，删除镜像名为空的镜像
-v、--volumes	删除在模板文件中数据卷部分声明的命名卷及附加到容器的匿名卷
--remove-orphans	删除在模板文件中未定义的容器
-t、--timeout	指定关闭的超时时间

【例 5-4】 停止并删除容器、网络、数据卷和镜像，清理环境。

```
[root@localhost mynginx]# docker-compose down
Removing network mynginx_default
```

从结果中可以看出，Docker Compose 正在删除名为 mynginx_default 的网络，这个网络是由 docker-compose up 命令自动创建的。

8. docker-compose 的其他命令

docker-compose 的其他命令如表 5-6 所示。

表 5-6 docker-compose 的其他命令

命令名	含义
docker-compose help	查找帮助信息
docker-compose create	为指定服务创建容器
docker-compose images	查看模板文件中的镜像
docker-compose port	显示某个容器端口所映射的公共端口
docker-compose kill	通过发送 SIGKILL 信号来停止指定服务的容器
docker-compose pause	暂停服务
docker-compose pull	拉取服务依赖的镜像
docker-compose push	上传服务依赖的镜像
docker-compose logs	查看容器的日志输出

素养之窗

联通云是中国联通旗下的云服务品牌，是全球领先的云计算服务商，为数百万的企业和开发者提供安全可靠、云网一体、专属定制、经济实用、多云协同的高质量云服务。联通云作为中国联通算力基石，为数字经济、数字政府、数字社会的建设发展提供了“联接＋感知＋计算＋智能”的算网一体化服务。

联通云提供了丰富的产品和服务，涵盖弹性计算、云存储、云网络、云安全、大数据与人工智能等各个方面。

任务实施——使用 Docker Compose 部署 WordPress 博客系统

WordPress 是一款基于 PHP 语言和 MySQL 数据库开发的个人博客系统，用户可以在支持 PHP 语言和 MySQL 数据库的服务器上轻松搭建并管理自己的 WordPress 网站。本任务将基于 Docker Compose 实现 WordPress 的快速部署。

使用 Docker Compose 部署 WordPress 博客系统

1. 创建 WordPress 服务

步骤 1 以管理员身份登录 CentOS 操作系统，打开命令行终端，执行以下命令创建名为 mywordpress 的项目目录，并切换到该目录下。

```
[root@localhost ~]# mkdir mywordpress
[root@localhost ~]# cd mywordpress
```

步骤 2 使用文本编辑器 Vim 创建并编辑“docker-compose.yml”文件，编辑完成后保存文件并退出。

```
[root@localhost mywordpress]# vim docker-compose.yml
version: '3.0'
services:
   db:
     image: mysql:5.7
     volumes:
       - db_data:/var/lib/mysql
     restart: always
     environment:
       MYSQL_ROOT_PASSWORD: somewordpress
       MYSQL_DATABASE: wordpress
       MYSQL_USER: wordpress
       MYSQL_PASSWORD: wordpress

   wordpress:
     depends_on:
       - db
     image: wordpress:latest
     ports:
       - "8000:80"
     restart: always
     environment:
       WORDPRESS_DB_HOST: db:3306
       WORDPRESS_DB_USER: wordpress
       WORDPRESS_DB_PASSWORD: wordpress
       WORDPRESS_DB_NAME: wordpress
volumes:
    db_data: {}
```

步骤 3 执行以下命令为项目中的所有服务创建并启动容器。

```
[root@localhost mywordpress]# docker-compose up -d
Creating network "mywordpress_default" with the default driver
Pulling db (mysql:5.7)...
5.7: Pulling from library/mysql
...
Digest: sha256:4bc6bc963e6d8443453676cae56536f4b8156d78bae03c0145cbe47c2aad73bb
Status: Downloaded newer image for mysql:5.7
Pulling wordpress (wordpress:latest)...
latest: Pulling from library/wordpress
...
Digest: sha256:59c479ba37a3ff49d665239fae7b71b890a52e7f55c643b6cde823beba5d598b
Status: Downloaded newer image for wordpress:latest
Creating volume "mywordpress_db_data" with default driver
Creating mywordpress_db_1 ... done
Creating mywordpress_wordpress_1 ... done
```

步骤 4 执行以下命令查看项目中的所有容器。

```
[root@localhost mywordpress]# docker-compose ps
        Name                Command               State          Ports
-----------------------------------------------------------------------
mywordpress_db_1        docker-entrypoint.sh mysqld      Up      3306/tcp, 33060/tcp
mywordpress_wordpress_1   docker-entrypoint.sh apach ...   Up      0.0.0.0:8000->80/tcp,:::8000->8
                                                             0/tcp
```

2. 使用 WordPress 博客系统

步骤 1 在浏览器中访问地址“http://192.168.65.130:8000/”（“192.168.65.130”为宿主机的 IP 地址），打开 WordPress 博客系统首页。在语言栏中选择“简体中文”选项，单击“继续”按钮，如图 5-2 所示。

步骤 2 在打开的界面中输入站点标题、用户名、密码和电子邮箱地址后，单击“安装 WordPress”按钮，如图 5-3 所示。

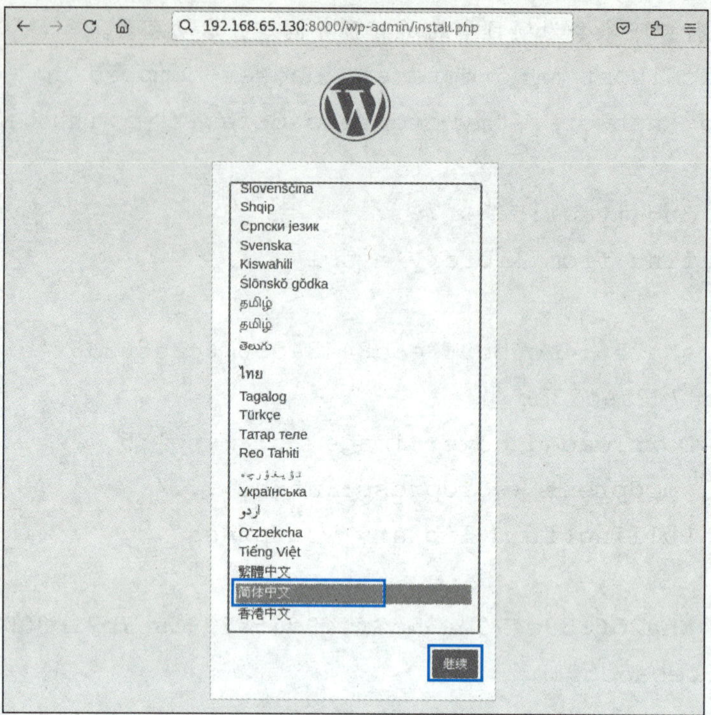

图 5-2　WordPress 博客系统首页

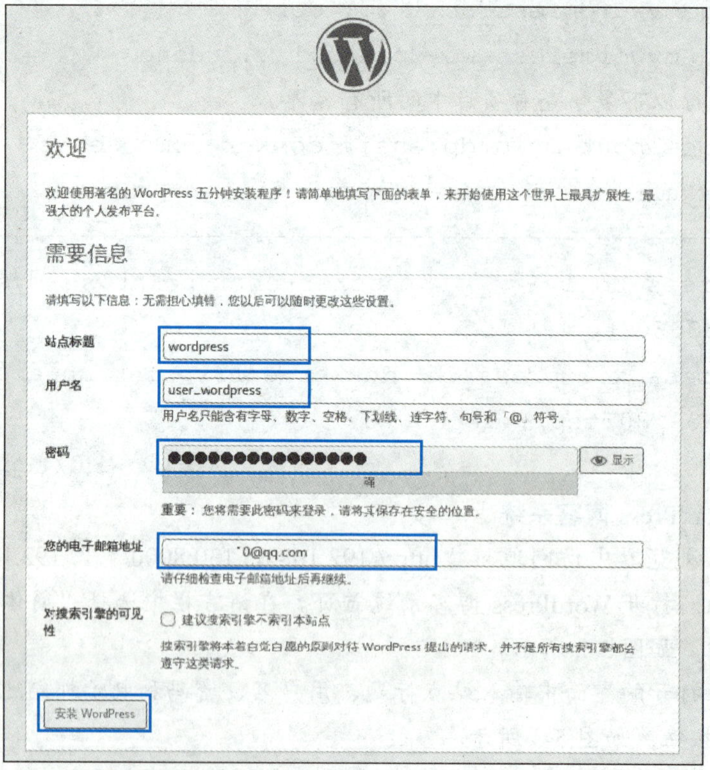

欢迎

欢迎使用著名的 WordPress 五分钟安装程序！请简单地填写下面的表单，来开始使用这个世界上最具扩展性、最强大的个人发布平台。

需要信息

请填写以下信息：无需担心填错，您以后可以随时更改这些设置。

站点标题　wordpress

用户名　user_wordpress

用户名只能含有字母、数字、空格、下划线、连字符、句号和「@」符号。

密码　●●●●●●●●●●●●●●●●　显示

弱

重要：您将需要此密码来登录，请将其保存在安全的位置。

您的电子邮箱地址　0@qq.com

请仔细检查电子邮箱地址后再继续。

对搜索引擎的可见性　建议搜索引擎不索引本站点

搜索引擎将本着自觉自愿的原则对待 WordPress 提出的请求。并不是所有搜索引擎都会遵守这类请求。

安装 WordPress

图 5-3　安装 WordPress

步骤 3 安装完成后，使用用户名和密码登录进入 WordPress 管理界面，如图 5-4 所示。在 WordPress 管理界面中，用户可以发布博客。

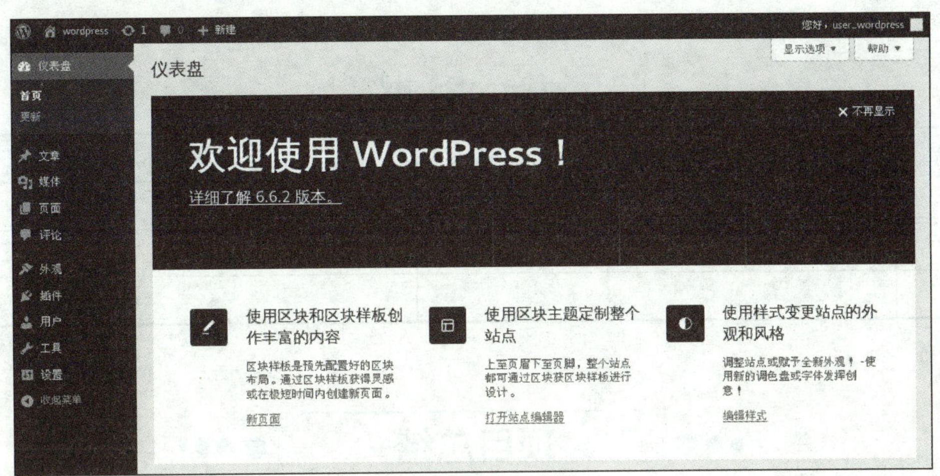

图 5-4 WordPress 管理界面

项目实训

一、实训目的

（1）熟练掌握安装 Docker Compose 的方法。

（2）熟练掌握编写 Docker Compose 模板文件的方法。

（3）熟练掌握 Docker Compose 的常用命令。

二、实训内容

（1）卸载 Docker Compose。

（2）安装 EPEL 扩展源，并安装包管理工具 pip。

（3）使用 pip 安装 Docker Compose，并查看 Docker Compose 是否安装成功。

（4）创建名为 mysql_db 的项目目录，在该目录中创建并编辑“docker-compose.yml”文件。其中，版本为“3.0”、服务名为“mysql”、使用桥接网络“mynet”、将宿主机的 3 306 端口映射到服务的 3 306 端口、使用环境变量设置 root 用户的密码为“1234”。

（5）基于“docker-compose.yml”文件创建并启动 mysql 服务。

（6）查看所有服务及其当前状态。

（7）停止并删除容器和网络。

三、实训小结

按要求完成实训内容，并将实训过程中遇到的问题和解决办法记录在表 5-7 中。

表 5-7　实训过程

序　号	主要问题	解决办法
1		
2		
3		

项目总结

完成本项目的学习与实践后，总结应掌握的知识点，并将思维导图（见图 5-5）填写完整。

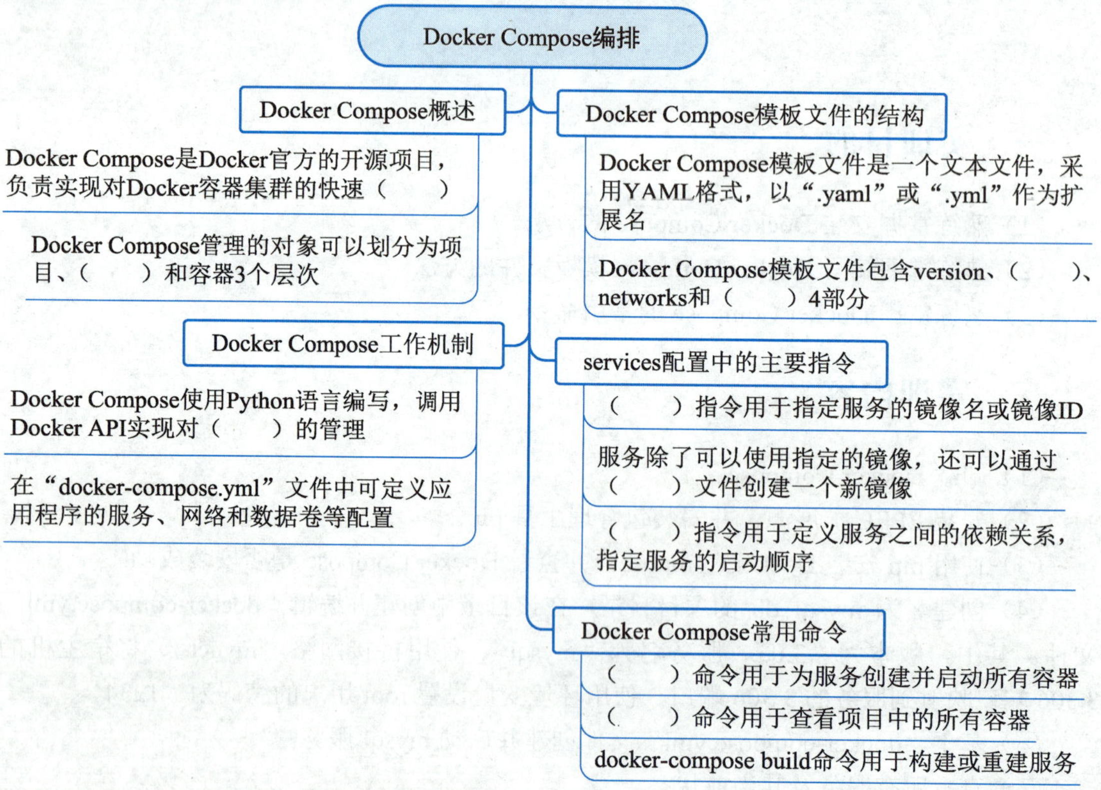

Docker Compose编排

- Docker Compose概述
  - Docker Compose是Docker官方的开源项目，负责实现对Docker容器集群的快速（　　）
  - Docker Compose管理的对象可以划分为项目、（　　）和容器3个层次
- Docker Compose工作机制
  - Docker Compose使用Python语言编写，调用Docker API实现对（　　）的管理
  - 在“docker-compose.yml”文件中可定义应用程序的服务、网络和数据卷等配置
- Docker Compose模板文件的结构
  - Docker Compose模板文件是一个文本文件，采用YAML格式，以“.yaml”或“.yml”作为扩展名
  - Docker Compose模板文件包含version、（　　）、networks和（　　）4部分
- services配置中的主要指令
  - （　　）指令用于指定服务的镜像名或镜像ID
  - 服务除了可以使用指定的镜像，还可以通过（　　）文件创建一个新镜像
  - （　　）指令用于定义服务之间的依赖关系，指定服务的启动顺序
- Docker Compose常用命令
  - （　　）命令用于为服务创建并启动所有容器
  - （　　）命令用于查看项目中的所有容器
  - docker-compose build命令用于构建或重建服务

图 5-5　项目总结

项目考核

一、选择题

（1）在下列关于 Docker Compose 的描述中，错误的是（　　）。

A．Docker Compose 可以简化启动服务的命令操作

B．Docker Compose 有多种安装方式

C．Docker Compose 不能定义服务启动的顺序

D．Docker Compose 使用 Python 语言编写

（2）在下列选项中，（　　）是容器编排的工具。

A．Docker Harbor　　B．Docker Compose

C．Registry　　D．Container

（3）在下列关于 Docker Compose 模板文件指令的描述中，错误的是（　　）。

A．在模板文件中的同级指令须对齐

B．在模板文件的 services 部分定义服务

C．在模板文件中创建数据卷的指令是 volumes

D．在模板文件中必须创建 networks

（4）在模板文件中，（　　）指令用于定义服务间的依赖关系。

A．networks　　B．depends_on

C．volumes　　D．ports

（5）在下列选项中，（　　）命令用于查看项目中的所有容器。

A．docker-compose ps　　B．docker-compose ls

C．docker-compose start　　D．docker-compose up

二、填空题

（1）Docker Compose 模板文件采用__________格式。

（2）__________命令用于为服务创建并启动所有容器。

（3）在 Docker Compose 模板文件中，使用__________定义模板文件的版本信息。

（4）在 Docker Compose 模板文件中，采用缩进结构，并以__________格式定义其具体配置。

三、简答题

（1）Docker Compose 管理对象分为哪 3 个层次？

（2）简述 Docker Compose 模板文件的组成。

项目评价

结合本项目的学习情况，完成项目评价并将评价结果填入表 5-8 中。

表 5-8 项目评价表

评价项目	评价内容	评价分数			
		分值	自评	互评	师评
知识评价（30%）	是否了解 Docker Compose 的概念	5 分			
	是否掌握 Docker Compose 的工作机制	5 分			
	是否掌握 Docker Compose 模板文件的结构	6 分			
	是否掌握 services 配置中的主要指令	7 分			
	是否掌握 Docker Compose 的常用命令	7 分			
技能评价（40%）	是否能够使用不同的方法安装 Docker Compose	20 分			
	是否能够编写 Docker Compose 模板文件并实现多容器的编排	20 分			
素养评价（30%）	是否遵守课堂纪律，上课精神是否饱满	7 分			
	是否具有自主学习意识，做好课前准备	8 分			
	是否善于思考，积极参与，勇于提出问题	8 分			
	是否具有团队合作精神，出色完成小组任务	7 分			
合　计	综合得分：________	100 分			
	综合等级：________	指导老师签字：________			
综合评价	最突出的表现（创新或进步）： 还需改进的地方（不足或缺点）：				

项目六 Docker Swarm 集群配置与管理

项目导读

在实际生产环境中，面对复杂多变的容器配置与管理需求，单一的 Docker 主机往往力不从心。为了保障业务的高可用性和可扩展性，用户需要实现跨主机的容器配置与管理，将多台主机联合起来，构成一个协同工作的集群。Docker Swarm 作为 Docker 的集群管理工具，提供了强大的容器编排、服务发现、负载均衡和回滚更新等功能，它确保了服务能够在集群中的任意节点上自动部署和弹性伸缩，实现了资源的动态分配和高效利用。

知识目标

- 了解 Docker Swarm 集群的架构与特点。
- 理解服务、任务和容器之间的关系。
- 了解任务调度的过程。
- 掌握 Docker Swarm 常用命令。
- 理解 Docker Swarm 的高可用性和负载均衡。

能力目标

- 能够创建与管理 Docker Swarm 集群。
- 能够部署与管理 Docker Swarm 集群服务。

素质目标

- 了解前沿科技，开阔视野，在追求个人价值的同时，为社会进步和发展作贡献。
- 始终牢记对国家的热爱和对民族的忠诚，积极投身到国家与民族前进的洪流中。

任务一　初识 Docker Swarm 集群

任务描述

小旌意识到 Docker Compose 虽然能方便地在单机上编排多个服务，但无法满足跨主机的容器编排需求。因此，他决定深入探索 Docker Swarm 这一功能强大的集群管理工具，并动手创建和管理 Docker Swarm 集群。

任务准备

全班同学以 5～6 人为一组进行分组，各组选出小组长，小组长组织组内成员扫码观看视频，了解准备 Docker Swarm 集群主机，讨论并回答下列问题。

问题 1：用户可以根据虚拟机的__________克隆虚拟机。

问题 2：在克隆虚拟机时，克隆类型选择“创建__________克隆”。

准备 Docker Swarm 集群主机

一、Docker Swarm 集群概述

1. Docker Swarm 集群的架构

Docker Swarm 是 Docker 官方提供的集群管理工具，它允许用户将多台 Docker 主机整合为一个虚拟集群，并通过统一的 Docker API 接口管理 Docker 主机上的各种资源。Docker Swarm 集群采用典型的“主从”结构。Docker Swarm 集群架构如图 6-1 所示。

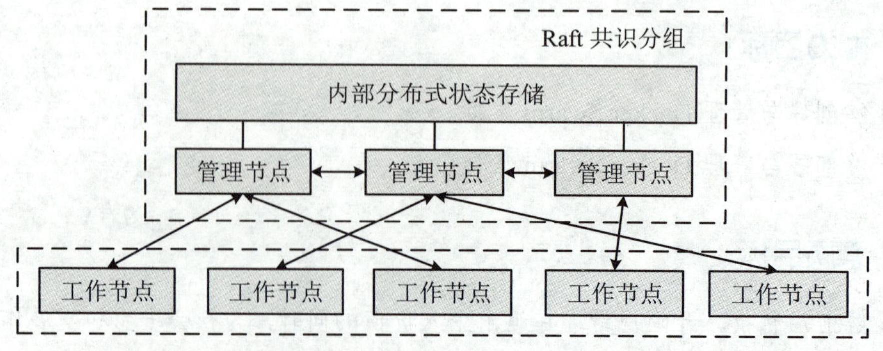

图 6-1　Docker Swarm 集群架构

整个 Docker Swarm 集群由一个或多个节点组成，每个节点实际上是一台 Docker 主机。Docker Swarm 集群中的节点按照职责可划分为管理（manager）节点和工作（worker）节点。

（1）管理节点。管理节点负责响应外部对集群的操作请求，跟踪和管理集群中的资源，并分发任务给工作节点。多个管理节点之间通过 Raft 协议达成共识，实现数据同步。在默认情况下，管理节点同时也是工作节点。

知识加油站

Raft 协议是一种在分布式系统中广泛使用的共识算法，其核心目标是确保分布式系统中的所有管理节点能够达成共识。在 Raft 协议中，管理节点被划分为领导者（leader）、跟随者（follower）和候选者（candidate）3 种角色。这些角色的转换是通过选举过程来实现的，当集群中的领导者发生故障时，其他管理节点会通过选举产生新的领导者。

（2）工作节点。工作节点负责执行管理节点分发的具体任务，启动一个 Docker 容器来运行指定的服务。工作节点之间不直接通信，所有的服务发现、调度和通信都通过管理节点来协调。

高手点拨

用户可以创建单个管理节点的集群，但集群中不能只有管理节点而没有工作节点；用户可以改变节点的角色，既可以将工作节点升级为管理节点，也可以将管理节点降级为工作节点。

2. Docker Swarm 集群的特点

Docker Swarm 集群主要具有以下特点。

（1）具有原生集群管理工具。Docker Swarm 是 Docker 引擎内置的集群管理工具，用户可以直接通过 Docker 命令创建与管理 Docker Swarm 集群。

（2）去中心化设计。在 Docker Swarm 集群中，没有单一的中心节点负责所有决策，而是由多个管理节点共同协调，通过 Raft 协议进行分布式选举和决策。这种去中心化的设计提高了集群的可用性和容错性。

（3）声明式服务模型。Docker Swarm 集群允许用户使用声明式服务模型定义期望的服务状态，这种声明式服务模型使得服务的部署和管理变得更加简单和灵活。

（4）可伸缩服务。Docker Swarm 集群由管理节点和工作节点组成。这种设计允许集群在运行期间进行扩容和缩容等操作，无需暂停或重启集群服务。

（5）负载均衡。Docker Swarm 集群中的服务可以通过内置的负载均衡器自动将请求分发到合适的节点，实现负载均衡。

（6）服务发现。管理节点会为集群中的每个服务分配唯一的 DNS 名称，其他服务可以通过这个名称来发现和访问目标服务。此外，使用 DNS 服务器可以查询集群中容器的状态。

（7）状态自动调整。管理节点会持续监视集群状态，并调整当前状态与期望状态之间的差异。

（8）回滚更新。一旦有更新推出，集群就以增量方式将服务更新应用于节点。当出现任何问题时，可以将任务回滚到之前的版本。

（9）安全性。Docker Swarm 集群中的每个节点都强制使用 TLS 双向认证，以保证节点之间的通信安全。

二、Docker Swarm 管理命令

Docker 提供的 docker swarm 集群管理命令和 docker node 节点管理命令用于集群和节点的管理。

1. 集群管理命令

（1）docker swarm init 命令用于初始化集群，其格式如下。

```
docker swarm init [选项]
```

其中，常用选项的含义如表 6-1 所示。

表 6-1　docker swarm init 命令中常用选项的含义

选　项	含　义	选　项	含　义
--advertise-addr	指定广播地址	--cert-expiry	节点证书的有效期
--autolock	自动锁定管理服务的启停操作	--force-new-cluster	强制创建一个新的集群
--availability string	设置节点的可用性，string 可取值为“active”（默认值）、“pause”和“drain”	--listen-addr	指定管理节点监听的地址和端口

指点迷津

docker swarm init 命令会将当前节点设置为 Docker Swarm 集群中的管理节点，且该命令会生成唯一的令牌作为其他节点加入该集群的密钥。

（2）docker swarm join 命令用于将节点加入到集群中，其格式如下。

```
docker swarm join [选项] 主机:端口
```

其中，主机表示管理节点的 IP 地址；端口表示集群监听的端口（默认为 2 377）；常用选项的含义如表 6-2 所示。

表 6-2 docker swarm join 命令中常用选项的含义

选 项	含 义	选 项	含 义
--token	必选项，指定加入集群的令牌	--listen-addr	指定管理节点监听的地址和端口
--advertise-addr	指定广播地址	--data-path-addr	指定数据路径的地址或接口

（3）docker swarm join-token 命令用于生成和查看加入集群所需的令牌，其格式如下。

```
docker swarm join-token [选项] worker|manager
```

其中，worker 表示工作节点令牌；manager 表示管理节点令牌；常用选项的含义如表 6-3 所示。

表 6-3 docker swarm join-token 命令中常用选项的含义

选 项	含 义	选 项	含 义
--q、--quiet	仅显示令牌	--rotate	生成新的令牌

（4）docker swarm leave 命令用于使当前节点离开集群。若当前节点是一个工作节点，则它会正常离开集群；若当前节点是一个管理节点，则须使用“-f”或“--force”选项强制管理节点离开集群。docker swarm leave 命令的格式如下。

```
docker swarm leave [-f|--force]
```

（5）docker swarm 的其他命令。

① docker swarm update 命令用于更新集群。

② docker swarm unlock 命令用于解锁集群。

③ docker swarm unlock-key 命令用于获取解锁密钥。

2. 节点管理命令

Docker 提供了节点管理命令，其语法格式如下。

```
docker node 子命令
```

常用的 docker node 命令及其功能说明如表 6-4 所示，这些节点管理命令都只能在管理节点上运行。

表 6-4 常用的 docker node 命令及其功能说明

docker node 命令	功 能
docker node ls	查看集群中的节点
docker node demote	将一个或多个管理节点降级为工作节点
docker node promote	将一个或多个工作节点升级为管理节点
docker node inspect	显示一个或多个节点的详细信息
docker node ps	查看在一个或多个节点上（默认为当前节点）运行的任务
docker node rm	从集群中删除一个或多个节点
docker node update	更新节点

任务实施——创建与管理 Docker Swarm 集群

创建与管理 Docker Swarm 集群

在创建 Docker swarm 集群之前，需要准备集群的基本运行环境。本任务将使用一个管理节点和两个工作节点创建并管理 Docker Swarm 集群，集群中节点的配置信息如表 6-5 所示。

表 6-5　集群中节点的配置信息（1）

角　色	IP 地 址	主 机 名
管理节点	192.168.65.133	manager
工作节点	192.168.65.134	worker1
工作节点	192.168.65.135	worker2

1. 部署 Docker Swarm 集群

步骤 1　以管理员身份登录 IP 地址为 192.168.65.133 的 CentOS 操作系统，打开命令行终端，执行以下命令将其主机名修改为 manager。

```
[root@localhost ~]# hostnamectl set-hostname manager
[root@localhost ~]# bash
[root@manager ~]#
```

步骤 2　以管理员身份登录 IP 地址为 192.168.65.134 的 CentOS 操作系统，打开命令行终端，执行以下命令将其主机名修改为 worker1。

```
[root@localhost ~]# hostnamectl set-hostname worker1
[root@localhost ~]# bash
[root@manager ~]#
```

步骤 3　以管理员身份登录 IP 地址为 192.168.65.135 的 CentOS 操作系统，打开命令行终端，执行以下命令将其主机名修改为 worker2。

```
[root@localhost ~]# hostnamectl set-hostname worker2
[root@localhost ~]# bash
[root@manager ~]#
```

步骤 4　在 manager 主机的命令行终端中执行以下命令创建一个新的集群。

```
[root@manager  ~]#  docker  swarm  init  --advertise-addr
192.168.65.133
  Swarm initialized: current node (5sswn94t44giziueex3pa58a9) is
now a manager.
  To add a worker to this swarm, run the following command:
     docker swarm join --token SWMTKN-1-2ixbn8dowsdzlgak25a61
```

```
lw8l9mfaskintqjk0qx4k7urras22-39g2x697vyy0k081gsqadymjy
192.168.65.133:2377
    To add a manager to this swarm, run 'docker swarm join-token
manager' and follow the instructions.
```

从结果中可以看出，当前节点已经成为管理节点，并给出了工作节点加入到该集群的命令“docker swarm join --token SWMTKN-1-2ixbn8dowsdzlgak25a61lw8l9mfaskintqjk0qx4k7urras22-39g2x697vyy0k081gsqadymjy 192.168.65.133:2377”，该命令包含了其他工作节点加入到集群的唯一令牌。

步骤 5 在 worker1 主机的命令行终端中执行以下命令，将该主机作为工作节点加入到集群中。

```
[root@ worker1 ~]# docker swarm join --token
SWMTKN-1-2ixbn8dowsdzlgak25a61lw8l9mfaskintqjk0qx4k7urras22-39g
2x697vyy0k081gsqadymjy 192.168.65.133:2377
    This node joined a swarm as a worker.
```

高手点拨

当为集群添加节点时，可以在管理节点的命令行终端中执行“docker swarm join-token worker”命令获取工作节点加入到集群中的令牌信息。

步骤 6 在 worker2 主机的命令行终端中执行与 worker1 相同的命令，将该主机作为工作节点加入到集群中。

```
[root@ worker2 ~]# docker swarm join --token
SWMTKN-1-2ixbn8dowsdzlgak25a61lw8l9mfaskintqjk0qx4k7urras22-39g
2x697vyy0k081gsqadymjy 192.168.65.133:2377
    This node joined a swarm as a worker.
```

步骤 7 在 manager 主机的命令行终端中执行以下命令查看集群中的所有节点。

```
    [root@manager ~]# docker node ls
    ID        HOSTNAME     STATUS     AVAILABILITY     MANAGER STATUS
ENGINE    VERSION
    5sswn94t44giziueex3pa58a9 *   manager   Ready  Active  Leader
26.1.4
    mvg2db1rashpwudamlujsig7j   worker1   Ready  Active    26.1.4
    i2itny9n5laagcqruyoldcftt   worker2   Ready  Active    26.1.4
```

从结果中可以看出，manager 主机为集群中的管理节点，worker1 和 worker2 主机为集群中的工作节点。其中，节点 ID 右侧的符号“*”表示其为当前节点。

知识加油站

docker node ls 命令显示信息中的 STATUS 字段、AVAILABILITY 字段和 MANAGER STATUS 字段的说明如下。

(1) STATUS 字段表示节点的当前状态。

① 当其值为“Ready”时表示该节点已经准备好接收和执行任务。

② 当其值为“Down”时表示该节点当前不可用或无法与集群的其他节点通信。

(2) AVAILABILITY 字段表示调度程序是否可以将任务分配给该节点。

① 当其值为“Active”时表示可以将任务分配给该节点。

② 当其值为“Pause”时表示不会将新任务分配给该节点，但现有任务仍可以运行。

③ 当其值为“Drain”时表示不会将新任务分配给该节点，并且会关闭该节点的所有任务。

(3) MANAGER STATUS 字段表示节点是属于管理节点还是工作节点。

① 当其值为空时表示该节点是工作节点。

② 当其值为“Leader”时表示该节点是管理节点中的领导者节点。

③ 当其值为“Reachable”时表示该节点是管理节点中的从节点。如果 Leader 节点不可用，该节点有机会被选举为新的 Leader 节点。

④ 当其值为“Unavailable”时表示该管理节点已不能与其他管理节点通信。如果管理节点不可用，则应该将新的管理节点加入到集群中，或将工作节点升级为管理节点。

2. 管理 Docker Swarm 集群

步骤 1 在 manager 主机的命令行终端中执行以下命令查看 worker2 工作节点的详细信息，并以易读的方式显示信息。

```
[root@manager ~]# docker node inspect --pretty worker2
ID:                         i2itny9n5laagcqruyoldcftt
Hostname:                   worker2
Joined at:                  2024-11-04 08:02:09.363802385 +0000 utc
Status:
 State:                     Ready
 Availability:              Active
 Address:                   192.168.65.135
Platform:
 Operating System:          linux
 Architecture:              x86_64
Resources:
 CPUs:                      1
```

```
Memory:            1.776GiB
...
```

步骤 2 在 worker2 主机的命令行终端中执行以下命令将 worker2 工作节点从集群中移除。

```
[root@worker2 ~]# docker swarm leave
Node left the swarm.
```

步骤 3 在 manager 主机的命令行终端中执行以下命令查看集群中的所有节点。

```
[root@manager ~]# docker node ls
ID      HOSTNAME     STATUS     AVAILABILITY     MANAGER STATUS
ENGINE    VERSION
5sswn94t44giziueex3pa58a9 *   manager   Ready  Active  Leader
26.1.4
mvg2db1rashpwudamlujsig7j   worker1   Ready  Active    26.1.4
i2itny9n5laagcqruyo1dcftt   worker2   Ready  Down      26.1.4
```

从结果中可以看出，worker2 节点已宕机。

步骤 4 在 manager 主机的命令行终端中执行以下命令删除 worker2 节点，并查看集群中的所有节点。

```
[root@manager ~]# docker node rm worker2
worker2
[root@manager ~]# docker node ls
ID      HOSTNAME     STATUS     AVAILABILITY     MANAGER STATUS
ENGINE VERSION
5sswn94t44giziueex3pa58a9 *   manager   Ready  Active  Leader
26.1.4
mvg2db1rashpwudamlujsig7j   worker1   Ready  Active    26.1.4
```

步骤 5 在 manager 主机的命令行终端中执行以下命令获取成为管理节点的命令。

```
[root@manager ~]# docker swarm join-token manager
To add a manager to this swarm, run the following command:
    docker swarm join --token SWMTKN-1-2ixbn8dowsdzlgak25a6
1lw819mfaskintqjk0qx4k7urras22-dh7obqjmsbruj7zya0v0dykwm
192.168.65.133:2377
```

步骤 6 复制结果中的命令，在 worker2 主机的命令行终端中执行该命令将 worker2 主机作为管理节点加入到集群中。

```
[root@worker2 ~]# docker swarm join --token
SWMTKN-1-2ixbn8dowsdzlgak25a61lw819mfaskintqjk0qx4k7urras22-dh7
obqjmsbruj7zya0v0dykwm 192.168.65.133:2377
This node joined a swarm as a manager.
```

步骤 7 在 worker2 主机的命令行终端中执行以下命令查看集群中的所有节点。

```
[root@worker2 ~]# docker node ls
ID        HOSTNAME      STATUS      AVAILABILITY      MANAGER  STATUS
ENGINE     VERSION
5sswn94t44giziueex3pa58a9     manager    Ready   Active   Leader
26.1.4
mvg2db1rashpwudamlujsig7j   worker1   Ready  Active    26.1.4
ojxrjq4zhn7l3zq2z3v9db9km  *    worker2   Ready        Active
Reachable       26.1.4
```

从结果中可以看出，worker2 主机在集群中的角色为管理节点中的从节点。

步骤 8 在 worker2 主机的命令行终端中执行以下命令将 worker2 节点降级为工作节点。

```
[root@worker2 ~]# docker node demote worker2
Manager worker2 demoted in the swarm.
```

步骤 9 在 manager 主机的命令行终端中执行以下命令查看集群中的所有节点。

```
[root@manager ~]# docker node ls
ID        HOSTNAME      STATUS      AVAILABILITY      MANAGER  STATUS
ENGINE     VERSION
5sswn94t44giziueex3pa58a9 *   manager       Ready       Active
Leader          26.1.4
mvg2db1rashpwudamlujsig7j   worker1   Ready  Active    26.1.4
ojxrjq4zhn7l3zq2z3v9db9km   worker2   Ready  Active    26.1.4
```

从结果中可以看出，worker2 节点已成功从管理节点降级为工作节点。

任务二　部署与管理 Docker Swarm 集群服务

任务描述

小旌了解到 Docker Swarm 集群支持服务的扩容、缩容及回滚更新，这对于应用程序的性能和可靠性至关重要。于是，他决定将服务部署到现有的 Docker Swarm 集群，并有效地管理集群中的服务。

任务准备

全班同学以5～6人为一组进行分组，各组选出小组长，小组长组织组内成员扫码观看视频，了解 Docker Compose 与 Docker Swarm 的比较，讨论并回答下列问题。

问题1：比较 Docker Compose 与 Docker Swarm，简述它们之间的区别。

Docker Compose 与 Docker Swarm 的比较

问题2：对于在多台主机上创建的容器集群服务项目，应该选择功能强大的__________作为容器编排的工具。

一、Docker Swarm 的服务与任务

1. 服务

在 Docker Swarm 集群中，服务（service）是一组具有相同配置和行为的容器运行实例的集合。一个服务可以由若干个任务组成，每个任务为某个具体的应用程序。每个服务都定义了一组属性（如端口映射、副本数量等），这些属性决定了服务中所有容器的运行方式。

Docker Swarm 集群中的服务类型可分为以下两种。

（1）复制（replicated）服务模式：默认模式，这种模式允许用户为服务指定期望的副本数量，Docker Swarm 会在集群中的节点上调度和管理这些副本，以确保服务的高可用性和容错性。如果某个副本出现故障，Docker Swarm 会自动在其他节点上启动一个新的副本来替换它。

（2）全局（global）服务模式：Docker Swarm 在集群中的每个可用节点上都运行一个相同的服务副本。这类服务适用于需要在每个节点上都运行的服务，如日志收集、监控代理等。

2. 任务

任务（task）是 Docker Swarm 集群中最小的调度单位，即一个正在运行的容器实例，任务与容器是一对一的关系。服务、任务和容器之间的关系如图 6-2（以 nginx 服务为例）所示。

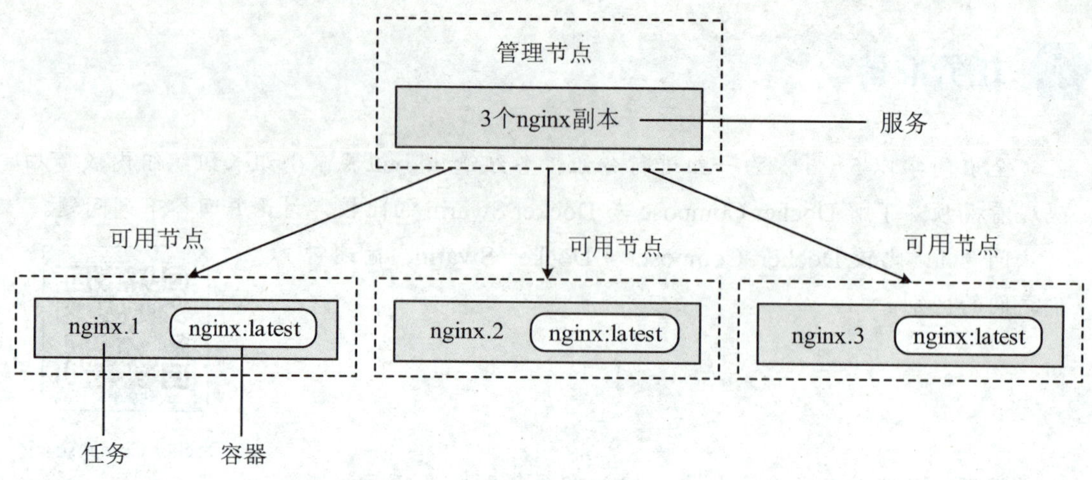

图 6-2　服务、任务和容器之间的关系

每个任务都是独立运行的，它们各自拥有完整的生命周期，即每个任务都独立于其他任务执行，其状态不会影响同一服务中的其他任务。任务的状态反映了其在生命周期中的不同阶段，这些状态有助于管理和监控任务的运行情况。任务状态通常包括创建（New）、挂起（Pending）、开始（Starting）、运行（Running）、完成（Complete）、失败（Failed）、关闭（Shutdown）等。

高手点拨

当任务发起时处于创建状态，并向前经历一系列状态，不会回退。当任务终止时，将不再执行，但是一个新的任务会替换它。

3. 任务的调度过程

Docker Swarm 集群中的管理节点会按照调度要求将任务分发到集群中的节点上，一旦某个任务被分配到某个节点，将无法被转移到其他节点。任务调度的具体过程如下。

（1）创建服务。用户通过 docker service create 或 docker service update 命令创建或更新服务。Docker Swarm 根据服务的配置生成一系列的任务，这些任务表示需要运行的容器实例。

（2）分发任务。管理节点根据调度策略选择合适的节点运行任务。

知识加油站

Docker Swarm 集群目前支持 3 种调度策略。

（1）随机策略：最简单的调度策略，它不考虑节点的资源使用情况，而是随机选择一个节点来启动容器。该策略主要用于测试或当其他策略不适用时使用。

（2）binpack 策略：一种优化算法，该策略尽可能地将容器安排到资源使用最多的节点上，最大化地避免容器碎片化，减少节点的使用数量。

（3）spread 策略：试图将容器均衡地分布在集群中的各个节点上，以避免单个节点的资源过度消耗。即使某个节点出现问题，也只会损失少部分的容器，该策略可以提高集群的整体稳定性和容错能力。

（3）启动容器。节点上的 Docker 引擎接收任务，并启动相应的容器实例。每个容器实例都是一个独立运行的应用程序。

（4）更新状态。管理节点会持续监控所有节点和任务的状态。如果任务执行失败或节点发生故障，管理节点会根据调度策略重新分配任务到其他健康的节点上。

二、Docker Swarm 服务管理命令

Docker 提供的 docker service 命令用于实现对节点的服务管理，且这些命令都只能在管理节点上运行。

1. 创建服务

docker service create 命令用于在集群中创建新的服务，类似于 Docker 创建容器的操作，其格式如下。

```
docker service create [选项] 镜像 [命令]
```

其中，常用选项的含义如表 6-6 所示。

表 6-6　docker service create 命令中常用选项的含义

选　项	含　义	选　项	含　义
--name	指定服务的名称	-p、--publish	指定服务发布端口
--replicas	指定服务的副本数量	-l、--label	指定服务标签
--network	指定服务使用的网络	--update-delay	指定回滚更新的延迟时间
--mode	指定服务模式（replicated 或 global）	--rollback-parallelism	指定回滚的最大任务数（0 表示全部回滚一次）
--update-failure-action	指定更新失败后的操作（pause 、continue 或 rollback）		

2. 查看服务列表

docker service ls 命令用于查看集群中的服务列表，其格式如下。

```
docker service ls [选项]
```

其中，常用选项的含义如表 6-7 所示。

表 6-7 docker service ls 命令中常用选项的含义

选 项	含 义	选 项	含 义
-f、--filter	根据提供的条件筛选服务信息	--format	自定义输出格式
-q、--quiet	仅显示服务 ID		

3. 查看服务的详细信息

docker service inspect 命令用于查看一个或多个服务的详细信息，其格式如下。

```
docker service inspect [选项] 服务1 [服务2 …]
```

其中，常用选项的含义如表 6-8 所示。

表 6-8 docker service inspect 命令中常用选项的含义

选 项	含 义	选 项	含 义
-f、--format	自定义服务信息的输出格式	--pretty	以适合阅读的格式显示服务信息

4. 其他服务管理命令

（1）docker service scale 命令用于缩放一个或多个复制服务模式的服务。

（2）docker service update 命令用于更新服务。

（3）docker service ps 命令用于查看服务的所有任务及其状态。

（4）docker service rollback 命令用于服务回滚。

（5）docker service rm 用于删除一个或多个服务。

（6）docker service logs 命令用于获取某个服务或任务的日志信息。

三、Docker Swarm 的高可用性与负载均衡

1. Docker Swarm 的高可用性

Docker Swarm 的高可用性是指将应用程序部署在多个节点上，一旦某个节点突发故障，Docker Swarm 将自动对服务进行迁移操作，确保应用程序的持续可用性和稳定性。Docker Swarm 的高可用性主要体现在以下几个方面。

（1）多节点部署。Docker Swarm 允许在一个集群中运行多个节点（包括管理节点和工作节点），这样可以分散单点故障的风险。

（2）自动故障转移。Docker Swarm 内置故障转移功能，当某个节点发生故障时，Docker Swarm 会自动检测并将服务迁移到其他健康节点上。

（3）自动修复。Docker Swarm 具有自动修复的能力，它会持续监控集群的状态，并尝试将实际状态与期望状态匹配。如果 Docker Swarm 发现任何偏差，如某个服务没有运行足够数量的副本，Docker Swarm 会自动采取措施进行调整。

2. Docker Swarm 的负载均衡

Docker Swarm 通过服务发现、负载均衡器、Ingress 网络、IPVS 和服务更新等机制实

现负载均衡。这些机制可以确保应用程序在集群中均衡地分布和处理，提高应用程序的可用性和性能。

（1）服务发现。Docker Swarm 使用内置的 DNS 服务来自动发现和管理集群中的容器。每个服务都被分配唯一的 DNS 名称，可以通过该名称访问服务的所有实例。

（2）负载均衡器。Docker Swarm 使用内置的负载均衡器，根据预定义的负载均衡策略（如轮询、随机等）将服务请求分发到可用的容器实例上。

（3）Ingress 网络。Ingress 网络是一种特殊的 overlay 网络，覆盖 Docker Swarm 集群中的所有节点，有助于实现服务节点间的负载均衡。

（4）IPVS。IPVS 是 Linux 内核中实现负载均衡的一个组件，专门用于处理 TCP/UDP 流量的负载均衡。

（5）服务更新。当服务的副本数量发生变化时，Docker Swarm 会自动更新负载均衡器的配置，以确保新的容器实例能够接收到流量，并实现动态的负载均衡。

素养之窗

曙光信息产业股份有限公司（以下简称“中科曙光”）作为我国核心信息基础设施领军企业，致力于向中国及全球用户提供创新、高效的 IT 产品及服务。

中科曙光在高端计算、存储、安全、数据中心等领域拥有深厚的技术积淀和领先的市场份额，并充分发挥高端计算优势，布局智能计算、云计算、大数据等领域的技术研发，打造计算产业生态，为科研探索创新、行业信息化建设、产业转型升级、数字经济发展提供了坚实可信的支撑。

中科曙光作为一家以技术创新为驱动的科技企业，未来将持续专注于核心技术研发，并与用户、合作伙伴携手共建应用生态、推动产业进步，以科技创新助力“数字中国”建设，驱动经济高质量发展。

任务实施——部署与管理 Docker Swarm 集群服务

部署与管理 Docker Swarm 集群服务

创建完 Docker Swarm 集群之后，可以在管理节点 manager 上部署服务到集群中，并对服务进行相关的管理操作。

1. 部署集群服务

步骤 1 以管理员身份登录集群中 3 个节点的 CentOS 操作系统，在 manager 主机的命令行终端中执行以下命令查看集群中的所有节点，确保集群中的节点都处于“Ready”状态。

```
[root@manager ~]# docker node ls
ID       HOSTNAME      STATUS      AVAILABILITY      MANAGER STATUS
ENGINE       VERSION
```

```
5sswn94t44giziueex3pa58a9 *   manager        Ready    Active
Leader          26.1.4
mvg2db1rashpwudamlujsig7j   worker1   Ready  Active    26.1.4
ojxrjq4zhn7l3zq2z3v9db9km   worker2   Ready  Active    26.1.4
```

步骤 2 执行以下命令基于 redis:3.0 镜像创建名为 redis-swarm 的服务，设置一个服务副本。

```
[root@manager ~]# docker service create --replicas 1 --name
redis-swarm redis:3.0
zrqpv5x68sw8csm6o3hd4xf5q
overall progress: 1 out of 1 tasks
1/1: running
verify: Service zrqpv5x68sw8csm6o3hd4xf5q converged
```

步骤 3 执行以下命令查看集群中的服务列表。

```
[root@manager ~]# docker service ls
ID            NAME         MODE        REPLICAS    IMAGE        PORTS
zrqpv5x68sw8   redis-swarm   replicated  1/1        redis:3.0
```

知识加油站

在 docker service ls 命令显示信息中，各字段的说明如下。

（1）ID：服务 ID。

（2）NAME：服务名称。

（3）MODE：服务模式，如复制服务模式或全局服务模式。

（4）REPLICAS：服务的副本数量。

（5）IMAGE：服务的基础镜像。

（6）PORTS：服务映射的端口。

步骤 4 执行以下命令查看 redis-swarm 服务的所有任务及其状态。

```
[root@manager ~]# docker service ps redis-swarm
ID    NAME    IMAGE    NODE    DESIRED STATE    CURRENT STATE
ERROR    PORTS
m6zhmwqduqfi   redis-swarm.1   redis:3.0   worker1   Running
Running about a minute ago
```

步骤 5 执行以下命令查看 redis-swarm 服务的详细信息。

```
[root@manager ~]# docker service inspect --pretty redis-swarm
ID:            zrqpv5x68sw8csm6o3hd4xf5q    服务 ID
```

```
Name:           redis-swarm
Service Mode:   Replicated
 Replicas:      1
Placement:
UpdateConfig:
 Parallelism:    1
 On failure: pause
 Monitoring Period: 5s
 Max failure ratio: 0
 Update order:      stop-first
RollbackConfig:
 Parallelism:    1
 On failure: pause
 Monitoring Period: 5s
 Max failure ratio: 0
 Rollback order:    stop-first
ContainerSpec:
 Image:       redis:3.0@sha256:730b765df9fe96af414da64a2b67f
3a5f70b8fd13a31e5096fee4807ed802e20
 Init:        false
Resources:
Endpoint Mode:  vip
```

服务名称　服务模式　服务的副本数量　服务更新配置　服务回滚配置　容器定义

2. 服务的扩容和缩容

步骤 1　执行以下命令将 redis-swarm 服务的副本数量设置为 4，实现服务的扩容。

```
[root@manager ~]# docker service scale redis-swarm=4
redis-swarm scaled to 4
overall progress: 4 out of 4 tasks
1/4: running
2/4: running
3/4: running
4/4: running
verify: Service redis-swarm converged
```

步骤 2　执行以下命令查看更新后的任务列表。

```
[root@manager ~]# docker service ps redis-swarm
ID    NAME    IMAGE    NODE    DESIRED STATE    CURRENT STATE
ERROR    PORTS
```

```
    m6zhmwqduqfi    redis-swarm.1    redis:3.0    worker1    Running
Running 7 minutes ago
    t6p4e6flpup7    redis-swarm.2    redis:3.0    worker2    Running
Running about a minute ago
    jm09z1mz0pfi    redis-swarm.3    redis:3.0    worker2    Running
Running about a minute ago
    6w4pkeqvfimq    redis-swarm.4    redis:3.0    manager    Running
Running about a minute ago
```

从结果中可以看出，集群中增加了 3 个新的任务。在 manager、worker1 和 worker2 节点上分别运行了 1 个、1 个和 2 个任务。

知识加油站

服务的每个副本就是一个任务，每个服务副本拥有自己的 ID 和名称，名称格式为“服务名.序号”，不同的序号表示依次分配的服务副本。

步骤 3 执行以下命令将 redis-swarm 服务的副本数量设置为 3，实现服务的缩容。

```
    [root@manager ~]# docker service scale redis-swarm=3
    redis-swarm scaled to 3
    overall progress: 3 out of 3 tasks
    1/3: running
    2/3: running
    3/3: running
    verify: Service redis-swarm converged
```

步骤 4 执行以下命令查看更新后的任务列表。

```
    [root@manager ~]# docker service ps redis-swarm
    ID    NAME    IMAGE    NODE    DESIRED STATE    CURRENT STATE
ERROR    PORTS
    m6zhmwqduqfi    redis-swarm.1    redis:3.0    worker1    Running
Running 9 minutes ago
    t6p4e6flpup7    redis-swarm.2    redis:3.0    worker2    Running
Running 3 minutes ago
    6w4pkeqvfimq    redis-swarm.4    redis:3.0    manager    Running
Running 2 minutes ago
```

从结果中可以看出，集群中有 3 个任务，分别运行在 manager、worker1 和 worker2 节点上。

3. 回滚更新服务

步骤 1 执行以下命令更新服务，设置更新的延迟时间为 5 s，并设置回滚的最大任务数为 2。

```
[root@manager ~]# docker service update redis-swarm --update-delay 5s --rollback-parallelism 2
redis-swarm
overall progress: 3 out of 3 tasks
1/3: running
2/3: running
3/3: running
verify: Service redis-swarm converged
```

步骤 2 执行以下命令查看 redis-swarm 服务的详细信息，重点查看更新配置。

```
[root@manager ~]# docker service inspect --pretty redis-swarm
ID:        zrqpv5x68sw8csm6o3hd4xf5q
...
UpdateConfig:
 Parallelism:          1         同时更新的最大任务数
 Delay:                5s        更新之间的延迟时间
 On failure:           pause     更新失败后的操作
 Monitoring Period:  5s          每个任务更新后的延迟时间
 Max failure ratio:  0           更新期间容忍的失败率
 Update order:       stop-first  更新顺序
RollbackConfig:
 Parallelism:    2               同时回滚的最大任务数
 On failure: pause
 Monitoring Period:  5s
 Max failure ratio:  0
 Rollback order:    stop-first
ContainerSpec:
 Image:       redis:3.0@sha256:730b765df9fe96af414da64a2b67f3a5f70b8fd13a31e5096fee4807ed802e20
 Init:        false
Resources:
Endpoint Mode:  vip
```

步骤 3 执行以下命令更新服务中镜像的版本。

```
[root@manager ~]# docker service update --image redis:5.0
```

```
redis-swarm
   redis-swarm
   overall progress: 3 out of 3 tasks
   1/3: running
   2/3: running
   3/3: running
   verify: Service redis-swarm converged
```

步骤 4 执行以下命令查看 redis-swarm 服务的详细信息，重点查看新镜像的状态。

```
   [root@manager ~]# docker service inspect --pretty redis-swarm
   ID:        zrqpv5x68sw8csm6o3hd4xf5q
   ...
   UpdateStatus:
    State:          completed
    Started:2 minutes ago
    Completed:  About a minute ago
    Message:update completed
   ...
   ContainerSpec:
    Image:         redis:5.0@sha256:fc5ecd863862f89f04334b7cbb57e
93c9790478ea8188a49f6e57b0967d38c75
    Init:          false
   Resources:
   Endpoint Mode:  vip
```

完成状态

镜像的版本

从结果中可以看出，服务的镜像版本已经成功升级为 5.0。

步骤 5 执行以下命令回滚到服务的上一个版本。

```
   [root@manager ~]# docker service update --rollback redis-swarm
   redis-swarm
   rollback: manually requested rollback
   overall progress: rolling back update: 3 out of 3 tasks
   1/3: running
   2/3: running
   3/3: running
   verify: Service redis-swarm converged
```

步骤 6 执行以下命令查看滚动更新完成后的任务列表。

```
   [root@manager ~]# docker service ps redis-swarm
   ID    NAME    IMAGE    NODE    DESIRED STATE    CURRENT STATE
```

```
ERROR    PORTS
   85vsy3zsyh89    redis-swarm.1              redis:3.0    worker2
Running       Running 25 seconds ago
   lkk7n96jsycl       \_ redis-swarm.1     redis:5.0    worker1
Shutdown      Shutdown 26 seconds ago
   m6zhmwqduqfi       \_ redis-swarm.1     redis:3.0    worker1
Shutdown      Shutdown 4 minutes ago
   6jc1jjolsatl    redis-swarm.2              redis:3.0    worker1
Running       Running 25 seconds ago
   szmen6s9br0w       \_ redis-swarm.2     redis:5.0    worker2
Shutdown      Shutdown 26 seconds ago
   t6p4e6flpup7       \_ redis-swarm.2     redis:3.0    worker2
Shutdown      Shutdown 4 minutes ago
   nxawdtn1sp3h    redis-swarm.4              redis:3.0    manager
Running       Running 24 seconds ago
   lyqzwxvftwl5       \_ redis-swarm.4     redis:5.0    manager
Shutdown      Shutdown 24 seconds ago
   6w4pkeqvfimq       \_ redis-swarm.4     redis:3.0    manager
Shutdown      Shutdown 4 minutes ago
```

从结果中可以看出，redis-swarm 服务升级版本后又恢复到了上一个版本。

4. 实现服务的高可用

步骤 1 断开 worker2 主机的网络来模拟该节点发生故障，验证 Docker Swarm 集群的高可用性。执行以下命令查看集群中的所有节点。

```
   [root@manager ~]# docker node ls
   ID  HOSTNAME    STATUS    AVAILABILITY    MANAGER  STATUS
ENGINE VERSION
   bdijtdf0930p3htwqd0lyemdg *    manager     Ready     Active
Leader  26.1.4
   0t9ik89uk99zk1wphupzyk923   worker1   Ready   Active   26.1.4
   y86jliufxiwvqfhjmowdzhlej   worker2   Down    Active   26.1.4
```

从结果中可以看出，worker2 节点已经宕机。

步骤 2 执行以下命令查看服务的任务部署情况。

```
   [root@manager ~]# docker service ps redis-swarm
   ID   NAME    IMAGE    NODE    DESIRED STATE    CURRENT STATE
ERROR   PORTS
```

```
    ihigiui1gwqk     redis-swarm.1             redis:3.0     manager
Running          Running about a minute ago
    85vsy3zsyh89         \_ redis-swarm.1      redis:3.0     worker2
Shutdown         Running 4 minutes ago
    lkk7n96jsycl         \_ redis-swarm.1      redis:5.0     worker1
Shutdown         Shutdown 4 minutes ago
    m6zhmwqduqfi         \_ redis-swarm.1      redis:3.0     worker1
Shutdown         Shutdown 8 minutes ago
    6jc1jjolsatl     redis-swarm.2             redis:3.0     worker1
Running          Running 4 minutes ago
    szmen6s9br0w         \_ redis-swarm.2      redis:5.0     worker2
Shutdown         Shutdown 4 minutes ago
    t6p4e6flpup7         \_ redis-swarm.2      redis:3.0     worker2
Shutdown         Shutdown 8 minutes ago
    nxawdtn1sp3h     redis-swarm.4             redis:3.0     manager
Running          Running 4 minutes ago
    lyqzwxvftwl5         \_ redis-swarm.4      redis:5.0     manager
Shutdown         Shutdown 4 minutes ago
    6w4pkeqvfimq         \_ redis-swarm.4      redis:3.0     manager
Shutdown         Shutdown 8 minutes ago
```

从结果中可以看出，worker2 节点上名为“_ redis-swarm.1”的任务的期望状态被标记为 Shutdown（已关闭）。而 redis-swarm.1 任务在 manager 节点上正常运行，其 ID 变更为 ihigiui1gwqk，这是一个新创建的任务。这说明故障转移并不是直接将一个任务从一个节点迁移到另一个节点上的。

步骤 3 恢复故障节点，即重新将 worker2 主机进行网络连接，并执行以下命令再次查看服务的任务部署情况。

```
    [root@manager ~]# docker service ps redis-swarm
    ID     NAME     IMAGE     NODE     DESIRED STATE     CURRENT STATE
ERROR    PORTS
    ihigiui1gwqk     redis-swarm.1             redis:3.0     manager
Running          Running 9 minutes ago
    85vsy3zsyh89         \_ redis-swarm.1      redis:3.0     worker2
Shutdown         Shutdown 34 seconds ago
    lkk7n96jsycl         \_ redis-swarm.1      redis:5.0     worker1
Shutdown         Shutdown 13 minutes ago
```

```
    m6zhmwqduqfi       \_  redis-swarm.1     redis:3.0      worker1
Shutdown         Shutdown 17 minutes ago
    6jc1jjolsatl     redis-swarm.2           redis:3.0      worker1
Running          Running 13 minutes ago
    szmen6s9br0w       \_  redis-swarm.2     redis:5.0      worker2
Shutdown         Shutdown 13 minutes ago
    t6p4e6flpup7       \_  redis-swarm.2     redis:3.0      worker2
Shutdown         Shutdown 16 minutes ago
    nxawdtn1sp3h     redis-swarm.4           redis:3.0      manager
Running          Running 13 minutes ago
    lyqzwxvftwl5       \_  redis-swarm.4     redis:5.0      manager
Shutdown         Shutdown 13 minutes ago
    6w4pkeqvfimq       \_  redis-swarm.4     redis:3.0      manager
Shutdown         Shutdown 17 minutes ago
```

从结果中可以看出，在 worker2 节点上任务的当前状态仍然为 Shutdown，说明该节点在某段时间不可用后再重新连接到集群时，Docker Swarm 并不会自动将任务分配给闲置节点。

步骤 4 执行以下命令删除 redis-swarm 服务。

```
[root@manager ~]# docker service rm redis-swarm
redis-swarm
```

项目实训

一、实训目的

（1）熟练掌握创建与管理 Docker Swarm 集群的方法。

（2）熟练掌握部署与管理 Docker Swarm 集群服务的方法。

二、实训内容

本实训将使用一个管理节点和两个工作节点创建并管理 Docker Swarm 集群，集群中节点的配置信息如表 6-9 所示。

表 6-9 集群中节点的配置信息（2）

角 色	IP 地 址	主 机 名
管理节点	192.168.65.136	leader
工作节点	192.168.65.137	node1
工作节点	192.168.65.138	node2

1. 创建与管理 Docker Swarm 集群

（1）准备 3 台主机，将管理节点的主机命名为 leader，将工作节点的两台主机分别命名为 node1 和 node2。

（2）在 leader 主机上创建新的集群。

（3）将 node1 和 node2 主机作为工作节点加入集群。

（4）将 node2 工作节点升级为管理节点，并查看集群中的所有节点。

2. 部署与管理 Docker Swarm 集群服务

（1）基于 alpine 镜像部署名为 test-alpine 的服务，并设置服务副本的数量为 3。

（2）将 test-alpine 服务的副本数量减少为 2，并查看更新后的任务列表。

（3）删除集群中的 test-alpine 服务。

三、实训小结

按要求完成实训内容，并将实训过程中遇到的问题和解决办法记录在表 6-10 中。

表 6-10 实训过程

序 号	主要问题	解决办法
1		
2		
3		

项目总结

完成本项目的学习与实践后，总结应掌握的知识点，并将思维导图（见图 6-3）填写完整。

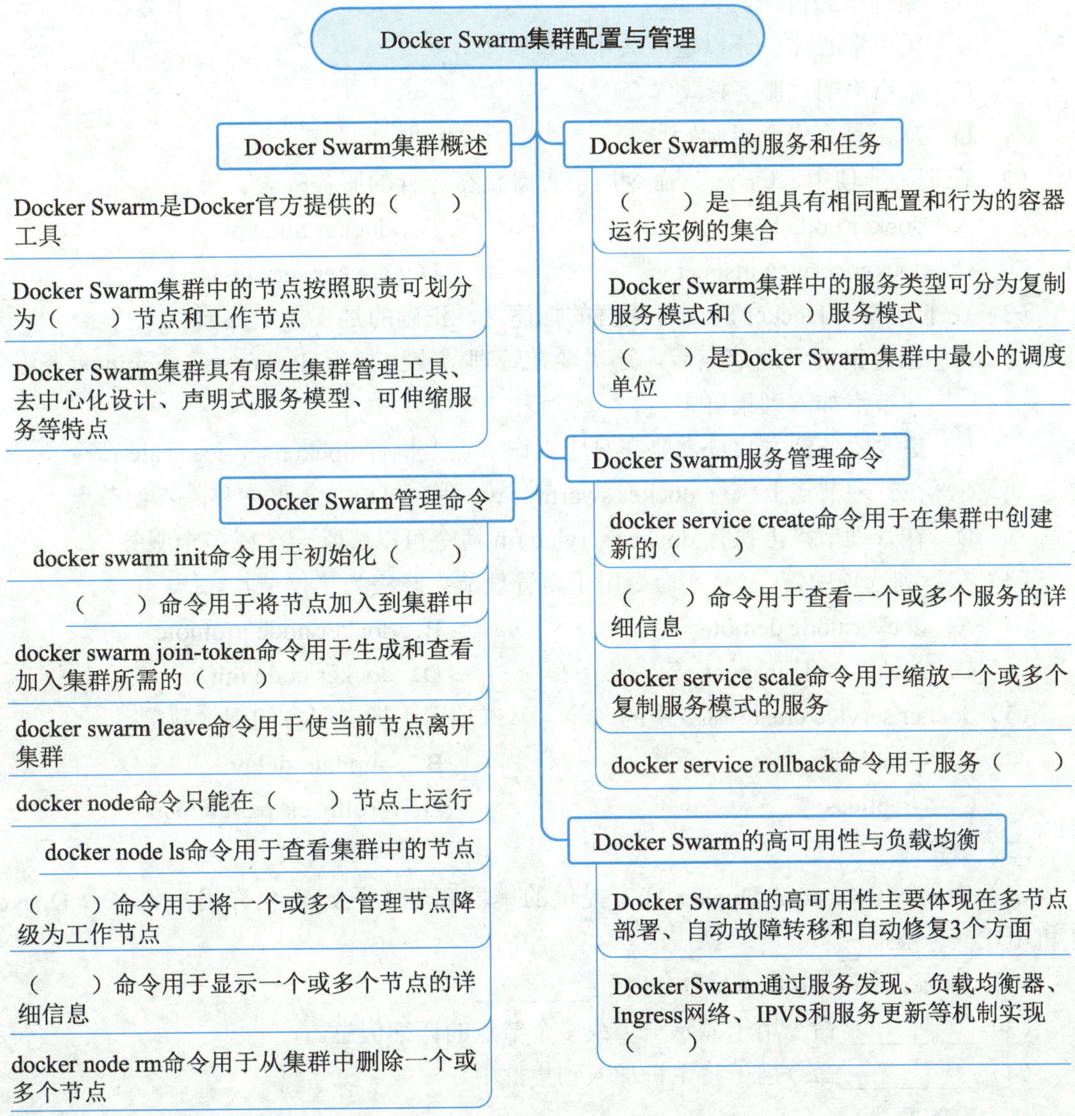

- Docker Swarm集群配置与管理
  - Docker Swarm集群概述
    - Docker Swarm是Docker官方提供的（　　）工具
    - Docker Swarm集群中的节点按照职责可划分为（　　）节点和工作节点
    - Docker Swarm集群具有原生集群管理工具、去中心化设计、声明式服务模型、可伸缩服务等特点
  - Docker Swarm管理命令
    - docker swarm init命令用于初始化（　　）
    - （　　）命令用于将节点加入到集群中
    - docker swarm join-token命令用于生成和查看加入集群所需的（　　）
    - docker swarm leave命令用于使当前节点离开集群
    - docker node命令只能在（　　）节点上运行
    - docker node ls命令用于查看集群中的节点
    - （　　）命令用于将一个或多个管理节点降级为工作节点
    - （　　）命令用于显示一个或多个节点的详细信息
    - docker node rm命令用于从集群中删除一个或多个节点
  - Docker Swarm的服务和任务
    - （　　）是一组具有相同配置和行为的容器运行实例的集合
    - Docker Swarm集群中的服务类型可分为复制服务模式和（　　）服务模式
    - （　　）是Docker Swarm集群中最小的调度单位
  - Docker Swarm服务管理命令
    - docker service create命令用于在集群中创建新的（　　）
    - （　　）命令用于查看一个或多个服务的详细信息
    - docker service scale命令用于缩放一个或多个复制服务模式的服务
    - docker service rollback命令用于服务（　　）
  - Docker Swarm的高可用性与负载均衡
    - Docker Swarm的高可用性主要体现在多节点部署、自动故障转移和自动修复3个方面
    - Docker Swarm通过服务发现、负载均衡器、Ingress网络、IPVS和服务更新等机制实现（　　）

图 6-3　项目总结

项目考核

一、选择题

（1）在下列关于 Docker Swarm 集群特点的描述中，错误的是（　　）。

A．支持状态自动调整

B．采用中心化设计以适应集中统一管理

C．采用声明式服务模型

D．默认具有安全机制

（2）在下列选项中，（　　）命令用于查看正在运行的服务列表。

A．docker node ls　　　　B．docker node ps

C．docker service inspect　　　　D．docker service ls

（3）在下列关于 Docker Swarm 集群的描述中，正确的是（　　）。

A．创建集群管理节点后，还需要在管理节点上执行 docker swarm join 命令将工作节点加入到集群中

B．更改服务副本数量需要在对应工作节点上执行 docker service scale 命令

C．在管理节点上执行 docker swarm leave 命令可以从集群中移除其他节点

D．在管理节点上执行 docker service rm 命令可以删除一个或多个服务

（4）在下列选项中，（　　）命令用于将管理节点降级为工作节点。

A．docker node demote　　　　B．docker node promote

C．docker node inspect　　　　D．docker node init

（5）docker service create 命令中的（　　）选项用于指定服务的副本数量。

A．--publish　　　　B．--update-delay

C．--replicas　　　　D．--rollback-parallelism

二、填空题

（1）Docker Swarm 是 Docker 官方提供的集群管理工具，它允许用户将多台 Docker 主机组成一个虚拟__________。

（2）docker service rollback 命令用于__________。

（3）__________命令用于显示一个或多个节点的详细信息。

（4）__________命令用于将主机加入到集群中。

三、简答题

（1）简述 Docker Swarm 集群中管理节点和工作节点的职责。

（2）简述 Docker Swarm 集群中的服务类型。

项目评价

结合本项目的学习情况，完成项目评价并将评价结果填入表 6-11 中。

表 6-11 项目评价表

评价项目	评价内容	评价分数			
		分值	自评	互评	师评
知识评价（30%）	是否了解 Docker Swarm 集群的架构与特点	5 分			
	是否理解服务、任务和容器之间的关系	5 分			
	是否了解任务调度的过程	5 分			
	是否掌握 Docker Swarm 常用命令	10 分			
	是否理解 Docker Swarm 的高可用性和负载均衡	5 分			
技能评价（40%）	是否能够创建与管理 Docker Swarm 集群	20 分			
	是否能够部署与管理 Docker Swarm 集群服务	20 分			
素养评价（30%）	是否遵守课堂纪律，上课精神是否饱满	7 分			
	是否具有自主学习意识，做好课前准备	8 分			
	是否善于思考，积极参与，勇于提出问题	8 分			
	是否具有团队合作精神，出色完成小组任务	7 分			
合　计	综合得分：________	100 分			
	综合等级：________	指导老师签字：________			
综合评价	最突出的表现（创新或进步）： 还需改进的地方（不足或缺点）：				

项目七 Kubernetes基础操作

项目导读

Kubernetes 是目前容器云技术领域影响力较高的开源平台，它不仅简化了容器部署和管理的流程，还提升了系统的可扩展性和容错性。通过 Kubernetes，用户可以轻松地构建一个高效、稳定且易于扩展的生产级容器云平台，为企业的数字化转型提供强有力的支持。

知识目标

- 了解 Kubernetes 及其特点。
- 理解 Kubernetes 的架构及其核心组件。
- 掌握 Kubectl 的常用命令。

能力目标

- 能够部署 Kubernetes 集群。
- 能够部署 Kubernetes 集群服务。

素质目标

- 自觉培养创新思维能力，养成良好的思考习惯。
- 培养严谨的专业精神和职业操守，通过实践不断提升自己的专业能力和素质。

任务一　初识 Kubernetes

任务描述

小旌发现 Docker Swarm 集群难以满足日益复杂和庞大的集群管理需求，而 Kubernetes 在容器编排与管理方面展现了卓越的性能，为容器化应用程序提供了更加稳定、高效和灵活的支持。于是，小旌决定深入学习 Kubernetes 的相关概念，安装并部署 Kubernetes 集群。

任务准备

全班同学以 5～6 人为一组进行分组，各组选出小组长，小组长组织组内成员扫码观看视频，了解 CentOS 操作系统的磁盘扩容，讨论并回答下列问题。

问题 1：为什么需要进行磁盘扩容？

CentOS 操作系统的磁盘扩容

问题 2：__________命令用于查看磁盘的分区信息。

一、Kubernetes 概述

Kubernetes（简称 K8s）是一个开源的容器集群管理系统，用于实现容器集群的自动化部署、自动扩缩容、维护等功能。Kubernetes 底层基于 Docker、rkt 等容器技术，具有强大的应用程序管理和资源调度能力，可以满足日益增长的高并发、高负载和高可用需求。

Kubernetes 主要具有以下特点。

（1）自恢复能力。当容器启动失败时，Kubernetes 会自动重启容器；当部署的节点发生故障时，Kubernetes 会自动将该节点上的容器重新部署到其他健康的节点上。

（2）服务发现和负载均衡。Kubernetes 会自动为每个服务分配 IP 地址和 DNS 名称，允许集群中的客户端使用 DNS 名称发出访问请求，实现服务发现。Kubernetes 还提供了负载均衡策略，可确保请求被均匀地分配到相关联的节点上。

（3）自动部署与更新。Kubernetes 提供了强大的 API 和工具，用于自动化容器的部署和管理。通过定义 pod、deployment 等资源对象，Kubernetes 可以自动创建、调度、更新和删除容器。同时，Kubernetes 还支持滚动更新和回滚功能，使得应用程序的升级和回滚变得更加简单和可靠。

（4）密钥和配置管理。Kubernetes 通过 ConfigMap 实现了配置数据与 Docker 镜像解耦，用户可以在不重新构建镜像的情况下更新配置。同时，Kubernetes 通过 Secret 对象管理敏感数据（如用户名和密码、令牌、密钥等），为应用程序的开发部署提供了一定程度上的安全保障。

（5）存储编排。Kubernetes 会自动挂载多种存储系统，包括本地存储、公有云提供商的云存储或网络存储等。

（6）弹性伸缩。Kubernetes 能够根据 CPU 等资源负载率对应用程序实例进行自动、快速扩容和缩容，保证应用程序在高峰并发时的高可用性，在业务低峰时回收资源，以最小的成本运行服务。

（7）可移植性。Kubernetes 支持公有云、私有云、混合云和多重云等不同的云环境。

二、Kubernetes 架构

Kubernetes 采用主从分布式架构，由 Master 节点和 Node 节点组成，如图 7-1 所示。

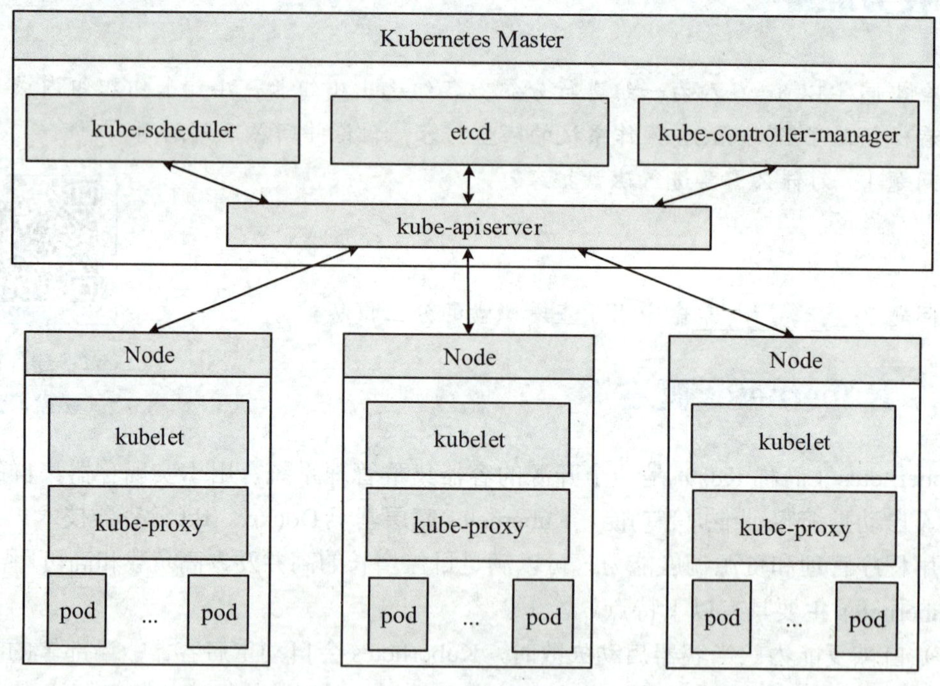

图 7-1　Kubernetes 架构

1. Master 节点

Master 节点负责对集群进行调度管理，是整个集群的核心。Master 节点主要由 kube-apiserver、kube-scheduler、etcd、kube-controller-manager 等组件组成。

（1）kube-apiserver：Kubernetes 的前端服务，提供了集群的 API 入口，负责处理用户对集群的 API 请求，并将其转发给其他组件处理。

（2）kube-scheduler：负责资源的调度，监听 pod 并按照预定的调度策略将其调度到相应的 Node 节点上。

（3）etcd：Kubernetes 的存储服务和配置中心，负责存储整个集群的状态和配置相关的数据。

（4）kube-controller-manager：控制器管理服务，负责管理集群中的控制器，维护集群的状态，如故障检测、自动扩展、滚动更新等。

知识加油站

在 Master 节点上还可能会运行其他组件。例如，cloud-controller-manager 组件用于与云服务提供商的 API 进行交互。

2. Node 节点

Node 节点是集群中的工作负载节点，负责运行容器实例。Node 节点主要由 kubelet、kube-proxy、pod 等组件组成。

（1）kubelet：运行在每个 Node 节点上的代理服务，根据 kube-apiserver 下发的指令管理 Node 节点上的 pod 及 pod 中的容器，监控容器的运行状态，并定期向 Master 节点汇报该节点的资源使用情况。

（2）kube-proxy：Kubernetes 集群的负载均衡器，负责为 service 提供集群内部的服务发现和负载均衡。

高手点拨

service 用于代表提供某一类功能的 pod，并分配不随 pod 位置变化而改变的地址。由于 pod 随时可能发生故障，并可能在其他节点上被重启，所以 pod 的地址并不固定，而 service 主要用于解决 pod 地址可变的问题。

（3）pod：Kubernetes 中资源调度和管理的最小单位，一个 pod 可以包含一个或多个容器。pod 中的所有容器共享相同的网络命名空间和资源，即相同的 IP 地址、数据卷等。在默认情况下，当 pod 中的某个容器停止时，Kubernetes 会自动检测并重启 pod（pod 中的所有容器）；当 pod 所在的节点宕机时，则会将该节点上的所有 pod 重新调度到其他节点上。

知识加油站

在 Kubernetes 中，deployment 负责管理应用程序的部署和更新，当 pod 出现故障时，deployment 会自动重新创建 pod，以维持期望的 pod 副本数量。deployment 还可用于滚动更新、回滚及自动修复等。

三、kubectl 命令

kubectl 是 Kubernetes 的命令行工具，用于管理 Kubernetes 集群中的资源。通过 kubectl，用户可以创建、更新、查看和操作各类资源，如 pod、service、deployment 等，从而高效地管理和维护 Kubernetes 集群。kubectl 命令的格式如下。

```
kubectl 子命令 [资源类型] [资源名称] [参数]
```

其中，子命令表示对资源所执行的操作，如 create、get、describe、delete 等；资源类型表示资源的类型，如 nodes、pods 等；资源名称表示资源的名称，为某个资源类型下的若干对象名称，若不指定资源名称，则 kubectl 命令会作用于指定资源类型的所有资源对象；参数表示修改命令的行为，常用参数的含义如表 7-1 所示。

表 7-1　kubectl 命令中常用参数的含义

参　数	含　义	参　数	含　义
-n、--namespace	指定命名空间	-o、--output	指定输出格式

知识加油站

kubeadm 也是 Kubernetes 的命令行工具，用于快速搭建 Kubernetes 集群，包括初始化集群、加入节点和升级集群等。

1．kubectl 的子命令

kubectl 的子命令非常丰富，常用的 kubectl 子命令如表 7-2 所示。

表 7-2　常用的 Kubectl 子命令

类　型	子　命　令	含　义
通用命令	create	使用指定模板创建资源
	delete	删除资源
	get	查看资源列表，在默认情况下显示所有资源
	run	创建并运行容器
	edit	调用本地编辑器，编辑 API 资源
	set	设置指定资源对象的属性
	explain	显示资源对象的详细信息
	expose	将资源作为新的 service 公开

（续表）

类　型	子 命 令	含　义
部署命令	rollout	管理资源的滚动更新
	scale	伸缩资源的副本数量，包括 deployment、replicaset、replicationcontroller 等
	autoscale	根据需求自动伸缩 pod 数量
集群命令	cluster-info	显示集群信息
	top	显示资源的使用情况
	cordon	标记节点为不可调度状态
	uncordon	恢复节点为可调度状态
	drain	安全地迁移节点的所有 pod，以进入维护模式
	taint	将一个或多个节点设置为污点
诊断命令	describe	显示一个或多个资源的详细信息
	logs	查看日志
	attach	连接到一个正在运行的容器
	exec	在容器内执行命令
	port-forward	映射本地端口到 pod
	proxy	在本地创建一个访问 Kubernetes API 服务的代理
	cp	在容器之间复制文件
	auth	查看认证信息
高级命令	apply	通过文件或标准输入，对资源进行配置
	patch	更新资源的字段
	replace	替换/更新一个资源
配置命令	label	更新资源的标签信息
	annotate	更新资源的注解信息
	completion	输出指定 shell 端的命令补全信息代码
其他命令	api-version	显示服务端支持的 API 版本信息
	config	修改 kubeconfig 文件
	plugin	运行命令行插件
	version	显示客户端和服务端的版本信息

2．kubectl 命令中的资源类型

kubectl 命令中的资源类型不区分大小写，可以使用单数、复数或缩写形式，常用的

资源类型如表 7-3 所示。

表 7-3　kubectl 命令中常用的资源类型

资源类型	含　义	资源类型	含　义
configmaps|cm	配置字典	nodes|no	Node 节点
componentstatuses|cs	组件状态	persistentvolumes|pv	持久化存储数据卷
clusterrolebindings	集群角色绑定	persistentvolumeclaims|pvc	持久化存储数据卷声明
clusterroles	集群角色	pods|po	pod 资源
deployments|deploy	deployment 资源	replicasets|rs	副本集
endpoints|ep	端点	replicationcontrollers|rc	实现副本的控制器
events|ev	事件	roles	命名空间的角色
horizontalpodautoscalers|hpa	pod 自动扩展器	rolebindings	命名空间的角色绑定
jobs	任务	services|svc	服务
limitranges|limits	限制的范围	serviceaccounts|sa	服务的账户
namespaces|ns	命名空间	statefulsets|sts	状态集

任务实施——部署 Kubernetes 集群

部署 Kubernetes 集群

本任务将部署具有两个节点的 Kubernetes 集群，其中一个节点作为 Master 节点，另一个节点作为 Node 节点，两个节点的配置信息如表 7-4 所示，且两个节点均已安装 Docker。

表 7-4　Kubernetes 集群中节点的配置信息（1）

角　色	主 机 名	IP 地 址	CPU	内　存	硬　盘
Master 节点	master	192.168.65.136	2 核心	4 GB	30 GB
Node 节点	node	192.168.65.137	2 核心	2 GB	30 GB

1. 配置安装环境

步骤 1　以管理员身份登录两个节点的 CentOS 操作系统，在 Master 节点的命令行终端中，执行以下命令将主机名修改为 master。使用相同的方法，将 Node 节点的主机名修改为 node。

```
[root@localhost ~]# hostnamectl set-hostname master
[root@localhost ~]# bash
[root@master ~]#
```

步骤 2 在 Master 节点中使用文本编辑器 Vim 打开“/etc/hosts”文件，添加以下配置以修改域名解析文件。使用相同的方法修改 Node 节点的域名解析文件。

```
[root@master ~]# vim /etc/hosts
192.168.65.136 master
192.168.65.137 node
```

步骤 3 在 Master 节点中执行以下命令生成密钥文件（在提示中一直按“Enter”键）。

```
[root@master ~]# ssh-keygen
Generating public/private rsa key pair.
Enter file in which to save the key (/root/.ssh/id_rsa):
Created directory '/root/.ssh'.
Enter passphrase (empty for no passphrase):
Enter same passphrase again:
Your identification has been saved in /root/.ssh/id_rsa.
Your public key has been saved in /root/.ssh/id_rsa.pub.
The key fingerprint is:
SHA256:hCQjlizXbFA1jSiOz7wcJZQZ5YEMaF40obfAh5Y3QkA root@master
The key's randomart image is:
+---[RSA 2048]----+
|*E*/Bo+o         |
|=o#+*=.o.        |
|o#.B. . .        |
|o.O +  .         |
| + +    S        |
|  =              |
| . o             |
|  o              |
|                 |
+----[SHA256]-----+
```

步骤 4 在 Master 节点中执行以下命令配置 Master 节点免密码登录 Node 节点，在复制密钥文件时须输入 Node 节点的 root 登录密码。

```
[root@master ~]# ssh-copy-id node
The authenticity of host 'node (192.168.65.135)' can't be established.
ECDSA key fingerprint is SHA256:ZuLY4FCgLNsk4ENmjl+64IRX2X2TfdFux3evLK36boc.
ECDSA key fingerprint is MD5:6d:ba:95:cf:6f:f2:9c:84:14:7a:dc:
```

```
12:0e:fd:71:cb.
    Are you sure you want to continue connecting (yes/no)? yes
    /usr/bin/ssh-copy-id: INFO: attempting to log in with the new
key(s), to filter out any that are already installed
    /usr/bin/ssh-copy-id: INFO: 1 key(s) remain to be installed --
if you are prompted now it is to install the new keys
    root@node's password:
    Number of key(s) added: 1
    Now try logging into the machine, with:   "ssh 'node'"
    and check to make sure that only the key(s) you wanted were added.
```

步骤 5 在 Node 节点中执行以下命令生成密钥文件，并配置 Node 节点免密码登录 Master 节点，在复制密钥文件时须输入 Master 节点的 root 登录密码。

```
[root@node ~]# ssh-keygen
[root@node ~]# ssh-copy-id master
```

步骤 6 在 Master 节点中执行以下命令关闭交换分区，并使用文本编辑器 Vim 打开“/etc/fstab”文件，注释文件中包含交换分区（swap）的行，如图 7-2 所示。

```
[root@master ~]# swapoff -a
[root@master ~]# vim /etc/fstab
```

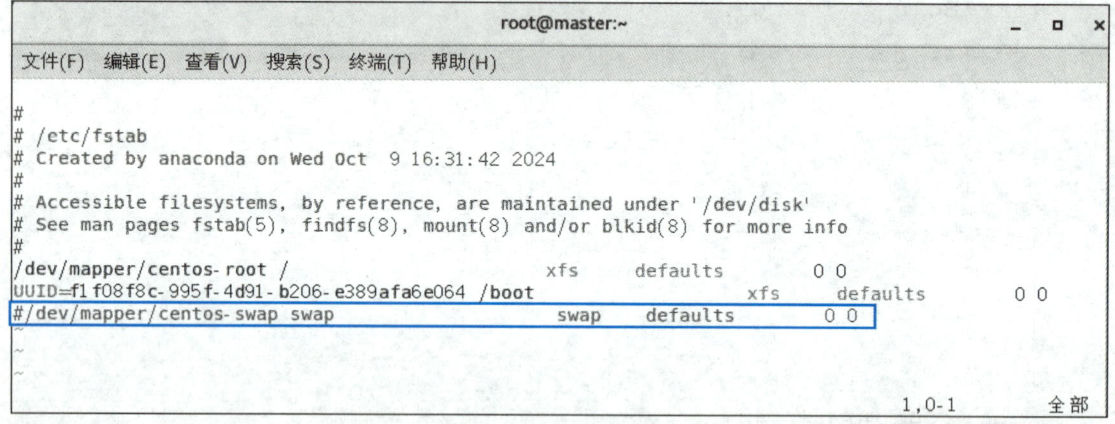

图 7-2 关闭交换分区

高手点拨

在配置安装环境时，不仅需要在 Master 节点中进行配置，还需要在 Node 节点中按照步骤 6～步骤 13 的操作进行相应配置，此处不再赘述。

步骤 7 在 Master 节点中执行以下命令加载 br_netfilter 内核模块，并验证该模块是否加载成功。

```
[root@master ~]# modprobe br_netfilter
[root@master ~]# lsmod | grep br_netfilter
br_netfilter          22256  0
bridge               155432  1 br_netfilter
```

步骤 8 在 Master 节点中使用文本编辑器 Vim 打开“/etc/sysctl.d/k8s.conf”文件，配置集群网络参数，并应用配置的参数。

```
[root@master ~]# vim /etc/sysctl.d/k8s.conf
net.ipv4.ip_forward = 1
net.bridge.bridge-nf-call-ip6tables = 1
net.bridge.bridge-nf-call-iptables = 1
[root@master ~]# sysctl -p /etc/sysctl.d/k8s.conf
net.ipv4.ip_forward = 1
net.bridge.bridge-nf-call-ip6tables = 1
net.bridge.bridge-nf-call-iptables = 1
```

步骤 9 在 Master 节点中使用文本编辑器 Vim 打开“/etc/sysctl.conf”文件，配置系统内核参数，并应用配置的参数，以确保系统重启后这些设置仍然有效。

```
[root@master ~]# vim /etc/sysctl.conf
net.bridge.bridge-nf-call-ip6tables = 1
net.bridge.bridge-nf-call-iptables = 1
[root@master ~]# sysctl -p
net.bridge.bridge-nf-call-ip6tables = 1
net.bridge.bridge-nf-call-iptables = 1
```

步骤 10 在 Master 节点中使用文本编辑器 Vim 打开“/etc/yum.repos.d/kubernetes.repo”文件，配置 Kubernetes 的 YUM 仓库。

```
[root@master ~]# vim /etc/yum.repos.d/kubernetes.repo
[kubernetes]
name=Kubernetes
baseurl=https://mirrors.aliyun.com/kubernetes/yum/repos/kube
rnetes-el7-x86_64/
enabled=1
gpgcheck=0
```

步骤 11 在 Master 节点中执行以下命令安装基础软件包。

```
[root@master ~]# yum install -y yum-utils
device-mapper-persistent-data lvm2 wget net-tools nfs-utils
lrzsz gcc gcc-c++ make cmake libxml2-devel openssl-devel curl
curl-devel unzip sudo ntp libaio-devel wget vim ncurses-devel
```

```
autoconf  automake  zlidevel  python-devel  epel-release
openssh-server socat ipvsadm conntrack ntpdate telnetb
    已加载插件: fastestmirror, langpacks
    Loading mirror speeds from cached hostfile
     * base: mirrors.aliyun.com
     * epel: d2lzkl7pfhq30w.cloudfront.net
     * extras: mirrors.aliyun.com
     * updates: mirrors.aliyun.com
    kubernetes                              | 1.4 kB  00:00:00
    ...
    完毕!
```

步骤 12　在 Master 节点中使用文本编辑器 Vim 打开“/etc/docker/daemon.json”文件，将 cgroupdriver 设置为 systemd。

```
    [root@master ~]# vim /etc/docker/daemon.json
    {
      "registry-mirrors": ["https://12d3a42a61bd4bbcbd2578e
c4cb58f1e.mirror.swr.myhuaweicloud.com"],
      "exec-opts": ["native.cgroupdriver=systemd"]
    }
```

步骤 13　在 Master 节点中执行以下命令重新加载配置文件，并重启 Docker 服务。

```
    [root@master ~]# systemctl  daemon-reload
    [root@master ~]# systemctl restart docker
```

2．安装 Kubernetes 组件

步骤 1　将“k8s-images-v1.23.1.tar.gz”文件上传到两个节点的“/root/”目录下。

步骤 2　在 Master 节点中执行以下命令将“k8s-images-v1.23.1.tar.gz”文件中的镜像导入到本地。

```
    [root@master ~]# docker load -i K8s-images-v1.23.1.tar.gz
    ...
    Loaded image: calico/cni:v3.18.0
    ...
    Loaded image: calico/kube-controllers:v3.18.0
    ...
    Loaded image: registry.aliyuncs.com/google_containers/
kube-apiserver:v1.23.1
    ...
    Loaded image: registry.aliyuncs.com/google_containers/
```

```
kube-controller-manager:v1.23.1
   ...
   Loaded image: registry.aliyuncs.com/google_containers/
etcd:3.5.1-0
   ...
   Loaded image: calico/pod2daemon-flexvol:v3.18.0
   ...
   Loaded image: calico/node:v3.18.0
   ...
   Loaded image: registry.aliyuncs.com/google_containers/
kube-proxy:v1.23.1
   ...
   Loaded image: registry.aliyuncs.com/google_containers/
kube-scheduler:v1.23.1
   ...
   Loaded image: registry.aliyuncs.com/google_containers/
coredns:v1.8.6
   ...
   Loaded image: registry.aliyuncs.com/google_containers/
pause:3.6
```

高手点拨

Node 节点也需要安装 Kubernetes 组件，在 Node 节点中按照步骤 2～步骤 6 的操作进行相应配置，此处不再赘述。

步骤 3　在 Master 节点中执行以下命令安装 kubelet、kubeadm 和 kubectl 组件。

```
   [root@master ~]# yum install -y kubelet-1.23.1 kubeadm-1.23.1
kubectl-1.23.1
   已加载插件：fastestmirror, langpacks
   Loading mirror speeds from cached hostfile
    * base: mirrors.aliyun.com
    * epel: d2lzkl7pfhq30w.cloudfront.net
    * extras: mirrors.aliyun.com
    * updates: mirrors.aliyun.com
   正在解决依赖关系
```

```
--> 正在检查事务
---> 软件包 kubeadm.x86_64.0.1.23.1-0 将被 安装
...
已安装:
  kubeadm.x86_64  0:1.23.1-0      kubectl.x86_64  0:1.23.1-0
kubelet.x86_64 0:1.23.1-0
作为依赖被安装:
  cri-tools.x86_64 0:1.26.0-0         kubernetes-cni.x86_64
0:1.2.0-0
完毕!
```

步骤 4 在 Master 节点中执行以下命令启动 kubelet 并设置开机自动启动。

```
[root@master ~]# systemctl enable kubelet && systemctl
restart kubelet
Created symlink from /etc/systemd/system/multi-user.target.
wants/kubelet.service to /usr/lib/systemd/system/kubelet.service.
```

步骤 5 在 Master 节点中执行以下命令加载 IPVS 相关的内核模块。

```
[root@master ~]# modprobe ip_vs
[root@master ~]# modprobe ip_vs_rr
[root@master ~]# modprobe ip_vs_wrr
[root@master ~]# modprobe ip_vs_sh
[root@master ~]# modprobe nf_conntrack_ipv4
```

步骤 6 在 Master 节点中执行以下命令查看内核模块是否加载成功。

```
[root@master ~]# lsmod | grep ip_vs
ip_vs_sh               12688  0
ip_vs_wrr              12697  0
ip_vs_rr               12600  0
ip_vs                 145458  6 ip_vs_rr,ip_vs_sh,ip_vs_wrr
nf_conntrack                                         143411      7
ip_vs,nf_nat,nf_nat_ipv4,xt_conntrack,nf_nat_masquerade_ipv4,nf
_conntrack_netlink,nf_conntrack_ipv4
libcrc32c              12644  4 xfs,ip_vs,nf_nat,nf_conntrack
```

3. 部署 Kubernetes 集群

步骤 1 在 Master 节点中执行以下命令使用 kubeadm 工具初始化 Kubernetes 集群。

```
[root@master ~]# kubeadm init --kubernetes-version=v1.23.1
--image-repository registry.aliyuncs.com/google_containers
--apiserver-advertise-address=192.168.65.136 --pod-network-
```

```
cidr=10.244.0.0/16 --ignore-preflight-errors=SystemVerification
  ...
  Your Kubernetes control-plane has initialized successfully!
  To start using your cluster, you need to run the following as
a regular user:
    mkdir -p $HOME/.kube
    sudo cp -i /etc/kubernetes/admin.conf $HOME/.kube/config
    sudo chown $(id -u):$(id -g) $HOME/.kube/config
  Alternatively, if you are the root user, you can run:
    export KUBECONFIG=/etc/kubernetes/admin.conf
  You should now deploy a pod network to the cluster.
  Run "kubectl apply -f [podnetwork].yaml" with one of the options
listed at:
    https://kubernetes.io/docs/concepts/cluster-administration/
addons/
  Then you can join any number of worker nodes by running the
following on each as root:
  kubeadm        join          192.168.65.136:6443         --token
97gq5z.50tqxcmg1uhxmrbu \
     --discovery-token-ca-cert-hash sha256:2d4d05f3f9958107ba4
4762201332d4c9b25503f5869c2c3190f070cedfd7cec
```

从结果中可以看出，Kubernetes 集群已经成功初始化。

步骤 2 在 Master 节点中执行以下命令设置 kubectl 的配置文件，以便普通用户可以使用 kubectl 管理 Kubernetes 集群。

```
  [root@master ~]# mkdir -p $HOME/.kube
  [root@master   ~]#   sudo   cp   -i   /etc/kubernetes/admin.conf
$HOME/.kube/config
  [root@master    ~]#    sudo    chown    $(id    -u):$(id    -g)
$HOME/.kube/config
```

步骤 3 在 Master 节点中执行以下命令查看集群中的各组件及其状态。

```
  [root@master ~]# kubectl  get cs
  Warning: v1 ComponentStatus is deprecated in v1.19+
  NAME                 STATUS    MESSAGE    ERROR
  controller-manager   Healthy   ok
  scheduler            Healthy   ok
  etcd-0               Healthy   {"health":"true","reason":""}
```

从结果中可以看出，Kubernetes 组件的状态均为“Healthy”（健康的），这说明集群的运行环境是比较稳定的。

步骤 4 在 Master 节点中执行以下命令获取 Node 节点加入 Kubernetes 集群的令牌。

```
[root@master ~]# kubeadm token create --print-join-command
kubeadm    join    192.168.65.136:6443    --token
97gq5z.50tqxcmg1uhxmrbu \
> --discovery-token-ca-cert-hash sha256:2d4d05f3f9958107ba
44762201332d4c9b25503f5869c2c3190f070cedfd7cec
```

步骤 5 在 Node 节点中执行以下命令将 Node 节点加入到 Kubernetes 集群中。

```
[root@node  ~]#  kubeadm  join  192.168.65.136:6443  --token
97gq5z.50tqxcmg1uhxmrbu \
> --discovery-token-ca-cert-hash sha256:2d4d05f3f9958107ba
44762201332d4c9b25503f5869c2c3190f070cedfd7cec
[preflight] Running pre-flight checks
...
This node has joined the cluster:
* Certificate signing request was sent to apiserver and a
response was received.
* The Kubelet was informed of the new secure connection details.
Run 'kubectl get nodes' on the control-plane to see this node
join the cluster.
```

步骤 6 在 Master 节点中执行以下命令查看 Kubernetes 集群中的节点。

```
[root@master ~]# kubectl  get nodes
NAME     STATUS     ROLES                  AGE     VERSION
master   NotReady   control-plane,master   49m     v1.23.1
node     NotReady   <none>                 7m39s   v1.23.1
```

从结果中可以看出，Kubernetes 集群中已经有两个节点了，但两个节点都处于 NotReady 状态，这是因为还没有安装网络。

步骤 7 将“calico.yaml”文件上传到 Master 节点的“/root/”目录下。

步骤 8 在 Master 节点中执行以下命令安装 calico 组件。

```
[root@master ~]# kubectl apply -f calico.yaml
configmap/calico-config created
customresourcedefinition.apiextensions.k8s.io/bgpconfigurat
ions.crd.projectcalico.org created
...
poddisruptionbudget.policy/calico-kube-controllers created
```

步骤 9 在 Master 节点中执行以下命令查看 Kubernetes 集群中的节点。

```
[root@master ~]# kubectl get nodes
NAME     STATUS   ROLES                  AGE   VERSION
master   Ready    control-plane,master   80m   v1.23.1
node     Ready    <none>                 38m   v1.23.1
```

从结果中可以看出，Kubernetes 集群中的两个节点都处于 Ready 状态。

步骤 10 在 Master 节点中执行以下命令查看 Kubernetes 集群中所有命名空间下的 pod。

```
[root@master ~]# kubectl get pods -A
NAMESPACE     NAME                                       READY   STATUS    RESTARTS   AGE
kube-system   calico-kube-controllers-677cd97c8d-wcvnt   1/1
Running   1 (68s ago)   93s
kube-system   calico-node-8v999     1/1     Running   0     93s
kube-system   calico-node-q6tkx     1/1     Running   0     93s
kube-system   coredns-6d8c4cb4d-8zdv4                  1/1
Running   0             7m34s
kube-system   coredns-6d8c4cb4d-bxwd6                  1/1
Running   0             7m34s
kube-system   etcd-master           1/1     Running   0     7m49s
kube-system   kube-apiserver-master                    1/1
Running   0             7m49s
kube-system   kube-controller-manager-master           1/1
Running   0             7m49s
kube-system   kube-proxy-x5sbx      1/1     Running   0     5m42s
kube-system   kube-proxy-zl2r2      1/1     Running   0     7m34s
kube-system   kube-scheduler-master                    1/1
Running   0             7m49s
```

知识加油站

在 Kubernetes 中，命名空间（namespace）是一种将集群资源（如 pod、service）进行分组和隔离的机制。每个命名空间都是一个隔离的环境，拥有自己的资源和服务发现机制。

Kubernetes 默认创建 kube-system 和 default 两个命名空间。Kubernetes 集群组件默认放置在 kube-system 命名空间中；当创建一个 Kubernetes 资源但没有指定命名空间时，这个资源会被放置在 default 命名空间中。

任务二　部署 Kubernetes 集群服务

任务描述

小旌在部署 Kubernetes 集群后，准备使用 Kubectl 命令行工具部署 Kubernetes 集群服务。于是，他决定学习集群服务的创建和管理方法，着手部署并测试 mysql tomcat 服务。

任务准备

全班同学以 5～6 人为一组进行分组，各组选出小组长，小组长组织组内成员扫码观看视频，了解 Docker Swarm 集群与 Kubernetes 集群的比较，讨论并回答下列问题。

Docker Swarm 集群与 Kubernetes 集群的比较

问题 1：Docker Swarm 集群与 Kubernetes 集群都是__________管理工具，它们允许用户在多台主机上部署和管理容器化应用程序。

问题 2：比较 Docker Swarm 集群与 Kubernetes 集群的不同。

一、pod 的创建与管理

1. 创建 pod

（1）kubectl run 命令可基于命令行创建 pod，其格式如下。

```
kubectl run 名称 --image=镜像 [选项]
```

其中，名称表示创建的 pod 名称；“--image=镜像”表示创建容器所使用的镜像；常用选项如表 7-5 所示。

表 7-5　kubectl run 命令中常用选项的含义

选　项	含　义	选　项	含　义
--env=[]	设置容器的环境变量	--port	指定容器暴露的端口

【例 7-1】　基于 nginx 镜像创建名为 pod-nginx 的 pod。

```
[root@master ~]# kubectl run pod-nginx --image=nginx
pod/pod-nginx created
```

（2）kubectl create 命令可基于 YAML 文件创建 pod，其格式如下。

```
kubectl create [选项]
```

其中，常用选项的含义如表 7-6 所示。

表 7-6 kubectl create 命令中常用选项的含义

选 项	含 义	选 项	含 义
--validate=true	指定在发送前对输入进行校验	-o、--output=""	指定输出格式
-f、--filename=[]	指定创建资源的 YAML 文件所在的路径或 URL		

知识加油站

定义 pod 的 YAML 文件必须包含 4 个属性：apiVersion（API 版本）、kind（资源类型）、metadata（元数据）、spec（规范）。

【例 7-2】 创建 YAML 文件“my-pod.yaml”，并基于“my-pod.yaml”文件创建 pod。YAML 文件中定义了名为 my-pod 的 pod，且 pod 中包含一个基于 nginx 镜像的容器 my-container。

```
[root@master ~]# vim my-pod.yaml
apiVersion: v1
kind: Pod
metadata:
  name: my-pod
  namespace: default
spec:
  containers:
  - name: my-container
    image: nginx:latest
    ports:
    - containerPort: 80
[root@master ~]# kubectl create -f my-pod.yaml
pod/my-pod created
```

2. 管理 pod

在 Kubernetes 中管理 pod 的常用命令如表 7-7 所示。

表 7-7　管理 pod 的常用命令

命　令	含　义
kubectl get pods	查看 pod 列表
kubectl describe pods	显示 pod 的详细信息
kubectl cordon	标记节点为不可调度状态
kubectl drain	安全地迁移节点的所有 pod，以进入维护模式
kubectl scale	伸缩 pod 的副本数量
kubectl logs	查看 pod 中某个容器的日志
kubectl delete pods	删除 pod

【例 7-3】　查看集群中的 pod 列表，并查看 my-pod 的详细信息，最后删除 pod-nginx 和 my-pod。

```
# 查看集群中的 pod 列表
[root@master ~]# kubectl get pods
NAME          READY   STATUS     RESTARTS   AGE
my-pod         1/1    Running     0          6m30s
pod-nginx       1/1    Running     0          11m
# 查看 my-pod 的详细信息
[root@master ~]# kubectl describe pods my-pod
Name:              my-pod
Namespace:         default
Priority:          0
Node:              node/192.168.65.135
...
Events:
  Type     Reason     Age     From                  Message
  ----    ------    ----    ----                  -------
  Normal   Scheduled  4m10s   default-scheduler   Successfully
assigned default/my-pod to node
  Normal  Pulling  4m8s  kubelet  Pulling image "nginx:latest"
  Normal  Pulled   4m6s  kubelet   Successfully pulled image
"nginx:latest" in 1.541592581s
  Normal  Created  4m6s  kubelet  Created container my-container
  Normal  Started  4m6s  kubelet  Started container my-container
# 删除 pod
```

```
[root@master ~]# kubectl delete pod pod-nginx my-pod
pod "pod-nginx" deleted
pod "my-pod" deleted
```

二、service 的创建与管理

1. 创建 service

kubectl create 命令可以基于 YAML 文件创建 service，其格式如下。

```
kubectl create -f 文件名
```

其中，文件名表示 YAML 文件的路径或 URL。

kubectl create 命令还可以直接指定参数创建 service，其格式如下。

```
kubectl create service 服务名 [选项]
```

2. 管理 service

在 Kubernetes 中管理 service 的常用命令如表 7-8 所示。

表 7-8　管理 service 的常用命令

命　令	含　义
kubectl get services	查看服务列表
kubectl describe service	显示服务的详细信息
kubectl logs	查看服务日志
kubectl delete service	删除服务

素养之窗

浪潮云是浪潮集团有限公司旗下的云计算品牌，具备“系统智能、生态化运营、安全可信赖”三大核心优势，是中国行业云的引领者。

浪潮云容器引擎 ICE（inspur cloud engine）是浪潮云面向应用的容器管理平台，提供高性能、可扩展的 Kubernetes 集群，支持企业级容器化应用程序的全生命周期管理。ICE 深度整合了 Docker 和服务网格技术，支持容器应用程序的故障自愈、升级回滚、灰度发布及微服务治理等功能。目前，浪潮云被广泛应用于云数据中心管理、云服务大数据处理、智慧城市应用、智慧企业转型等领域。

任务实施——部署 MySQL+Tomcat 服务

部署 MySQL+Tomcat 服务

Tomcat 的全称为 Apache Tomcat，它是一个开源的 Web 应用服务器，主要用于开发和部署 Java Web 应用程序。作为 Web 服务器，Tomcat 能够接收客户端发送的 HTTP 请求，并将处理结果返回给客户端。

本任务将在 Kubernetes 集群中（集群中的所有节点已处于开机状态）使用 kubectl 命令部署 MySQL+Tomcat 服务。

1. 创建 MySQL 服务

步骤 1 以管理员身份登录 Master 节点，打开命令行终端，执行以下命令创建“/root/mysql-tomcat”目录，并切换到该目录下。

```
[root@master ~]# mkdir /root/mysql-tomcat
[root@master ~]# cd /root/mysql-tomcat/
```

步骤 2 执行以下命令创建名为 mysql-tomcat 的命名空间，并查看集群中的命名空间。

```
[root@master mysql-tomcat]# kubectl create namespace mysql-tomcat
namespace/mysql-tomcat created
[root@master mysql-tomcat]# kubectl get ns
NAME              STATUS   AGE
default           Active   37m
kube-node-lease   Active   37m
kube-public       Active   37m
kube-system       Active   37m
mysql-tomcat      Active   10s
```

步骤 3 使用文本编辑器 Vim 创建并编辑“mysql.yaml”文件，定义 replicationcontroller 用于管理 MySQL 数据库的 pod，编辑完成后保存文件并退出。

```
[root@master mysql-tomcat]# vim mysql.yaml
apiVersion: v1
kind: ReplicationController
metadata:
  name: mysql
  namespace: mysql-tomcat
spec:
  replicas: 1                                # pod 的副本数量为 1
  selector:
```

```
    app: mysql
  template:
    metadata:
      labels:
        app: mysql
    spec:
      containers:
        - name: mysql
          image: mysql:5.7
          ports:
            - containerPort: 3306
          env:                                  # 容器中的环境变量
            - name: MYSQL_ROOT_PASSWORD   # 设置数据库密码
              value: '123456'
```

高手点拨

> replicationcontroller 资源对象用于创建或删除 pod，以保证运行中的 pod 数量符合 YAML 文件中期待的数量。

步骤 4 执行以下命令基于“mysql.yaml”文件创建 pod，并查看 mysql-tomcat 命名空间中的 pod。

```
[root@master mysql-tomcat]# kubectl create -f mysql.yaml
replicationcontroller/mysql created
[root@master mysql-tomcat]# kubectl get pods -n mysql-tomcat
NAME          READY   STATUS    RESTARTS   AGE
mysql-vvd2x   1/1     Running   0          30s
```

步骤 5 使用文本编辑器 Vim 创建并编辑“mysql-svc.yaml”文件，编辑完成后保存文件并退出。

```
[root@master mysql-tomcat]# vim mysql-svc.yaml
apiVersion: v1
kind: Service
metadata:
  name: mysql
  namespace: mysql-tomcat
spec:
```

```
  ports:                    # 对外暴露的端口
    - port: 3306            # 指定 3 306 端口
  selector:
    app: mysql
```

步骤 6 执行以下命令基于“mysql-svc.yaml”文件创建 mysql 服务，并查看 mysql-tomcat 命名空间中的服务。

```
[root@master mysql-tomcat]# kubectl create -f mysql-svc.yaml
service/mysql created
[root@master mysql-tomcat]# kubectl get svc -n mysql-tomcat
NAME    TYPE        CLUSTER-IP     EXTERNAL-IP   PORT(S)    AGE
mysql   ClusterIP   10.105.13.25   <none>        3306/TCP   55s
```

2. 创建 Tomcat 服务

步骤 1 执行以下命令拉取 kubeguide/tomcat-app:v1 镜像。

```
[root@master mysql-tomcat]# docker pull kubeguide/tomcat-app:v1
v1: Pulling from kubeguide/tomcat-app
51f5c6a04d83: Pull complete
...
Digest: sha256:7a9193c2e5c6c74b4ad49a8abbf75373d4ab76c8f8
db87672dc526b96ac69ac4
Status: Downloaded newer image for kubeguide/tomcat-app:v1
docker.io/kubeguide/tomcat-app:v1
```

步骤 2 使用文本编辑器 Vim 创建并编辑“tomcat.yaml”文件，编辑完成后保存文件并退出。

```
[root@master mysql-tomcat]# vim tomcat.yaml
apiVersion: v1
kind: ReplicationController
metadata:
  name: tomcat
  namespace: mysql-tomcat
spec:
  replicas: 1                       # 创建一个 pod 副本
  selector:
    app: tomcat
  template:
    metadata:
      labels:
```

```
        app: tomcat
    spec:
      containers:
        - name: tomcat
          image: kubeguide/tomcat-app:v1
          ports:
            - containerPort: 8080 # 容器暴露的端口为 8 080 端口
          env:                    # 环境变量
            - name: MYSQL_SERVICE_HOST
              value: 'mysql'
            - name: MYSQL_SERVICE_PORT # 通过环境变量指定服务的端口
              value: '3306'
```

步骤 3 执行以下命令基于“tomcat.yaml”文件创建 pod，并查看 mysql-tomcat 命名空间中的 pod。

```
[root@master mysql-tomcat]# kubectl create -f tomcat.yaml
replicationcontroller/tomcat created
[root@master mysql-tomcat]# kubectl get pods -n mysql-tomcat
NAME           READY   STATUS    RESTARTS   AGE
mysql-vvd2x    1/1     Running   0          14m
tomcat-wq7b4   1/1     Running   0          2m54s
```

步骤 4 使用文本编辑器 Vim 创建并编辑“tomcat-svc.yaml”文件，编辑完成后保存文件并退出。

```
[root@master mysql-tomcat]# vim tomcat-svc.yaml
apiVersion: v1
kind: Service
metadata:
  name: tomcat
  namespace: mysql-tomcat
spec:
  type: NodePort          # 使用 NodePort 开启外网访问模式
  ports:
    - port: 8080          # myweb 服务在集群中暴露 8 080 端口
      nodePort: 30002     # 开放节点的 30 002 端口，用于外网连接
  selector:
    app: tomcat
```

步骤 5 执行以下命令基于“tomcat-svc.yaml”文件创建 tomcat 服务，并查看 mysql-tomcat 命名空间中的服务。

```
[root@master mysql-tomcat]# kubectl apply -f tomcat-svc.yaml
service/tomcat created
[root@master mysql-tomcat]# kubectl get svc -n mysql-tomcat
NAME     TYPE       CLUSTER-IP     EXTERNAL-IP   PORT(S)         AGE
mysql    ClusterIP  10.105.13.25   <none>        3306/TCP        15m
tomcat   NodePort   10.107.13.186  <none>        8080:30002/TCP  60s
```

3. 测试 MySQL＋Tomcat 服务

步骤 1 打开浏览器访问地址“http://192.168.65.136:30002”（“192.168.65.136”为宿主机的 IP 地址），打开 Tomcat 首页，如图 7-3 所示。

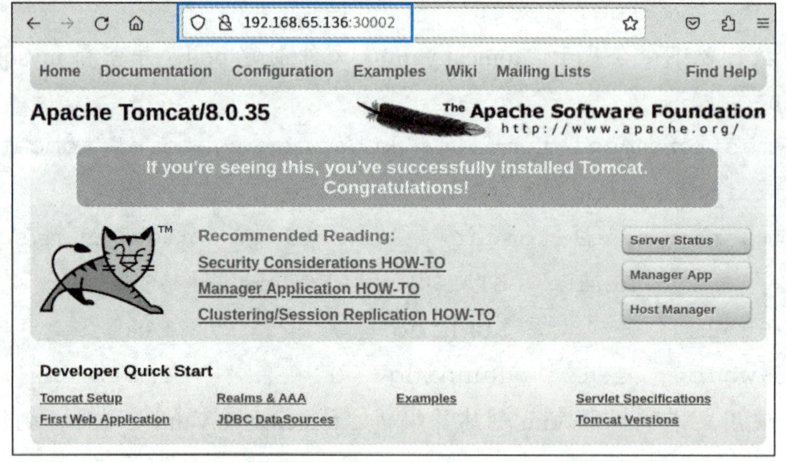

图 7-3 Tomcat 首页

步骤 2 在浏览器地址栏中修改访问地址为“http://192.168.65.136:30002/demo”，打开 MySQL 数据库服务界面，单击“Add”按钮，如图 7-4 所示。

192.168.65.136:30002/demo/

Congratulations!!

Add...

Name	Level(Score)
google	100
docker	100
teacher	100
HPE	100
our team	100
me	100

图 7-4 MySQL 数据库服务界面

步骤 3 在打开的界面中，输入要添加的数据，并单击“Submit”按钮提交数据，如图 7-5 所示。

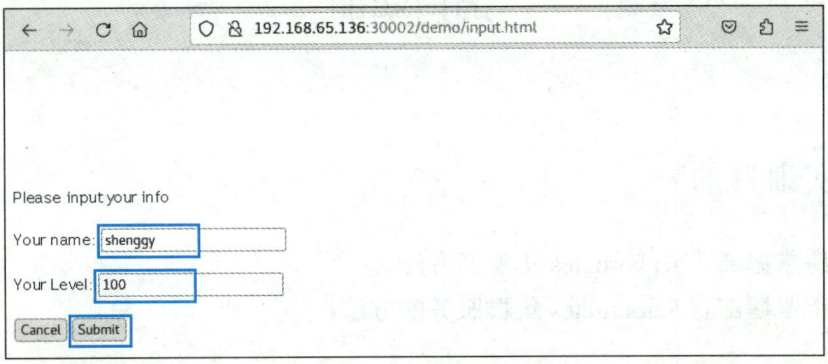

图 7-5 添加数据

步骤 4 在打开的界面中，显示数据已添加成功，单击“return”按钮，如图 7-6 所示。返回 MySQL 数据库服务界面，添加的数据已经成功更新到表单中，如图 7-7 所示。

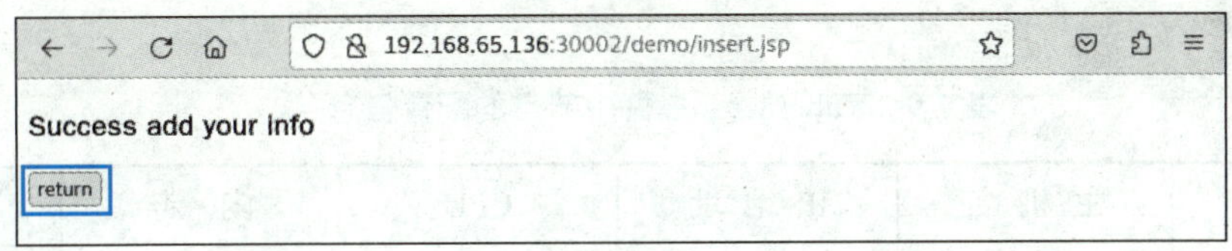

图 7-6 数据添加成功

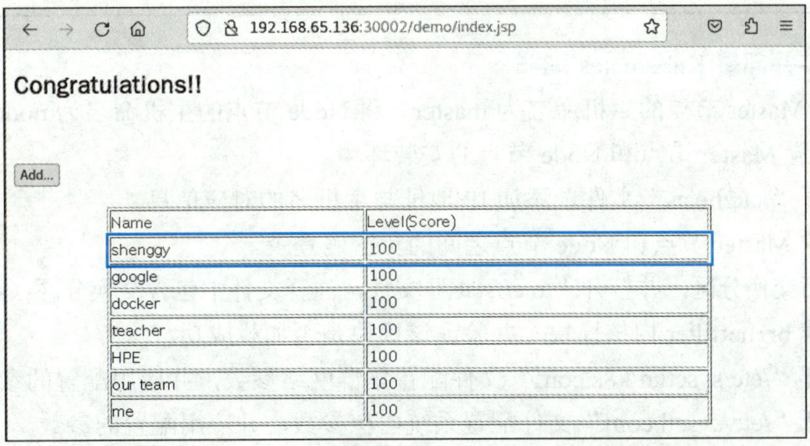

Congratulations!!

Name	Level(Score)
shenggy	100
google	100
docker	100
teacher	100
HPE	100
our team	100
me	100

图 7-7 数据成功添加到表单

项目实训

一、实训目的

（1）熟练掌握部署 Kubernetes 集群的方法。

（2）熟练掌握部署 Kubernetes 集群服务的方法。

二、实训内容

本实训将部署具有两个节点的 Kubernetes 集群，其中一个节点作为 Master 节点，另一个节点作为 Node 节点，两个节点的配置信息如表 7-9 所示，且两个节点均已安装 Docker。

表 7-9　Kubernetes 集群中节点的配置信息（2）

角　色	主 机 名	IP 地 址	CPU	内　存	硬　盘
Master 节点	master	192.168.65.138	2 核心	4 GB	30 GB
Node 节点	node	192.168.65.139	2 核心	2 GB	30 GB

1. 安装并部署 Kubernetes 集群

（1）将 Master 节点的主机命名为 master，将 Node 节点的主机命名为 node。

（2）配置 Master 节点和 Node 节点的安装环境。

① 打开“/etc/hosts”文件，添加 IP 地址与主机名的对应信息。

② 配置 Master 节点和 Node 节点之间的免密码登录。

③ 关闭交换分区，并打开“/etc/fstab”文件，注释文件中包含交换分区（swap）的行。

④ 加载 br_netfilter 内核模块，并验证该模块是否加载成功。

⑤ 打开“/etc/sysctl.d/k8s.conf”文件配置集群网络参数，并应用配置的参数。

⑥ 打开“/etc/sysctl.conf”文件配置系统内核参数，并应用配置的参数。

⑦ 打开“/etc/yum.repos.d/kubernetes.repo”文件，配置 Kubernetes 的 YUM 仓库。

⑧ 使用 YUM 命令安装基础软件包。

⑨ 打开“/etc/docker/daemon.json”文件，将 cgroupdriver 设置为 systemd。

⑩ 重新加载配置文件，并重启 Docker 服务。

（3）在 Master 节点和 Node 节点中将“k8s-images-v1.23.1.tar.gz”文件中的镜像导入到本地，然后安装 kubelet、kubeadm 和 kubectl 组件，启动 kubelet 并设置开机自动启动，

最后加载 IPVS 相关的内核模块，并查看内核模块是否加载成功。

（4）在 Master 节点中使用 kubeadm 工具初始化 Kubernetes 集群，并设置 kubectl 的配置文件，以便用户可以使用 kubectl 管理 Kubernetes 集群，最后查看集群中的各组件及其状态。

（5）将 Node 节点加入到 Kubernetes 集群，并在 Master 节点中查看 Kubernetes 集群中的节点。

（6）在 Master 节点中安装 calico 组件，并在 Master 节点中查看 Kubernetes 集群中的节点和所有命名空间下的 pod。

若已安装并部署 Kubernetes 集群，则可跳过此部分实训。

2. 部署与管理 Kubernetes 集群服务

（1）创建“nginx-k8s”目录，并切换到该目录下。

（2）创建名为 nginx-k8s 的命名空间，并查看集群中的命名空间。

（3）创建并编辑“nginx.yaml”文件，设置 replicationcontroller 为 nginx，命名空间为 nginx-k8s，副本数量为 1，容器命名为 nginx（基于 nginx:latest 镜像）。

（4）基于“nginx.yaml”文件创建 pod，并查看 nginx-k8s 命名空间中的 pod。

（5）创建并编辑“nginx-svc.yaml”文件，将服务命名为 nginx，并设置访问端口为 80。

（6）基于“nginx-svc.yaml”文件创建 nginx 服务，并查看 nginx-k8s 命名空间中的服务。

（7）使用 curl 命令访问 Kubernetes 集群中的 nginx 服务。

三、实训小结

按要求完成实训内容，并将实训过程中遇到的问题和解决办法记录在表 7-10 中。

表 7-10 实训过程

序 号	主要问题	解决办法
1		
2		
3		

项目总结

完成本项目的学习与实践后，总结应掌握的知识点，并将思维导图（见图 7-8）填写完整。

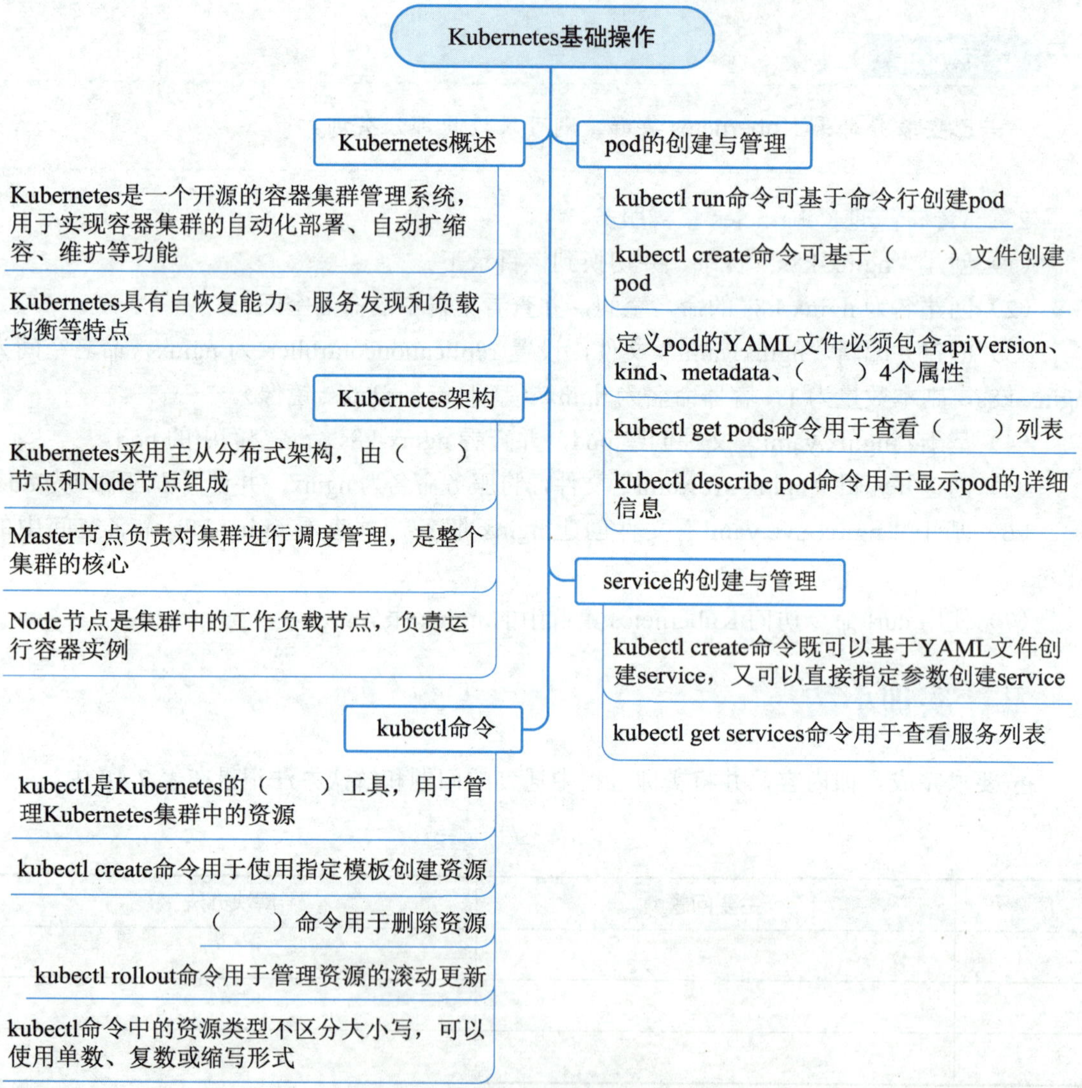

Kubernetes基础操作

- Kubernetes概述
  - Kubernetes是一个开源的容器集群管理系统，用于实现容器集群的自动化部署、自动扩缩容、维护等功能
  - Kubernetes具有自恢复能力、服务发现和负载均衡等特点
- Kubernetes架构
  - Kubernetes采用主从分布式架构，由（　　）节点和Node节点组成
  - Master节点负责对集群进行调度管理，是整个集群的核心
  - Node节点是集群中的工作负载节点，负责运行容器实例
- kubectl命令
  - kubectl是Kubernetes的（　　）工具，用于管理Kubernetes集群中的资源
  - kubectl create命令用于使用指定模板创建资源
  - （　　）命令用于删除资源
  - kubectl rollout命令用于管理资源的滚动更新
  - kubectl命令中的资源类型不区分大小写，可以使用单数、复数或缩写形式
- pod的创建与管理
  - kubectl run命令可基于命令行创建pod
  - kubectl create命令可基于（　　）文件创建pod
  - 定义pod的YAML文件必须包含apiVersion、kind、metadata、（　　）4个属性
  - kubectl get pods命令用于查看（　　）列表
  - kubectl describe pod命令用于显示pod的详细信息
- service的创建与管理
  - kubectl create命令既可以基于YAML文件创建service，又可以直接指定参数创建service
  - kubectl get services命令用于查看服务列表

图 7-8　项目总结

项目考核

一、选择题

（1）在下列关于 Kubernetes 的描述中，错误的是（　　）。

A．Kubernetes 以 Docker 容器技术为基础

B．Kubernetes 无法管理容器的生命周期

C．Kubernetes 提供跨节点的服务发现和负载均衡

D．Kubernetes 能够根据应用程序的负载情况自动调整 pod 的数量

（2）在下列选项中，（　　）是 Kubernetes 集群中 Node 节点的组件。

A．kube-apiserver　　B．etcd

C．kube-proxy　　D．kube-scheduler

（3）（　　）命令用于查看集群中的 pod 列表。

A．kubectl get pods　　B．kubectl list pods

C．kubectl describe pods　　D．kubectl delete pods

（4）（　　）命令用于连接到一个正在运行的容器。

A．kubectl attach　　B．kubectl exec

C．kubectl apply　　D．kubectl link

（5）在下列关于 pod 的描述中，错误的是（　　）。

A．当 pod 中的某个容器停止时，Kubernetes 会自动检测并重启 pod

B．一个 pod 可以包含一个或多个容器

C．每个 pod 都有唯一的 IP 地址

D．同一个 pod 中的容器可以拥有不同的 IP 地址

二、填空题

（1）Kubernetes 的节点分为__________和__________。

（2）在 Kubernetes 中，__________是资源调度和管理的最小单位。

（3）Kubernetes 集群的__________组件负责为 service 提供集群内部的服务发现和负载均衡。

（4）__________命令用于查看集群中的服务列表。

三、简答题

（1）简述 Master 节点的主要组件。

（2）简述 pod 的创建方法。

项目评价

结合本项目的学习情况，完成项目评价并将评价结果填入表 7-11 中。

表 7-11　项目评价表

<table>
<tr><th rowspan="2">评价项目</th><th rowspan="2">评价内容</th><th colspan="4">评价分数</th></tr>
<tr><th>分值</th><th>自评</th><th>互评</th><th>师评</th></tr>
<tr><td rowspan="3">知识评价（30%）</td><td>是否了解 Kubernetes 及其特点</td><td>7 分</td><td></td><td></td><td></td></tr>
<tr><td>是否理解 Kubernetes 的架构及其核心组件</td><td>8 分</td><td></td><td></td><td></td></tr>
<tr><td>是否掌握 Kubectl 的常用命令</td><td>15 分</td><td></td><td></td><td></td></tr>
<tr><td rowspan="2">技能评价（40%）</td><td>是否能够部署 Kubernetes 集群</td><td>20 分</td><td></td><td></td><td></td></tr>
<tr><td>是否能够部署 Kubernetes 集群服务</td><td>20 分</td><td></td><td></td><td></td></tr>
<tr><td rowspan="4">素养评价（30%）</td><td>是否遵守课堂纪律，上课精神是否饱满</td><td>7 分</td><td></td><td></td><td></td></tr>
<tr><td>是否具有自主学习意识，做好课前准备</td><td>8 分</td><td></td><td></td><td></td></tr>
<tr><td>是否善于思考，积极参与，勇于提出问题</td><td>8 分</td><td></td><td></td><td></td></tr>
<tr><td>是否具有团队合作精神，出色完成小组任务</td><td>7 分</td><td></td><td></td><td></td></tr>
<tr><td rowspan="2">合　计</td><td>综合得分：________</td><td>100 分</td><td></td><td></td><td></td></tr>
<tr><td>综合等级：________</td><td colspan="4">指导老师签字：________</td></tr>
<tr><td>综合评价</td><td colspan="5">最突出的表现（创新或进步）：

还需改进的地方（不足或缺点）：</td></tr>
</table>

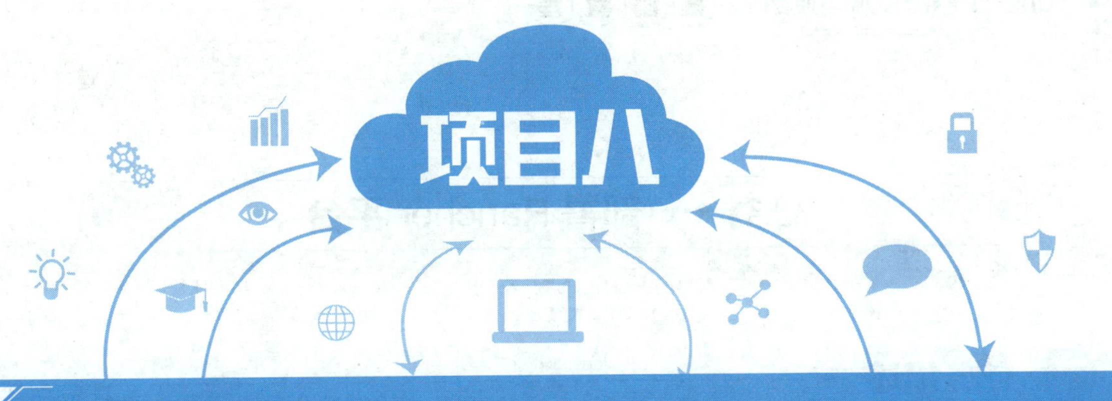

Docker 自动化部署

项目导读

在软件开发与运维的实践中，手动部署 Docker 容器服务的过程较为复杂，容易拖慢项目的整体进度。Rancher 平台提供了便捷的部署与管理容器的方法，用户无需从零开始搭建复杂的容器基础设施。同时，Jenkins 工具能够监控并执行重复性任务，为项目的持续集成提供有力支撑。通过 Rancher 和 Jenkins 可以实现 Docker 容器的自动化部署，并显著提升持续集成的效率。

知识目标

- 了解 Rancher 平台的功能及其组成。
- 理解持续集成的概念。
- 了解 Jenkins 的特点及 Jenkins 流水线。

能力目标

- 能够部署并使用 Rancher 平台。
- 能够部署并使用 Jenkins 工具。

素质目标

- 引导学生从多个角度思考问题，培养他们的创新思维和问题解决能力。
- 鼓励学生保持持续学习的态度，关注行业动态和技术发展，不断更新自己的知识体系。

任务一　部署 Rancher 平台

任务描述

小旌意识到，手动部署 Docker 容器服务颇为复杂且耗时，相比之下，Rancher 平台能够大幅度简化在各种环境中部署和管理容器化应用程序的流程。于是，小旌决定着手部署和使用 Rancher 平台。

任务准备

全班同学以 5～6 人为一组进行分组，各组选出小组长，小组长组织组内成员扫码观看视频，了解预定义应用程序模板，讨论并回答下列问题。

问题 1：什么是预定义应用程序模板？

问题 2：简述预定义应用程序模板的特点。

扫码学习

预定义应用程序模板

一、Rancher 概述

Rancher 是一个开源的企业级容器管理平台，旨在简化容器的部署、管理和扩展。Rancher 主要具有以下功能。

（1）容器编排与管理。Rancher 支持 Kubernetes、Docker Swarm 和 Mesos 等多种容器编排工具，用户可以根据需求选择合适的编排工具，进行容器的部署与管理。

（2）多集群管理。Rancher 提供了一个统一的界面，使用户可以同时管理多个 Kubernetes 集群，这种集中化管理方式极大地简化了跨多个集群的部署、监控和维护工作。

（3）跨云平台部署。Rancher 支持在多种云平台上部署和管理容器，包括公有云、私有云及本地环境。用户可以在不同的环境中实现统一的容器管理策略，提高部署的灵活性和可靠性。

（4）集群导入。Rancher 允许用户将现有的 Kubernetes 集群导入到 Rancher 中进行统一管理，用户可以更加高效地使用和管理 Kubernetes 集群。

（5）集中式身份验证。为了安全地管理 Kubernetes 集群，Rancher 支持多种集中式身份验证系统，确保只有授权用户可以访问集群资源。

二、Rancher 的组成

Rancher 由基础设施服务、容器编排与调度、应用商店和企业级权限管理 4 部分组成，如图 8-1 所示。

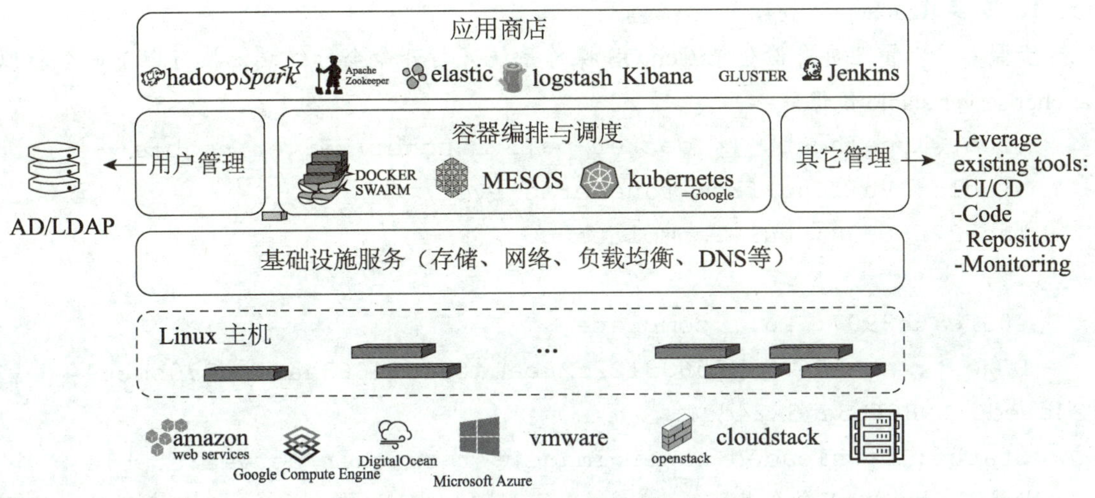

图 8-1　Rancher 主要功能和组件

（1）基础设施服务。Rancher 能够在所有公有云和私有云的 Linux 主机上部署容器化应用程序，并为容器化应用程序提供灵活的基础设施服务（如存储、网络、负载均衡、DNS 等）。

（2）容器编排与调度。Rancher 支持多种容器编排和调度引擎，如 Docker Swarm、Kubernetes 等。Rancher 还拥有自己的容器编排引擎 Cattle，Cattle 广泛用于编排 Rancher 自己的基础设施服务，以及 Docker Swarm 和 Kubernetes 集群的配置、管理与升级。

（3）应用商店。Rancher 内置应用商店，应用商店中提供了大量的预定义应用程序模板，用户可以从应用商店中一键部署由多个容器组成的应用。

（4）企业级权限管理。Rancher 支持插件式的用户认证方式（如 Active Directory、LDAP、Github 等），能够通过角色权限的不同来配置某个用户或用户组对开发环境的访问权限。

任务实施——部署并使用 Rancher 平台

部署并使用 Rancher 平台

本任务将在版本为 18.06.3-ce 的 Docker 上部署并使用 Rancher 平台。

知识加油站

Rancher 支持特定版本的 Docker，用户可访问网址“https://rancher.com/docs/rancher/v1.6/en/hosts/#supported-docker-versions”，查看 Rancher 所支持的 Docker 版本。用户可参考项目一中的任务实施“安装与配置 Docker”，安装 Rancher 所支持的 Docker 版本。

1．安装 Rancher

步骤 1 以管理员身份登录 CentOS 操作系统，打开命令行终端，执行以下命令拉取 rancher/server:stable 镜像。

```
[root@localhost ~]# docker pull rancher/server:stable
stable: Pulling from rancher/server
bae382666908: Pull complete
...
e03fc76c8997: Pull complete
Digest: sha256:95b55603122c28baea4e8d94663aa34ad770bbc6
24a9ed6ef986fb3ea5224d91
Status: Downloaded newer image for rancher/server:stable
```

步骤 2 执行以下命令基于 rancher/server:stable 镜像创建名为 rancher 的容器，将宿主机的 8 000 端口映射到容器的 8 080 端口，并允许容器访问宿主机的配置和资源。

```
[root@localhost ~]# docker run -d --restart=unless-stopped -p
8000:8080 --privileged --name rancher rancher/server:stable
93b060d3c5f60e7f58a9d87138f888a45e8941565e7b6f26cfe16db6812
0f7a0
```

高手点拨

若端口已被其他进程占用，可以停止占用该端口的进程，也可以更改 rancher 容器使用的端口。

步骤 3 执行以下命令查看正在运行的容器。

```
[root@localhost ~]# docker ps -a
CONTAINER ID    IMAGE   COMMAND   CREATED    STATUS     PORTS
NAMES
93b060d3c5f6         rancher/server:stable    "/usr/bin/entry
/usr…"    8 seconds ago         Up 7 seconds            3306/tcp,
0.0.0.0:8000->8080/tcp   rancher
```

2. 使用 Rancher

步骤 1 打开浏览器访问地址"http://192.168.65.141:8000"("192.168.65.141"为宿主机的 IP 地址),打开 Rancher 的欢迎界面,单击"Got It"按钮,如图 8-2 所示。

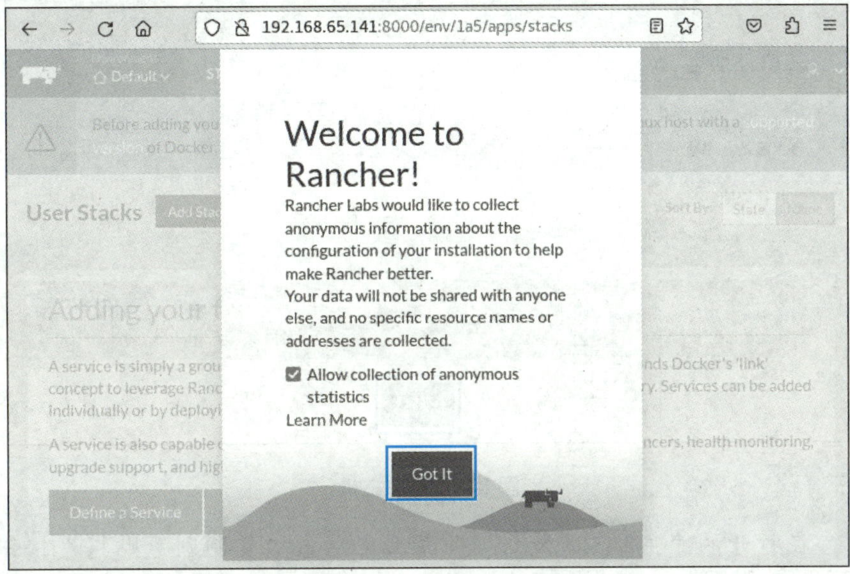

图 8-2 Rancher 的欢迎界面

步骤 2 在打开的 Rancher 主页中,单击右下角的"English"下拉按钮,在下拉列表中选择"简体中文"选项,如图 8-3 所示。

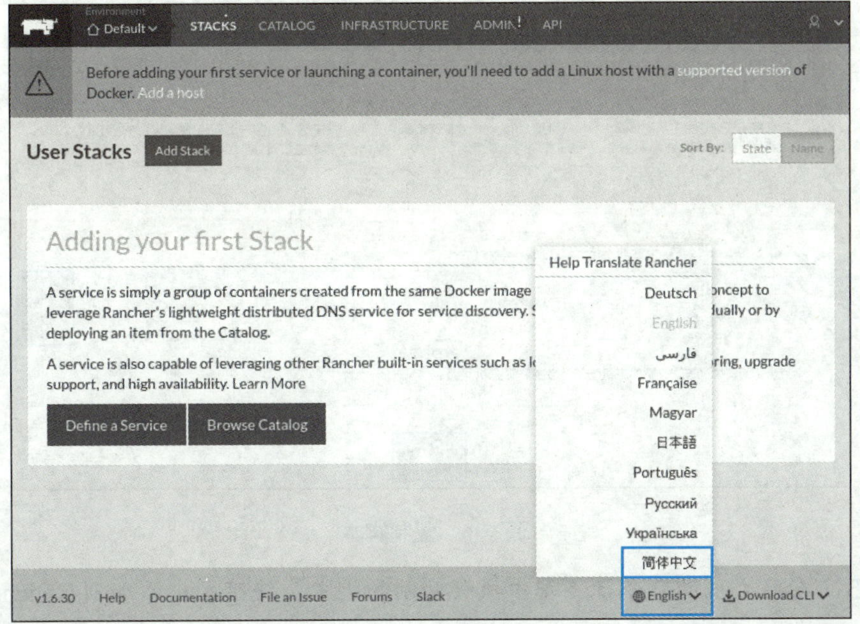

图 8-3 设置语言

步骤 3 切换到"基础架构"选项卡，单击"添加主机"按钮。在打开的界面中单击"保存"按钮，如图 8-4 所示。

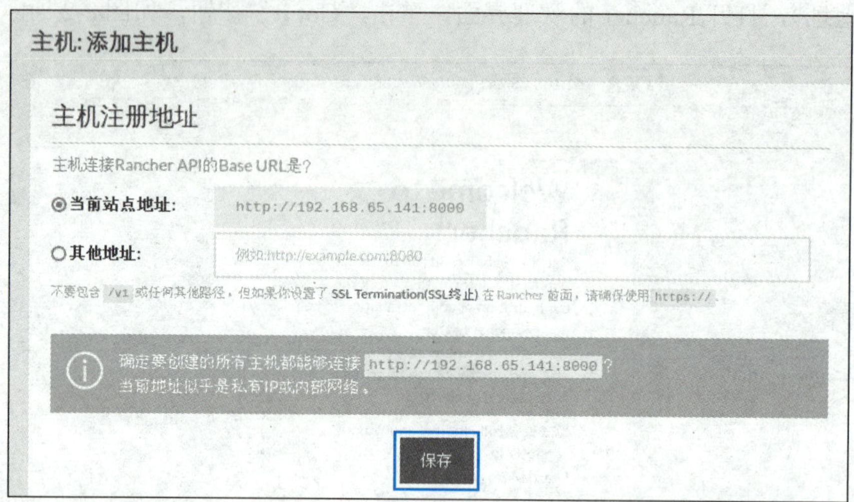

图 8-4 添加主机

步骤 4 在打开的"主机:添加主机"界面中单击"复制到剪贴板"按钮，复制脚本，如图 8-5 所示。

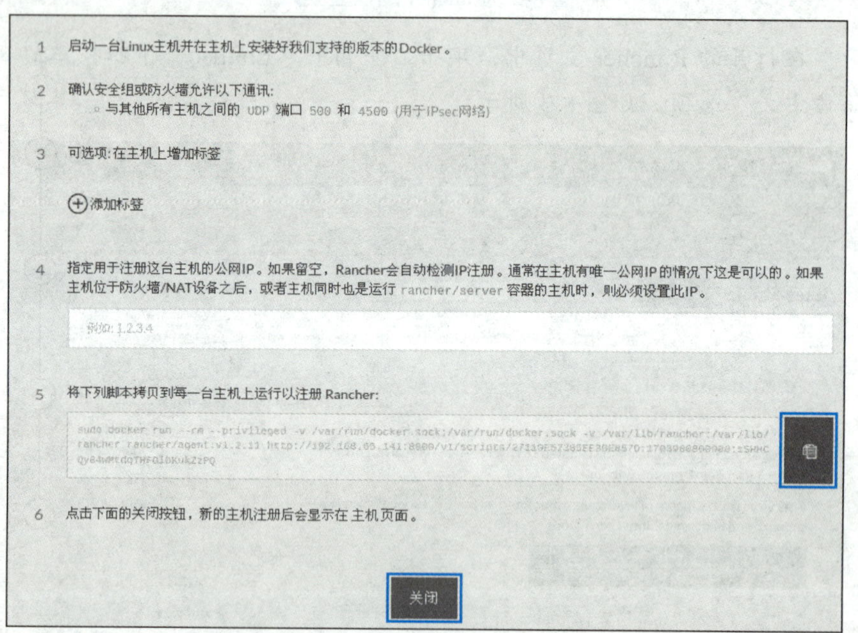

图 8-5 复制脚本

步骤 5 在宿主机的命令行终端中执行复制的脚本，将宿主机添加到 Rancher。

```
[root@localhost ~]# sudo docker run --rm --privileged -v /var/run/docker.sock:/var/run/docker.sock -v
```

```
/var/lib/rancher:/var/lib/rancher          rancher/agent:v1.2.11
http://192.168.65.141:8000/v1/scripts/27110E57385EE3BE857D:1703
980800000:sSHHCQy84wMtdqTHFOlbKukZzPQ
   Unable to find image 'rancher/agent:v1.2.11' locally
   v1.2.11: Pulling from rancher/agent
   b3e1c725a85f: Pull complete
   ...
   Digest: sha256:0fba3fb10108f7821596dc5ad4bfa30e93426d0
34cd3471f6ccd3afb5f87a963
   Status: Downloaded newer image for rancher/agent:v1.2.11
   INFO:     Running     Agent     Registration     Process,
CATTLE_URL=http://192.168.65.141:8000/v1
   ...
   INFO: ENV: RANCHER_AGENT_IMAGE=rancher/agent:v1.2.11
   INFO: Launched Rancher Agent: e35830c7371629867827112af
41e504e598b47bc0b8a2d3a4de01ce1aa8ad625
```

步骤 6 返回 Rancher 平台，在“主机:添加主机”界面中单击“关闭”按钮，主机添加成功，如图 8-6 所示。选择“基础架构”→“容器”选项，即可查看已启动的容器。

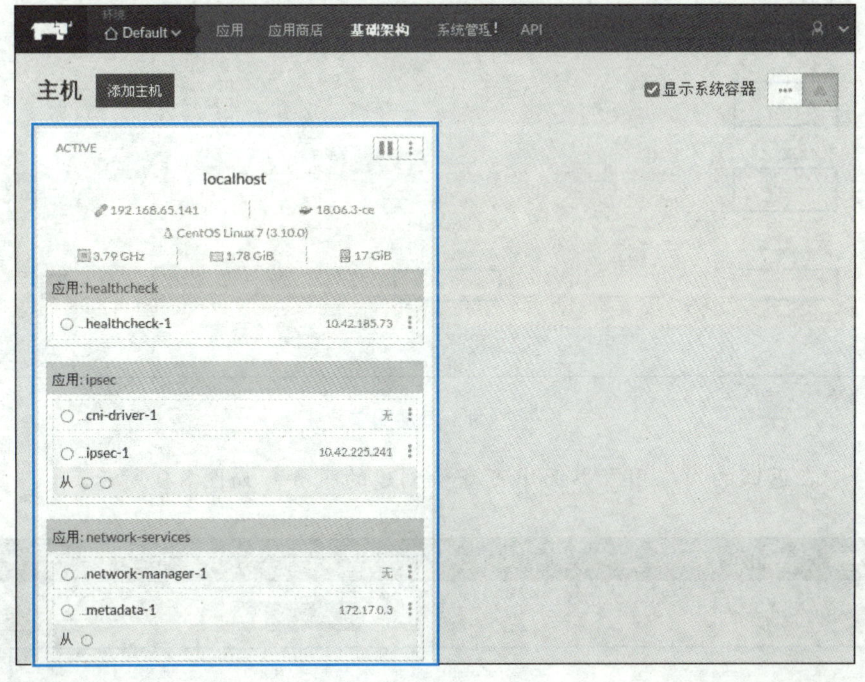

图 8-6 主机添加成功

步骤 7 切换到“应用”选项卡，单击“定义一个服务”按钮，如图 8-7 所示。

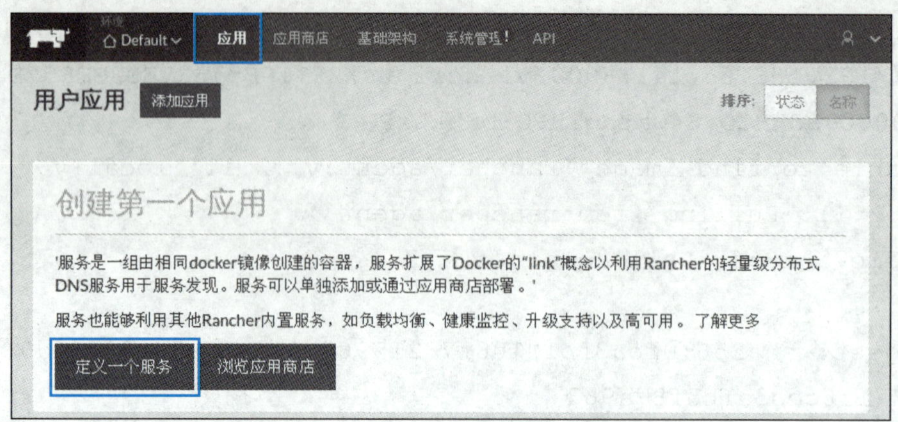

图 8-7　创建服务

步骤 8　在打开的"添加服务"界面中，基于 nginx:latest 镜像创建名为 mynginx 的容器，并将宿主机的 80 端口映射到容器的 80 端口，单击"创建"按钮，如图 8-8 所示。

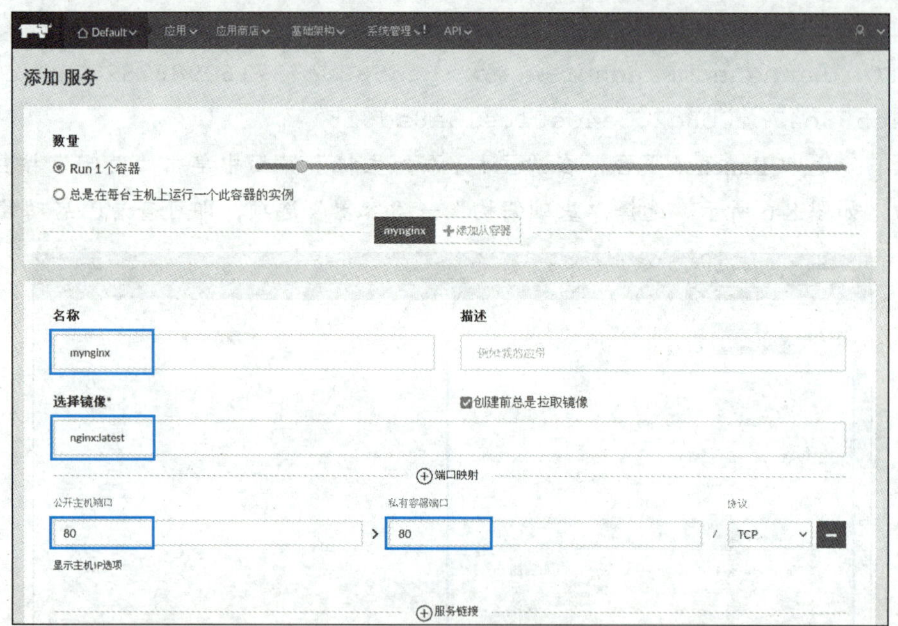

图 8-8　添加服务

步骤 9　在返回的"应用"界面中可查看创建的服务，如图 8-9 所示。

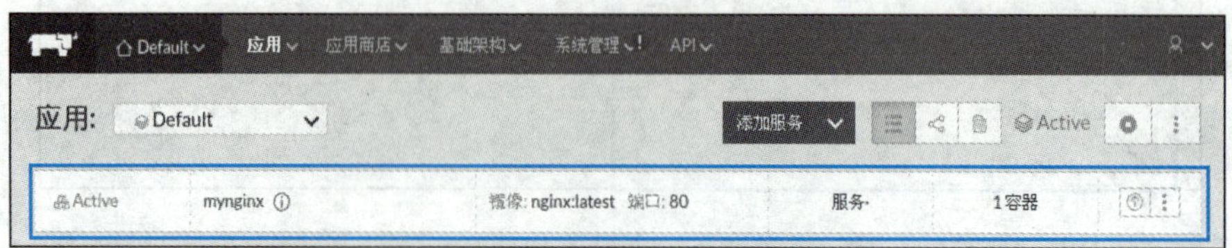

图 8-9　查看创建的服务

任务二 部署并应用 Jenkins

任务描述

小旌认识到，持续集成在提高开发效率和确保软件质量方面扮演着关键角色。Jenkins 凭借其强大的功能、灵活的插件体系及广泛的社区支持，已成为首选的持续集成工具。于是，小旌决定部署并使用 Jenkins 这一强大工具。

任务准备

全班同学以 5～6 人为一组进行分组，各组选出小组长，小组长组织组内成员扫码观看视频，了解持续集成的常用工具，讨论并回答下列问题。

持续集成的常用工具

问题 1：什么是持续集成？

问题 2：Jenkins 是一款基于 Java 开发的开源持续集成工具，它具有丰富的________和友好的用户界面。

一、持续集成概述

1. 持续集成的定义

持续集成（continuous integration，CI）是一种软件开发实践，旨在通过频繁地将代码更改集成到共享的主代码库中，并在每次集成后自动地运行构建和测试流程来验证这些更改，以尽早发现代码中的错误和不兼容问题。持续集成能够尽早发现集成问题，加快软件开发周期，并提高代码质量和团队协作效率。

2. 持续集成的优势

（1）快速反馈。持续集成提供了快速反馈机制，减少了因代码集成而导致的等待时间，使用户可以持续地提交和集成代码，极大地减少诊断和修复问题的延迟。

（2）自动化测试。持续集成通常伴随着自动化测试的实施，可确保代码更改不会引入新的缺陷。

（3）易于部署。持续集成可以简化部署流程，使得软件的发布变得更加可靠，从而实现更频繁的更新迭代。

（4）促进团队合作。持续集成要求团队成员共同遵循一定的开发流程，这有助于促进团队成员之间的沟通和协作。

（5）提高开发效率。持续集成通过自动化构建和测试流程，可以减少开发者的手动工作量，使他们能够专注于编写代码和解决问题，显著提高开发效率。此外，由于每次提交的代码都能立即验证，开发者可以更快地进行代码更改和功能迭代，缩短开发周期。

二、持续集成工具 Jenkins

Jenkins 是一款基于 Java 开发的开源持续集成工具，它主要用于监控持续重复的工作，旨在提供一个开放易用的软件平台，使软件的持续集成变为可能。

1．Jenkins 特点

（1）自动化构建和持续集成。Jenkins 可以自动构建、测试和部署项目。它支持多种编程语言和构建工具，可以与各种版本的控制系统（如 Git、SVN 等）集成，以实现代码的自动拉取和构建。

（2）可视化界面。Jenkins 提供了一个基于 Web 的用户界面，用户可以通过该界面轻松地配置和管理任务。

（3）丰富的插件生态系统。Jenkins 拥有庞大的插件库，这些插件可以用于集成其他工具和服务，如测试工具、部署工具、代码质量分析工具等，从而实现更全面的自动化流程。

（4）安全性。Jenkins 提供了多种安全措施，包括用户权限管理和敏感数据加密等。

（5）分布式构建。Jenkins 支持分布式构建，可以通过配置多个构建节点（又称代理或 slave）来并行执行构建任务，从而提高构建效率。

（6）强大的社区支持。作为开源项目，Jenkins 拥有活跃的社区和广泛的用户基础，丰富的社区资源、文档和支持使得用户可以方便地获取帮助并解决问题。

2．Jenkins 流水线

Jenkins 流水线（Pipeline）是一种用于定义和执行持续集成/持续交付（CI/CD）流程的工具，它允许用户通过声明式的 Pipeline 脚本来定义整个软件在开发过程中的构建、部署和测试流程，以实现持续集成和交付。

Pipeline DSL（domain-specific language）是一种专门为 Jenkins 流水线设计的脚本语言，它基于 Groovy 语言，提供了一系列关键字和语法来定义流水线的各个阶段和任务。Pipeline DSL 中常用关键字包括 pipeline、stage、steps、node、agent 和 parameters 等。

编写 Pipeline 脚本的步骤如下。

（1）定义流水线。使用 pipeline 关键字定义流水线的入口，并设置流水线的名称、参数和触发条件等信息。

（2）定义阶段。使用 stage 关键字定义流水线的各个阶段（一组相关的操作或任务），并设置每个阶段的名称和任务。

（3）编写任务。在每个阶段中使用 steps 或其他任务相关的关键字来编写具体的任务脚本，如构建、测试、部署等。

（4）设置代理节点。如果需要在特定的节点上执行任务，可以使用 agent 或 node 关键字来设置执行节点。

（5）参数化。如果流水线需要接收外部参数，可以使用 parameters 关键字定义参数列表，并在流水线执行时传入参数值。

例如，下面是一个简单的 Pipeline 脚本。

```
pipeline{                              # 定义流水线的入口
    agent any                          # 固定写法，表示在哪个节点上构建
    stages{                            # 阶段性任务
        stage("拉取脚本"){              # 任务
            steps{ }                   # 步骤
        }
        stage("执行用例"){              # 任务
            steps{ }                   # 步骤
        }
    }
}
```

素养之窗

优刻得科技股份有限公司（简称 UCloud 优刻得）是中国领先的中立云计算服务商，专注于提供安全、可靠的云计算服务。UCloud 优刻得是中国第一家公有云科创板上市公司，自主研发了 IaaS、PaaS、大数据流通平台、AI 服务平台，推出了公有云、私有云、混合云、专有云等全线云产品，为政府、AI 大模型、工业互联网、运营商、教育、医疗、零售、金融、互联网等各行业用户提供了全面的数字化转型升级服务。

UCloud 优刻得在云计算领域不断创新，推出了多项具有自主知识产权的技术和产品。例如，公司的数据安全流通平台“安全屋”结合了数据沙箱、多云融合、区块链三大技术亮点，为用户提供了安全、可信的数据共享解决方案。

任务实施——使用 Jenkins 创建 nginx 容器

使用 Jenkins 创建 nginx 容器

本任务将部署 Jenkins 工具，并通过流水线方式管理 nginx 容器。

1. 配置安装环境

步骤 1 以管理员身份登录 CentOS 操作系统，打开命令行终端，使用文本编辑器 Vim 打开“docker.service”文件，在“[Service]”部分的 ExecStart 指令后添加“-H tcp://0.0.0.0:2375 -H unix://var/run/docker.sock”，增加 Docker 守护进程的监听端口，如图 8-10 所示。

```
[root@localhost ~]# vim /usr/lib/systemd/system/docker.service
```

```
[Service]
Type=notify
# the default is not to use systemd for cgroups because the delegate issues still
# exists and systemd currently does not support the cgroup feature set required
# for containers run by docker
ExecStart=/usr/bin/dockerd -H tcp://0.0.0.0:2375 -H unix://var/run/docker.sock -H fd:// --
containerd=/run/containerd/containerd.sock
ExecReload=/bin/kill -s HUP $MAINPID
TimeoutStartSec=0
RestartSec=2
Restart=always
```

图 8-10 修改“docker.service”文件

步骤 2 执行以下命令重新加载配置文件，并重启 Docker 服务。

```
[root@localhost ~]# systemctl daemon-reload
[root@localhost ~]# systemctl restart docker
```

步骤 3 执行以下命令查看端口信息。

```
[root@localhost ~]# netstat -nptl
Active Internet connections (only servers)
Proto Recv-Q Send-Q Local Address       Foreign Address     State
PID/Program name
tcp    0    0 0.0.0.0:111     0.0.0.0:*   LISTEN   718/rpcbind
tcp    0    0 192.168.122.1:53     0.0.0.0:*     LISTEN
2551/dnsmasq
tcp    0    0 0.0.0.0:22      0.0.0.0:*    LISTEN    1128/sshd
tcp    0    0 127.0.0.1:631   0.0.0.0:*    LISTEN    1122/cupsd
tcp    0    0 127.0.0.1:25    0.0.0.0:*    LISTEN    1293/master
tcp6   0    0 :::2375         :::*         LISTEN    5248/dockerd
tcp6   0    0 :::2377         :::*         LISTEN    5248/dockerd
tcp6   0    0 :::7946         :::*         LISTEN    5248/dockerd
tcp6   0    0 :::111          :::*         LISTEN    718/rpcbind
tcp6   0    0 :::22           :::*         LISTEN    1128/sshd
tcp6   0    0 ::1:631         :::*         LISTEN    1122/cupsd
tcp6   0    0 ::1:25          :::*         LISTEN    1293/master
```

步骤 4 使用文本编辑器 Vim 打开“/etc/sysctl.conf”文件，配置内核参数并应用配置的内核参数。

```
[root@localhost ~]# vim /etc/sysctl.conf
net.ipv4.ip_forward = 1
net.ipv4.conf.default.rp_filter = 0
net.ipv4.conf.all.rp_filter = 0
[root@localhost ~]# sysctl -p
net.ipv4.ip_forward = 1
net.ipv4.conf.default.rp_filter = 0
net.ipv4.conf.all.rp_filter = 0
```

2. 安装 Jenkins

步骤 1 执行以下命令创建 Jenkins 的生成目录“/home/jenkins_home”，并设置该目录的访问权限为完全权限。

```
[root@localhost ~]# mkdir /home/jenkins_home
[root@localhost ~]# chmod 777 /home/jenkins_home
```

步骤 2 执行以下命令拉取 jenkins/jenkins:lts 镜像。

```
[root@localhost ~]# docker pull jenkins/jenkins:lts
lts: Pulling from jenkins/jenkins
7d98d813d54f: Pull complete
...
Digest: sha256:7ea4989040ce0840129937b339bf8c8f878c14b0899
1def312bdf51ca05aa358
Status: Downloaded newer image for jenkins/jenkins:lts
docker.io/jenkins/jenkins:lts
```

步骤 3 执行以下命令基于 jenkins/jenkins:lts 镜像创建名为 testjenkins 的容器，将宿主机的 8 080 端口映射到容器的 8 080 端口，即通过宿主机的 8 080 端口可访问 Jenkins 的 Web 界面，将宿主机的 50 000 端口映射到容器的 50 000 端口，使 Jenkins 可使用 50 000 端口进行代理连接，将宿主机的“/home/jenkins_home/”目录挂载到容器的“/var/jenkins_home”目录，将宿主机的 Docker 套接字文件挂载到容器中，并将宿主机的 Docker 可执行文件挂载到容器中。

```
[root@localhost ~]# docker run -dit -p 8080:8080 -p 50000:50000
--name testjenkins -uroot -v /home/jenkins_home/:/var/jenkins_home
-v /var/run/docker.sock:/var/run/docker.sock -v
/usr/bin/docker:/usr/bin/docker jenkins/jenkins:lts
37e4b2ebdc897bf183bed781a51d3a1dd096512961ada49759c61c90c58
317a0
```

步骤 4 执行以下命令查看正在运行的容器。

```
[root@localhost ~]# docker ps -a
CONTAINER ID   IMAGE   COMMAND   CREATED   STATUS   PORTS   NAMES
37e4b2ebdc89  jenkins/jenkins:lts  "/usr/bin/tini -- /u…"  11
seconds ago  Up 11 seconds  0.0.0.0:8080->8080/tcp,
:::8080->8080/tcp, 0.0.0.0:50000->50000/tcp, :::50000->50000/tcp
testjenkins
```

步骤 5 打开浏览器访问地址“http://192.168.65.130:8080”（“192.168.65.130”为宿主机的 IP 地址），打开 Jenkins 主界面，如图 8-11 所示。

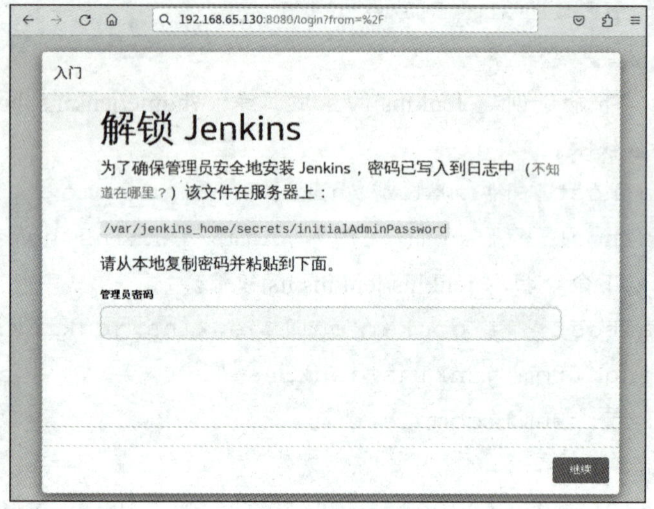

图 8-11　Jenkins 主界面

步骤 6 执行以下命令进入 testjenkins 容器，查找“jenkins.war”文件的路径。

```
[root@localhost ~]# docker exec -it testjenkins /bin/bash
root@3f429e52eb53:/# find / -name jenkins.war
find: '/proc/1/map_files': Operation not permitted
find: '/proc/7/map_files': Operation not permitted
find: '/proc/83/map_files': Operation not permitted
find: '/proc/89/map_files': Operation not permitted
/usr/share/jenkins/jenkins.war
```

步骤 7 执行以下命令将“/usr/share/jenkins/jenkins.war”文件重命名并备份，之后依次使用“Ctrl+P”和“Ctrl+Q”组合键退出 testjenkins 容器。

```
root@3f429e52eb53:/#   mv   /usr/share/jenkins/jenkins.war
/usr/share/jenkins/jenkins.war.bak
root@37e4b2ebdc89:/# read escape sequence
```

步骤 8 执行以下命令下载“jenkins.war”文件。

```
[root@localhost ~]# wget https://updates.jenkins.io/download/war/2.319.1/jenkins.war
--2024-11-27 13:12:39-- https://updates.jenkins.io/download/war/2.319.1/jenkins.war
...
正在保存至："jenkins.war"
100%[====================================================>] 72,247,484 1.71MB/s 用时 43s
2024-11-27 13:13:25 (1.61 MB/s) - 已保存 "jenkins.war" [72247484/72247484])
```

步骤 9 执行以下命令将宿主机上的"jenkins.war"文件复制到 testjenkins 容器中的"/usr/share/jenkins/"目录下。

```
[root@localhost ~]# docker cp jenkins.war testjenkins:/usr/share/jenkins/jenkins.war
Successfully copied 72.2MB to testjenkins:/usr/share/jenkins/jenkins.war
```

步骤 10 执行以下命令查看容器 testjenkins 的日志，以获取 Jenkins 登录密码。

```
[root@localhost ~]# docker logs testjenkins
...
*************************************************************
*************************************************************
*************************************************************
Jenkins initial setup is required. An admin user has been created and a password generated.
Please use the following password to proceed to installation:
a11241201de745679fa73c9fa4416765        登录密码
This may also be found at: /var/jenkins_home/secrets/initialAdminPassword
*************************************************************
*************************************************************
*************************************************************
...
```

步骤 11 在 Jenkins 主界面中的"管理员密码"编辑框中输入获取的登录密码，单击"继续"按钮。在打开的"自定义 Jenkins"界面中，单击"安装推荐的插件"按钮，如图 8-12 所示。在网络畅通的状态下，插件安装约需要 5 分钟。

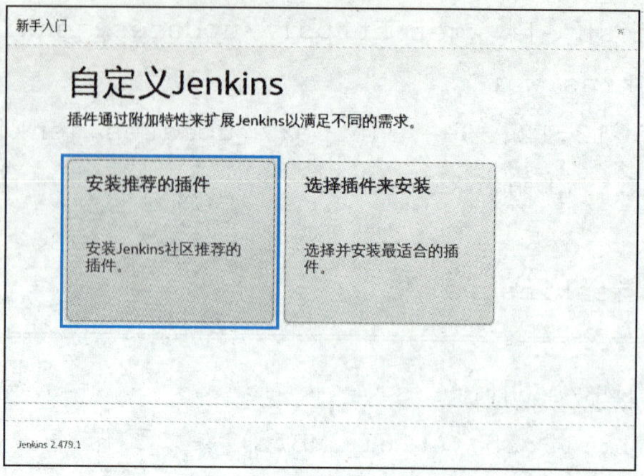

图 8-12　安装推荐的插件

步骤 12　在打开的“创建第一个管理员用户”界面中创建管理员用户“xj”，输入密码、确认密码、全名及电子邮件地址，单击“保存并完成”按钮，如图 8-13 所示。

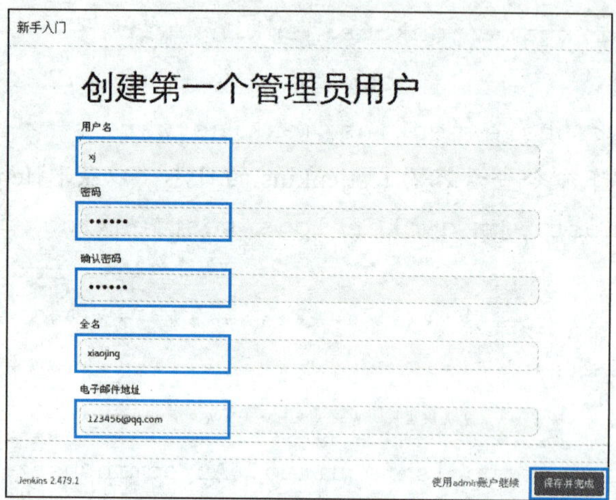

图 8-13　创建管理员用户

步骤 13　在打开的“实例配置”界面中，单击“保存并完成”按钮，如图 8-14 所示。

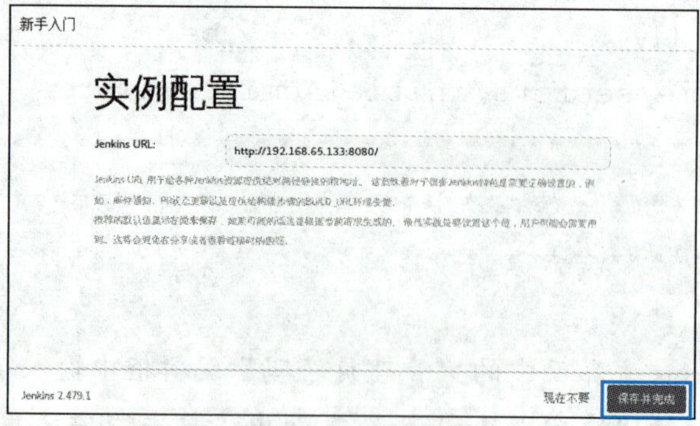

图 8-14　实例配置

步骤 14　在打开的“Jenkins 已就绪！”界面中，单击“开始使用 Jenkins”按钮，即可使用 Jenkins，如图 8-15 所示。

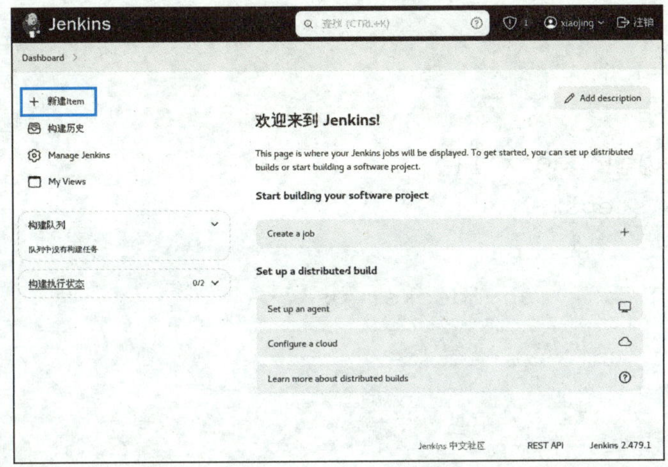

图 8-15 Jenkins 安装已完成

3．创建 nginx 容器

步骤 1 选择 Jenkins 首页左侧列表中的“新建 Item”选项，如图 8-16 所示。

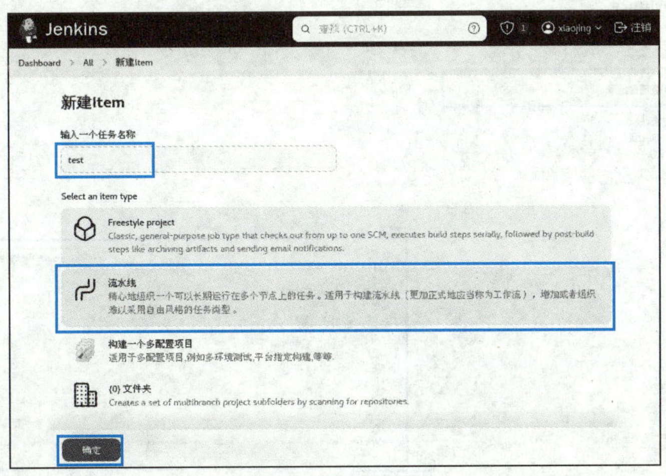

图 8-16 Jenkins 首页

步骤 2 在打开的“新建 Item”界面中，设置任务名称为“test”，选择“流水线”选项，单击“确定”按钮，如图 8-17 所示。

图 8-17 新建 Item

步骤 3 在打开的“Configure”界面中，选择左侧列表中的“高级项目选项”选项，在右侧“流水线”区域的脚本编辑框中输入以下脚本，单击“保存”按钮，如图 8-18 所示。

```
pipeline{
    agent any
    stages{
        stage('Run'){
            steps{
                script{
                    sh 'docker run -d -p 80:80 --name nginx nginx:latest'
                    sleep 5
                }
            }
        }
        stage('Check'){
            steps{
                script{
                    sh 'docker ps'
                }
            }
        }
    }
}
```

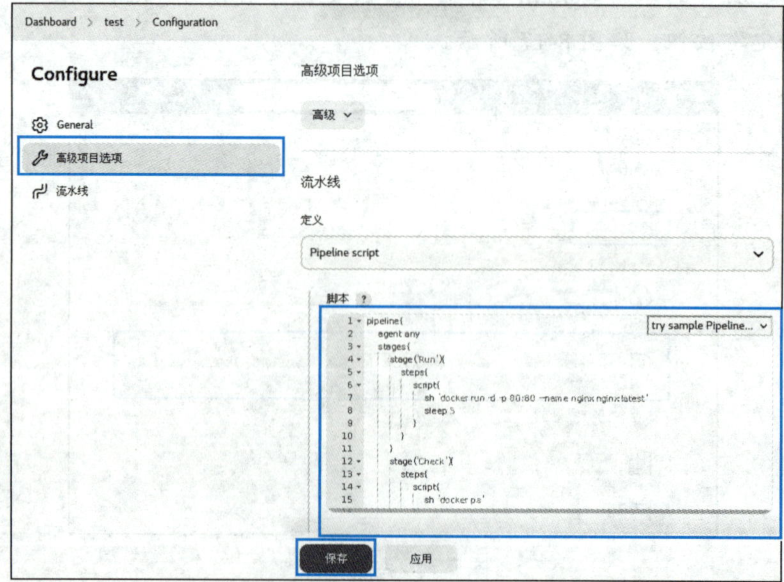

图 8-18　编写流水线脚本

步骤 4 在打开的界面中，单击“立即构建”按钮，构建 test 任务，如图 8-19 所示。

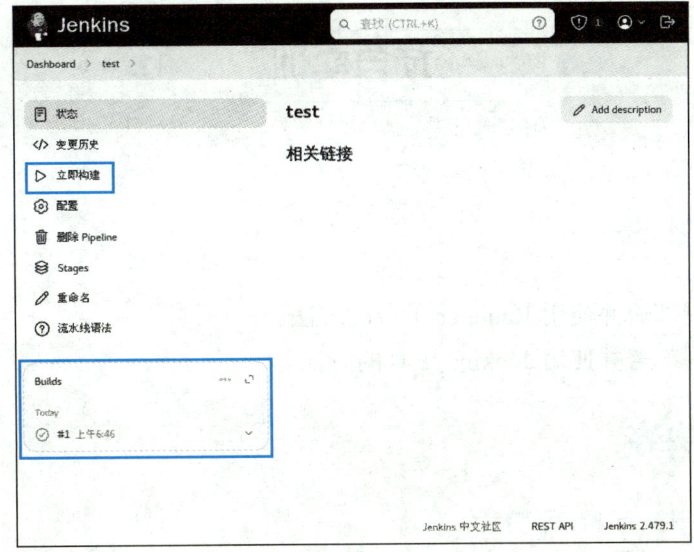

图 8-19 test 任务构建成功

步骤 5 在命令行终端中执行以下命令查看正在运行的容器。

```
[root@localhost ~]# docker ps -a
CONTAINER ID   IMAGE   COMMAND   CREATED   STATUS   PORTS   NAMES
0c5eb5870783     nginx:latest     "/docker-entrypoint.…"     12
minutes ago     Up 12 minutes     0.0.0.0:80->80/tcp,
:::80->80/tcp   nginx
37e4b2ebdc89     jenkins/jenkins:lts     "/usr/bin/tini -- /u…"
About an hour ago     Up About an hour
0.0.0.0:8080->8080/tcp, :::8080->8080/tcp, 0.0.0.0:50000->50000/tcp,
:::50000->50000/tcp   testjenkins
```

步骤 6 打开浏览器访问地址“http://192.168.65.130”（“192.168.65.130”为宿主机的 IP 地址），打开 nginx 欢迎界面，如图 8-20 所示。

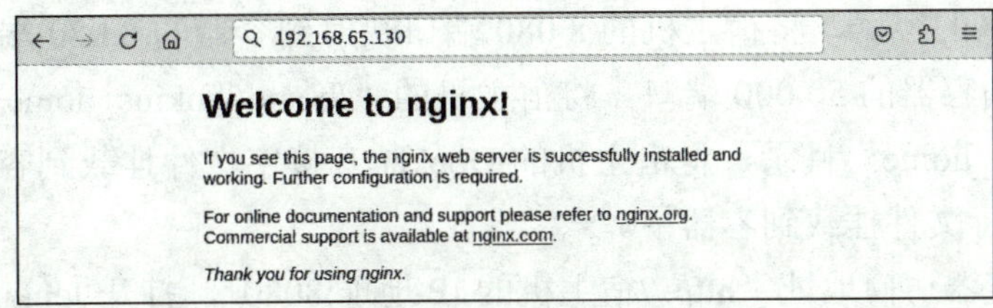

图 8-20 nginx 欢迎界面

从结果中可以看出，nginx 容器已创建成功。

项目实训

一、实训目的

（1）熟练掌握部署并使用 Rancher 平台的方法。

（2）熟练掌握部署并使用 Jenkins 工具的方法。

二、实训内容

1．部署并使用 Rancher 平台

（1）使用 docker pull 命令拉取 rancher/server:stable 镜像。

（2）基于 rancher/server:stable 镜像创建名为 rancher 的容器，将宿主机的 8 000 端口映射到容器的 8 080 端口，并查看正在运行的容器。

（3）打开浏览器访问地址“http://宿主机的 IP 地址:8000”，打开 Rancher 的欢迎界面。

（4）将 Rancher 平台的语言修改为“简体中文”。

（5）将宿主机添加到 Rancher 平台。

（6）创建第一个应用，即基于 ubuntu:latest 镜像创建名为 myubuntu 的容器。

2．部署并使用 Jenkins 工具

（1）修改“docker.service”文件，在“[Service]”部分的 ExecStart 指令后添加“-H tcp://0.0.0.0:2375 -H unix://var/run/docker.sock”。

（2）在“/etc/sysctl.conf”文件中配置内核参数，并应用配置的内核参数。

（3）创建 Jenkins 的生成目录“/home/jenkins_home”，并设置该目录的访问权限为完全权限。

（4）使用 docker pull 命令拉取 jenkins/jenkins:lts 镜像。基于 jenkins/jenkins:lts 镜像创建名为 myjenkins 的容器，将宿主机的 8 080 端口映射到容器的 8 080 端口，将宿主机的 50 000 端口映射到容器的 50 000 端口，将宿主机的“/home/jenkins_home/”目录挂载到容器的“/var/jenkins_home”目录，将宿主机的 Docker 套接字文件挂载到容器中，并将宿主机的 Docker 可执行文件挂载到容器中。

（5）打开浏览器访问地址“http://宿主机的 IP 地址:8080”，打开 Jenkins 主界面。

（6）进入 myjenkins 容器，查找“jenkins.war”文件的路径，并将“jenkins.war”文件重命名并备份。

（7）使用 wget 命令下载“jenkins.war”文件，将宿主机上的“jenkins.war”文件复制到 myjenkins 容器中的“/usr/share/jenkins/”目录下。

（8）使用管理员密码登录 Jenkins，安装插件并创建第一个管理员用户“jqe”。

（9）新建 Item，设置任务名称为“mytest”，Item 类型为“流水线”。

（10）在“流水线”区域的脚本编辑框中，基于 nginx 镜像创建名为 webtest 的容器，并查看运行的容器。

三、实训小结

按要求完成实训内容，并将实训过程中遇到的问题和解决办法记录在表 8-1 中。

表 8-1　实训过程

序　号	主要问题	解决办法
1		
2		
3		

项目总结

完成本项目的学习与实践后，总结应掌握的知识点，并将思维导图（见图 8-21）填写完整。

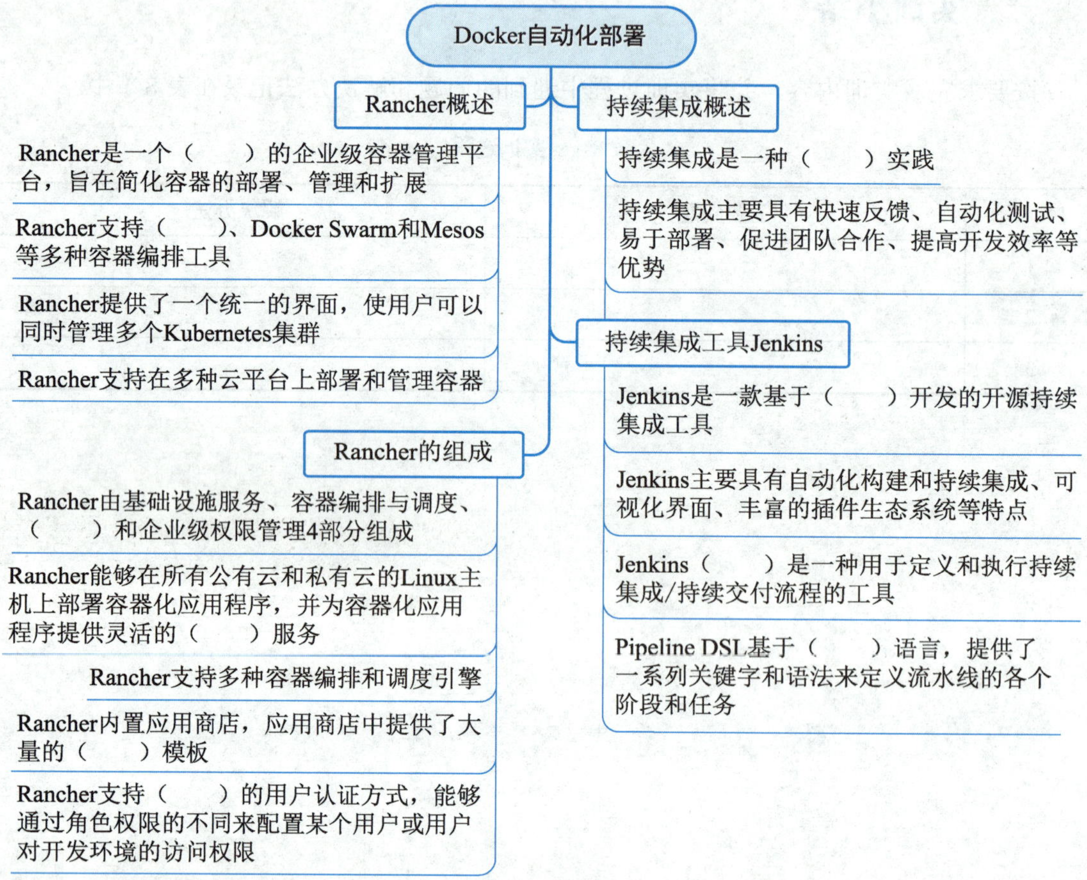

图 8-21　项目总结

项目考核

一、选择题

（1）在下列关于 Rancher 的描述中，错误的是（　　）。

A．Rancher 是一个收费的企业级容器管理平台

B．Rancher 支持多容器编排

C. Rancher 提供了一个统一的 Web 界面

D. Rancher 支持在多种云平台上部署和管理容器

（2）在下列关于持续集成的描述中，错误的是（　　）。

A. 持续集成提供了快速反馈机制，可以极大地减少诊断和修复问题的延迟

B. 持续集成可以简化部署流程

C. 持续集成可以完全实现自动化测试不需要人工处理

D. 持续集成有利于提高项目的开发进度和测试效率

（3）在下列关于 Jenkins 的描述中，错误的是（　　）。

A. Jenkins 用于监控持续运行但不重复的工作

B. Jenkins 通过简单的配置即可实现持续集成和持续交付

C. Jenkins 拥有庞大的插件库，这些插件可以用于集成其他工具和服务

D. Jenkins 支持分布式构建

（4）在下列关于 Pipeline DSL 的描述中，错误的是（　　）。

A. 在 Pipeline DSL 中，使用 pipeline 关键字来定义流水线入口

B. 在 Pipeline DSL 中，使用 stage 关键字来定义流水线的各个阶段，并设置每个阶段的名称和任务

C. 在 Pipeline DSL 中，每个阶段使用 agent 关键字或其他任务相关的关键字来编写具体的任务脚本

D. 在 Pipeline DSL 中，可以使用 node 关键字来设置执行节点

（5）使用 Jenkins 创建任务一般采用（　　）类型。

A. 文件夹　　B. 流水线

C. 链式　　D. 树

二、填空题

（1）Rancher 平台采用了__________架构，其各组件之间通过 API 进行通信。

（2）Jenkins 是一款基于__________开发的开源持续集成工具。

（3）Jenkins 支持分布式构建，可以通过配置多个__________来并行执行构建任务，从而提高构建效率。

（4）Jenkins 流水线允许用户通过声明式的__________脚本来定义整个软件开发过程中的构建、部署和测试流程。

三、简答题

（1）简述 Rancher 有哪些组成部分。

（2）简述编写 Pipeline 脚本的步骤。

项目评价

结合本项目的学习情况，完成项目评价并将评价结果填入表 8-2 中。

表 8-2 项目评价表

评价项目	评价内容	评价分数			
		分值	自评	互评	师评
知识评价（30%）	是否了解 Rancher 平台的功能及其组成	10 分			
	是否理解持续集成的概念	10 分			
	是否了解 Jenkins 的特点及 Jenkins 流水线	10 分			
技能评价（40%）	是否能够部署并使用 Rancher 平台	20 分			
	是否能够部署并使用 Jenkins 工具	20 分			
素养评价（30%）	是否遵守课堂纪律，上课精神是否饱满	7 分			
	是否具有自主学习意识，做好课前准备	8 分			
	是否善于思考，积极参与，勇于提出问题	8 分			
	是否具有团队合作精神，出色完成小组任务	7 分			
合　计	综合得分：________	100 分			
	综合等级：________	指导老师签字：________			
综合评价	最突出的表现（创新或进步）： 还需改进的地方（不足或缺点）：				

应用篇

华为 Docker 云容器实践

项目导读

华为云在国内云服务市场中占据着领先地位，致力于为用户提供全面的云原生基础设施服务。在华为云平台上，用户可以使用华为弹性云服务器手动搭建容器环境，也可以借助华为云容器引擎使用 Kubernetes 集群部署和管理容器化应用程序。

知识目标

- 了解华为云及其优势。
- 了解华为弹性云服务器及其特点。
- 了解华为容器镜像服务的主要功能。
- 了解华为云容器引擎的功能及 CCE Standard 集群。
- 理解无服务器容器的概念。
- 了解华为云容器实例的功能。

能力目标

- 能够基于华为弹性云服务器安装 Docker。
- 能够基于华为云容器引擎部署集群。

素质目标

- 了解华为云容器技术，增强民族自信心和自豪感。
- 提升学生的文化素养和审美能力，帮助他们更好地理解和践行工匠精神。

任务一　初识华为云

任务描述

小旌发现华为弹性云服务器具有可扩展性、灵活性等特点，适用于搭建容器环境。于是，他准备深入了解华为弹性云服务器，并在华为云平台上基于弹性云服务器安装 Docker。

任务准备

全班同学以 5～6 人为一组进行分组，各组选出小组长，小组长组织组内成员扫码观看视频，了解华为云的发展历程，讨论并回答下列问题。

问题 1：华为云是华为技术有限公司旗下的__________品牌。

问题 2：简述华为云的主要发展历程。

华为云的发展历程

一、华为云概述

1．什么是华为云

华为云是华为技术有限公司旗下的云计算品牌，成立于 2005 年，专注于云计算领域的技术研究与生态建设，致力于为用户提供一站式云计算基础设施服务。

华为云采用基于浏览器的云管理平台，提供便捷的互联网线上自助服务。用户只需通过简单的线上操作，就能轻松获取所需的云计算基础设施服务，无需复杂的线下流程。

2．华为云的优势

华为云产品和服务严格遵循行业规范，并在行业固有技术的基础上进行了改进和创新，主要具有以下优势。

（1）降低成本。华为云通过按需付费的方式提供产品和服务，价格远低于传统模式。用户不必为服务器等设施进行一次性资金投入，也不必缴纳放置服务器的机柜费用或签署带宽的长期使用协议。这种即需即用的模式可以帮助用户显著降低初始投资和运营成本。

（2）弹性灵活。华为云提供弹性计算资源，使得用户能够根据需求快速调整资源规

模。当业务量上升时，用户只需几分钟即可开通几台至数百台云主机；当业务量下降时，多余资源会被自动释放回收。这种弹性灵活的资源管理方式能够让用户高效地应对业务变化。

（3）安全保障。华为云是一个经过行业认证和授权的安全持久的专业云计算平台。它采用数据中心集群架构设计、7 层安全防护体系，以及云主机采用的 SAS 磁盘、RAID 技术和系统快照备份等措施，共同构成了强大的安全保障体系。华为云还通过用户鉴权、ACL 访问控制、传输安全及 MD5 码完整性校验等技术手段，确保数据传输和存储的安全性。

（4）高效管理。用户通过华为云平台能够轻松实现华为云产品或服务的远程操作，涵盖体验、购买、账户管理、资源维护管理、系统监控、系统镜像安装、数据备份、故障查询与处理等诸多功能。

二、华为弹性云服务器

1．什么是华为弹性云服务器

弹性云服务器（elastic cloud server, ECS）是华为云提供的一种即用即取的云服务器，由 CPU、内存、操作系统和云硬盘组成的计算组件。

华为弹性云服务器的开通由用户自主操作完成，仅需根据个人需求选择合适的配置，如 CPU、操作系统、登录鉴权方式等。在使用华为弹性云服务器的过程中，用户可以根据实际需求随时调整华为弹性云服务器的规格，从而打造可靠、安全、灵活、高效的计算环境。

2．华为弹性云服务器的特点

（1）弹性伸缩。用户可以根据业务需求的变化，随时调整弹性云服务器的资源配置，实现资源的动态扩展和收缩。

（2）按需计费。用户只需为实际使用的资源付费，无需承担物理服务器的固定成本和维护费用。

（3）安全性。华为弹性云服务器具备多层次的安全防护措施，包括网络安全、数据加密、身份验证和访问控制。

（4）高可用性。华为云平台采用故障转移、数据备份与恢复、分布式存储、冗余设计等技术，确保华为弹性云服务器的高可用性。

（5）快速部署。用户只需通过简单的配置和选择就可快速部署华为弹性云服务器。

三、华为容器镜像服务

华为容器镜像服务是一种云服务，是容器化应用程序的关键组成部分。通过使用华为容器镜像服务，用户无需创建和维护镜像仓库，即可享有云上的镜像安全托管及高效分发服务。华为容器镜像服务主要具有以下功能。

（1）镜像仓库管理。华为容器镜像服务提供一个集中化的仓库，用于存储和管理容器镜像。用户可以将创建好的镜像上传到仓库，并进行版本管理和权限控制。

（2）镜像创建。华为容器镜像服务提供创建容器镜像的工具和环境，用户可以根据个人的需求选择合适的镜像创建方式，如使用 Dockerfile 文件或云原生创建工具等。

（3）镜像加速下载。华为容器镜像服务通过镜像加速技术提高镜像的下载速度，确保在高并发的情况下也能较快地下载镜像。

（4）镜像安全扫描。华为容器镜像服务提供安全扫描功能，可以检测镜像中的漏洞和恶意软件。

任务实施——基于华为弹性云服务器安装 Docker

在本任务实施之前，需要打开浏览器访问华为云官网“https://www.huaweicloud.com”，注册一个实名账户，然后在华为云平台上基于华为弹性云服务器安装 Docker。

基于华为弹性云服务器安装 Docker

1. 创建虚拟私有云

步骤 1 在华为云首页依次选择“产品”→“网络”→“虚拟私有云 VPC”选项，如图 9-1 所示。

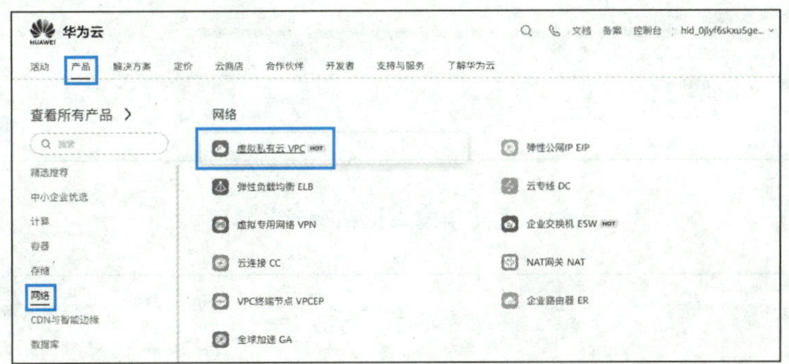

图 9-1 开始创建虚拟私有云

步骤 2 在打开的“虚拟私有云 VPC”界面中，单击“控制台”按钮。在打开的界面中单击菜单栏“区域”图标右侧的下拉按钮，在下拉列表中选择“华东-上海一”选项，然后单击“创建虚拟私有云”按钮，如图 9-2 所示。

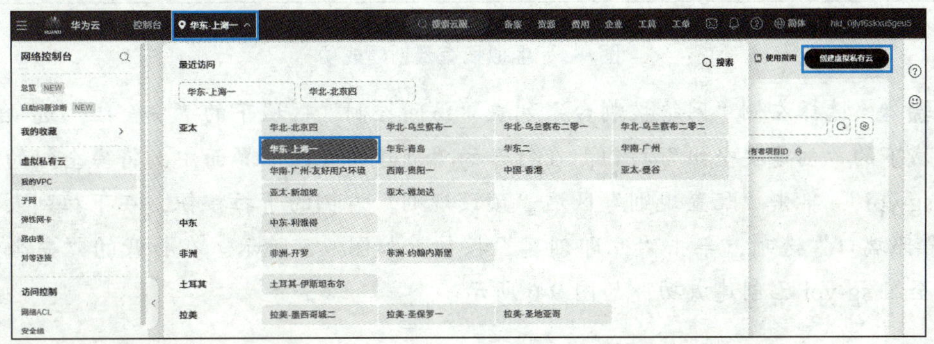

图 9-2 选择区域

步骤 3 在打开的“创建虚拟私有云”界面中设置虚拟私有云的名称为“vpc-ypi”、子网名称为“subnet-ypi”，单击“立即创建”按钮，如图 9-3 所示。在打开的“虚拟私有云”界面中，当虚拟私有云 vpc-ypi 的状态为“可用”时，表示其创建成功，如图 9-4 所示。

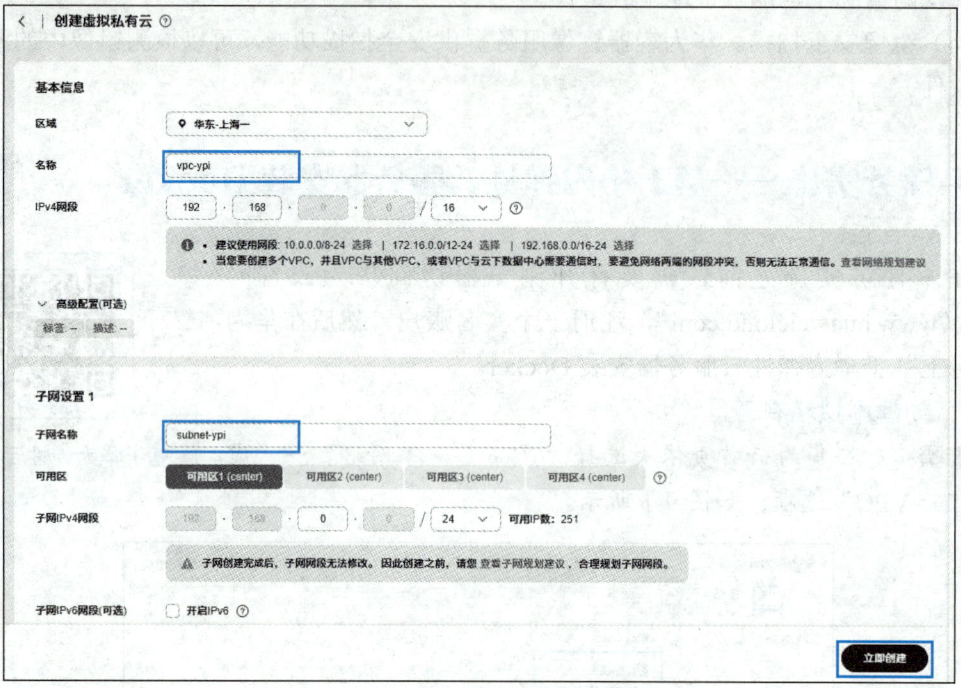

图 9-3 “创建虚拟私有云”界面

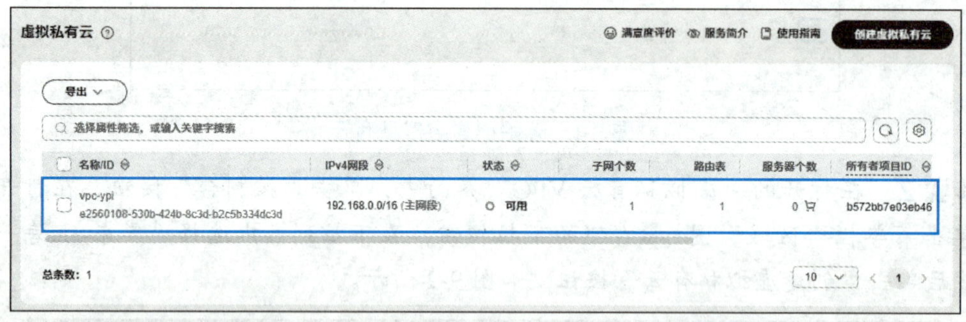

图 9-4 虚拟私有云创建成功

步骤 4 选择左侧“网络控制台”列表“访问控制”区域下的“安全组”选项。单击右侧区域下的“创建安全组”按钮，在打开的“创建安全组”界面中，将安全组的名称设置为“sg-ypi”，单击“配置规则”区域“预设规则”右侧的下拉按钮，在下拉列表中选择“开放全部端口”选项，单击“立即创建”按钮，如图 9-5 所示。在打开的“安全组”界面中安全组 sg-ypi 已创建成功，如图 9-6 所示。

图 9-5 创建安全组

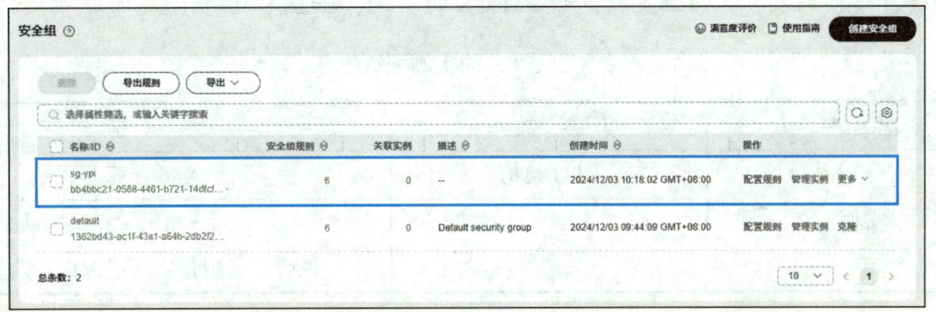

图 9-6 安全组创建成功

2. 创建弹性云服务器

步骤 1 在华为云首页依次选择“产品”→“计算”→“弹性云服务器 ECS”选项，如图 9-7 所示。

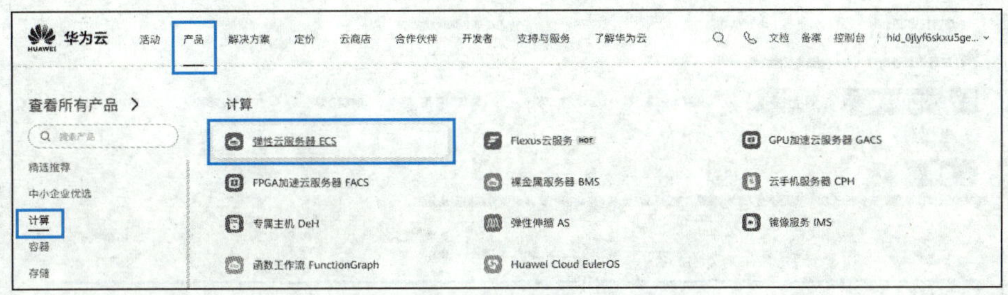

图 9-7 开始创建弹性云服务器

步骤 2 在打开的“弹性云服务器 ECS”界面中，单击“购买”按钮。在打开的“购买弹性云服务器”界面中，按照表 9-1 的配置信息设置 ECS 的基础配置，如图 9-8 所示。

表 9-1　ECS 的基础配置信息

区　域	参　数	参 考 值
基础配置	计费模式	按需计费
	区域	华东-上海一
	可用区	随机分配

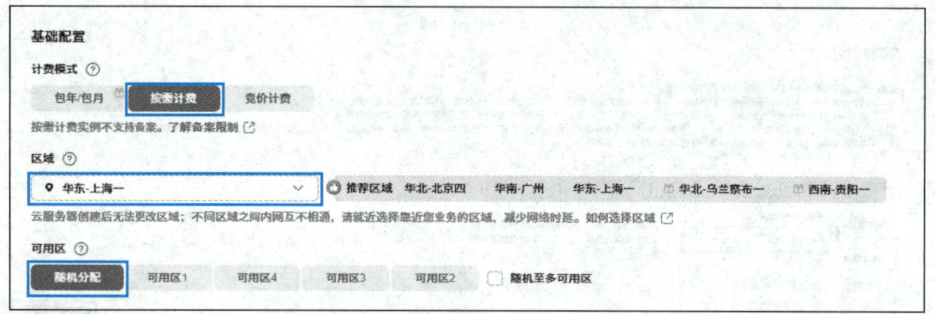

图 9-8　设置 ECS 的基础配置

步骤 3　按照表 9-2 的配置信息设置 ECS 的实例，如图 9-9 所示。

表 9-2　ECS 的实例配置信息

区　域	参　数	参 考 值
实例	CPU 架构	X86 计算
	规格	c7.large.2 说明：可根据实际需求进行购买

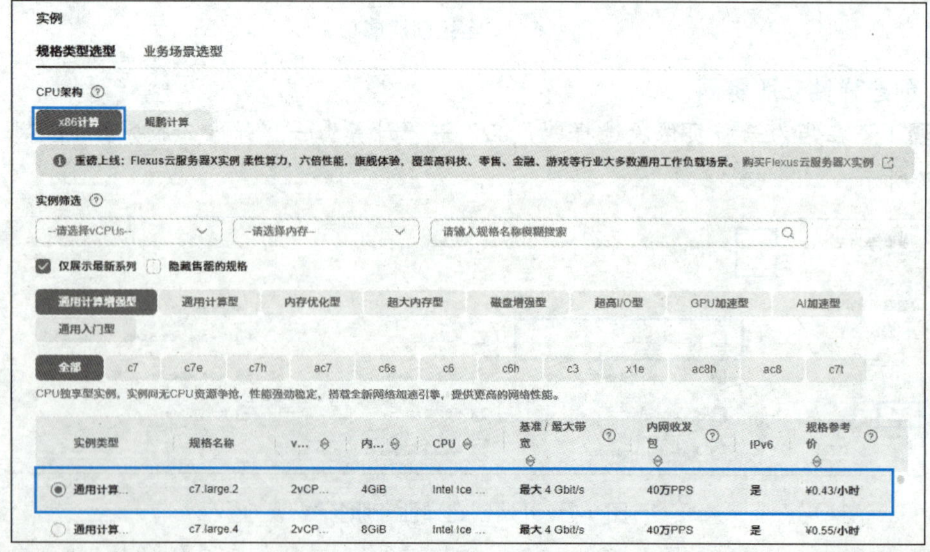

图 9-9　设置 ECS 的实例

步骤 4 按照表 9-3 的配置信息设置 ECS 的操作系统，如图 9-10 所示。

表 9-3 ECS 的操作系统配置信息

区 域	参 数	参 考 值
操作系统	镜像	公共镜像 CentOS 7.6 64bit
	安全防护	默认（基础防护）

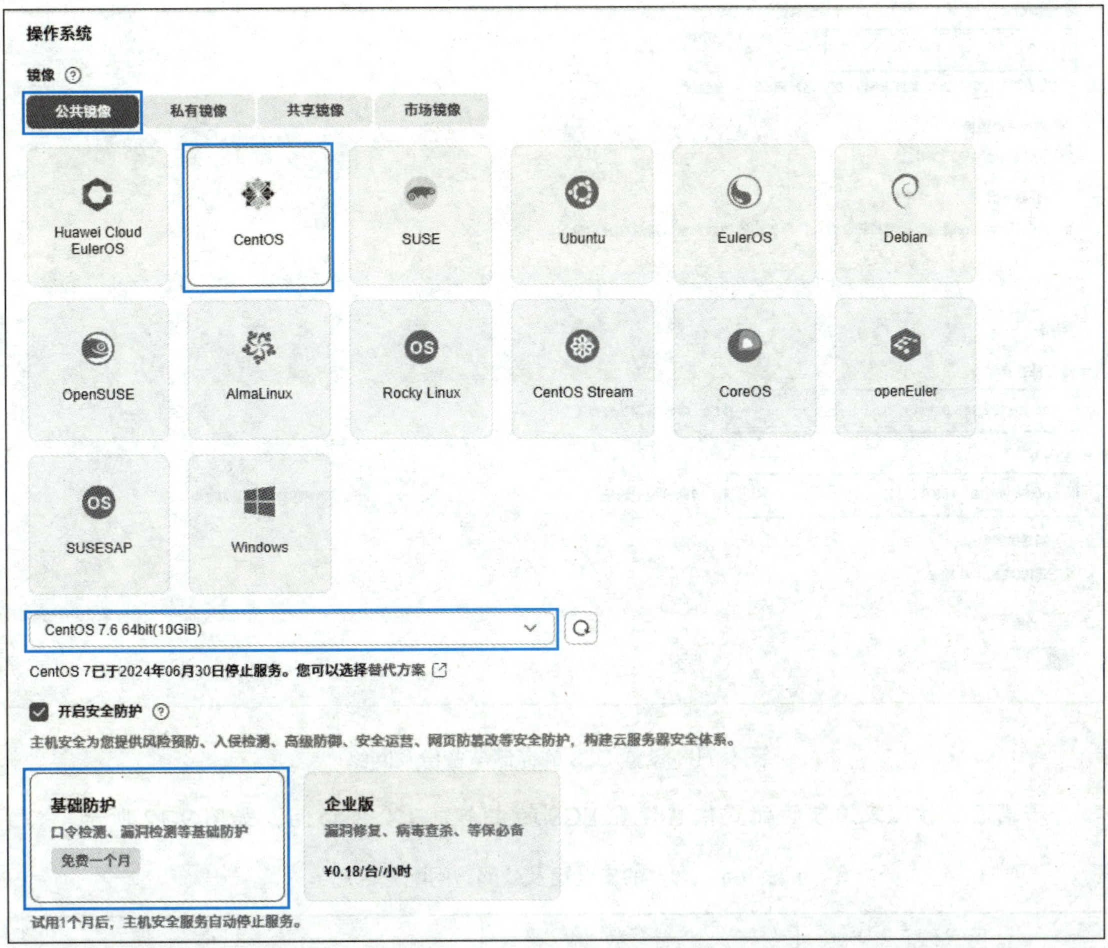

操作系统

镜像

公共镜像 私有镜像 共享镜像 市场镜像

Huawei Cloud EulerOS
CentOS
SUSE
Ubuntu
EulerOS
Debian
OpenSUSE
AlmaLinux
Rocky Linux
CentOS Stream
CoreOS
openEuler
SUSESAP
Windows

CentOS 7.6 64bit(10GiB)

CentOS 7已于2024年06月30日停止服务。您可以选择替代方案

开启安全防护

主机安全为您提供风险预防、入侵检测、高级防御、安全运营、网页防篡改等安全防护，构建云服务器安全体系。

基础防护
口令检测、漏洞检测等基础防护
免费一个月

企业版
漏洞修复、病毒查杀、等保必备
¥0.18/台/小时

试用1个月后，主机安全服务自动停止服务。

图 9-10 设置 ECS 的操作系统

步骤 5 按照表 9-4 的配置信息设置 ECS 的存储与备份及网络，如图 9-11 所示。

表 9-4 ECS 的存储与备份及网络配置信息

区 域	参 数	参 考 值
存储与备份	磁盘类型	高 IO 说明：可根据实际需求进行购买

（续表）

区　域	参　数	参 考 值
网络	虚拟私有云	vpc-ypi
	主网卡	subnet-ypi

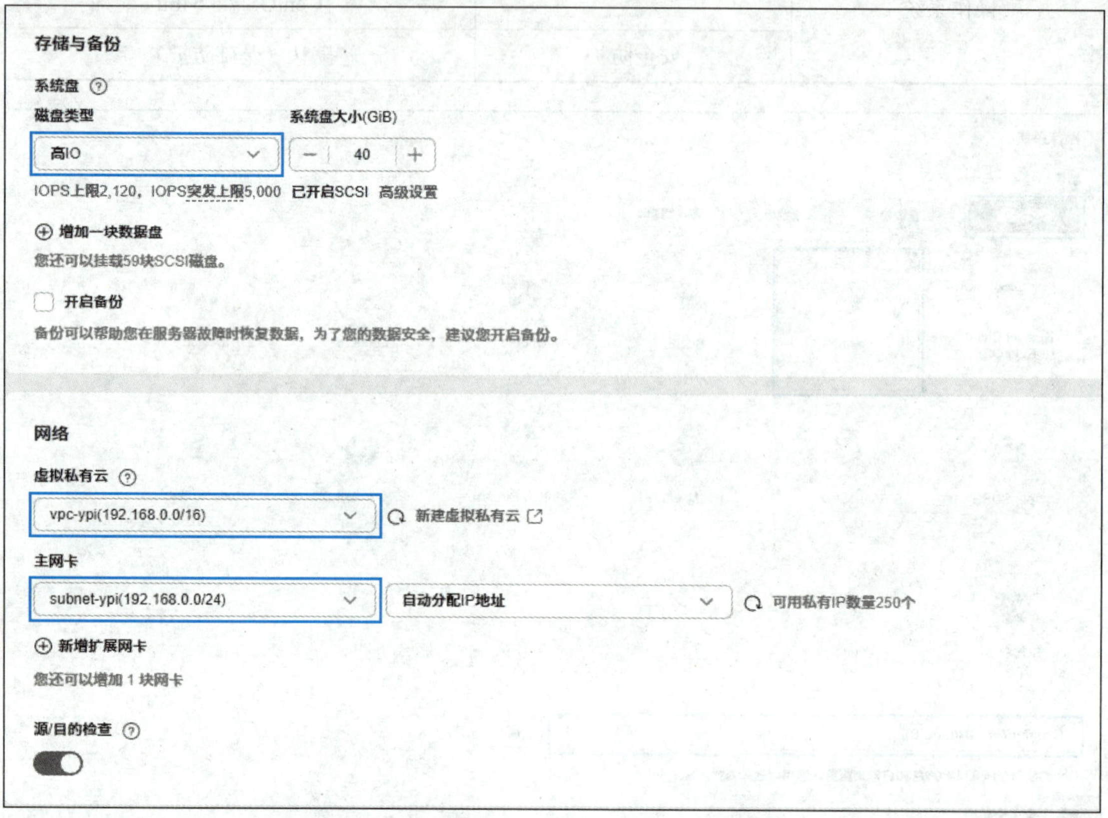

图 9-11　设置 ECS 的存储与备份及网络

步骤 6　按照表 9-5 的配置信息设置 ECS 的安全组及公网访问，如图 9-12 所示。

表 9-5　ECS 的安全组及公网访问配置信息

区　域	参　数	参 考 值
安全组	选择安全组	sg-ypi
公网访问	弹性公网 IP	现在购买
	线路	全动态 BGP
	公网带宽	按带宽计费
	带宽大小	5 Mbps

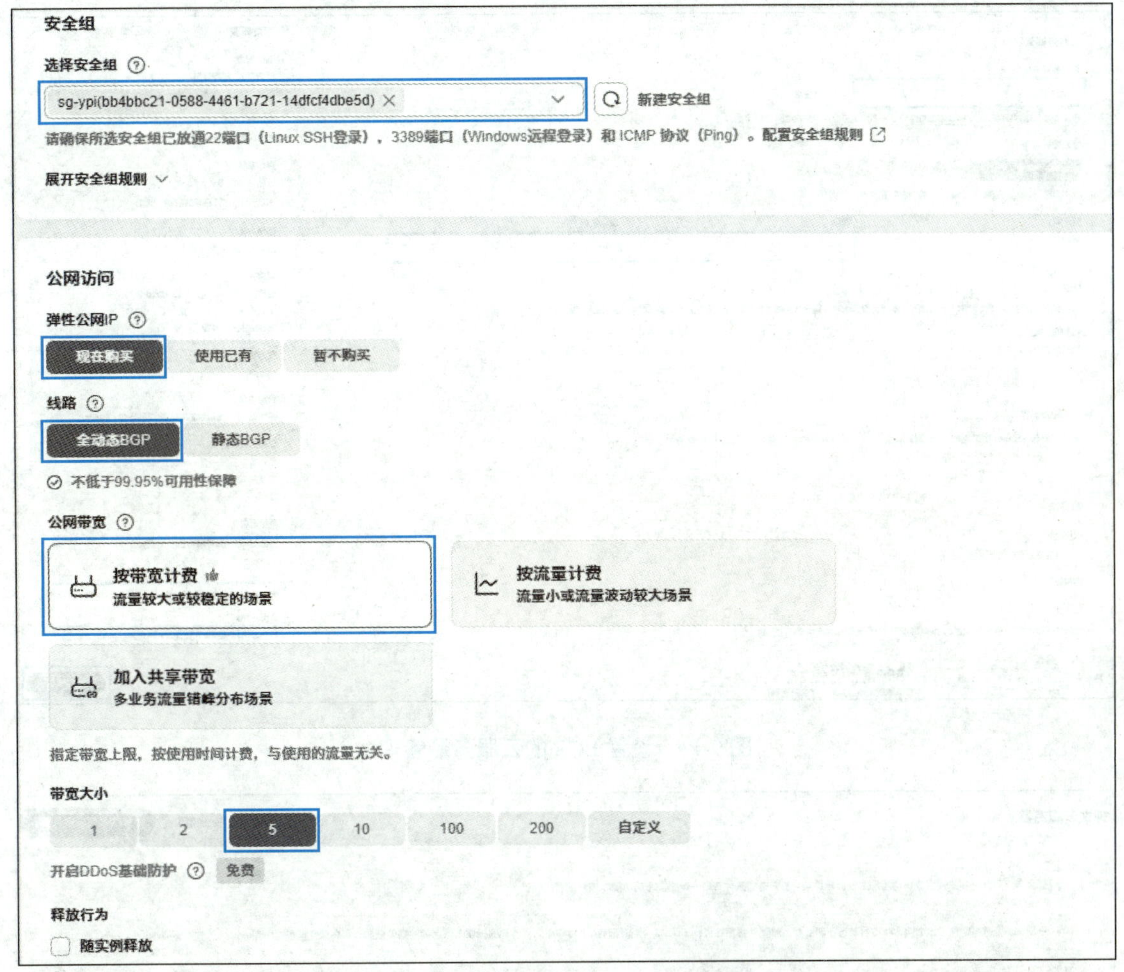

图 9-12　设置 ECS 的安全组及公网访问

步骤 7　按照表 9-6 的配置信息设置 ECS 的云服务器管理信息，并勾选右侧“配置概要”区域下方的“我已阅读并同意《弹性云服务器服务声明》《镜像免责声明》”复选框，单击“立即购买”按钮，如图 9-13 所示。

表 9-6　ECS 的云服务器管理配置信息

区　域	参　数	参 考 值
云服务器管理	云服务器名称	ecs-ypi
	密码	设置比较复杂的密码，如 Huawei@123!#

步骤 8　在打开的界面中单击“返回云服务器列表”按钮，返回云服务器列表。当云服务器 ecs-ypi 的状态为“运行中”时，表示其创建成功，如图 9-14 所示。

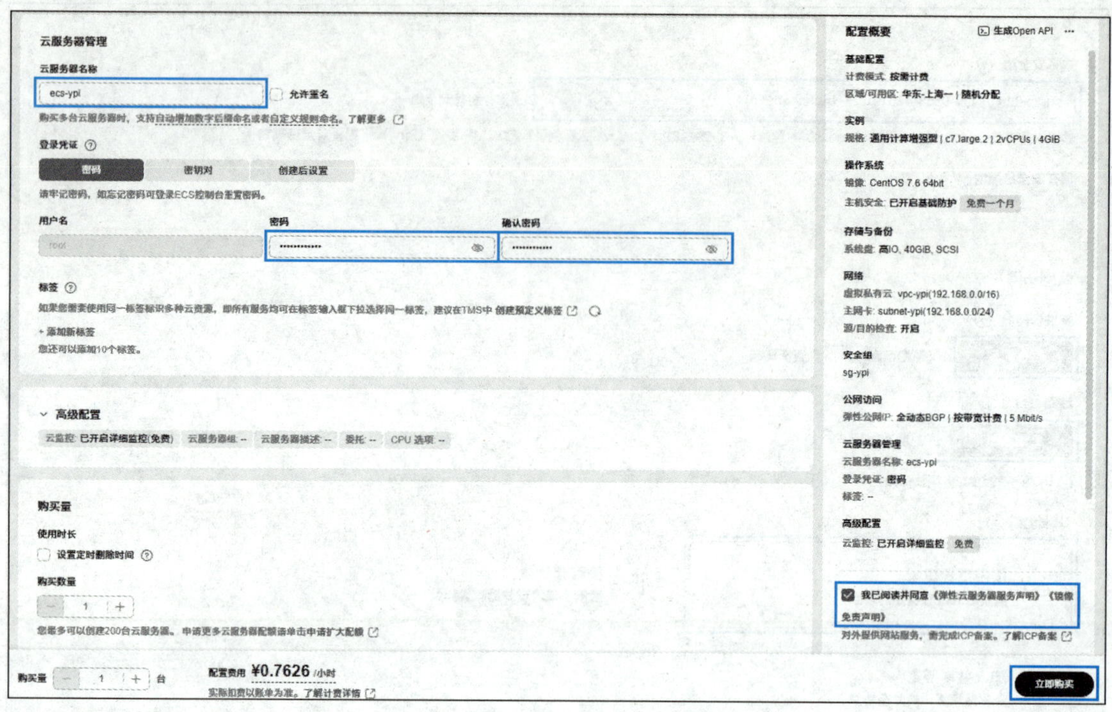

图 9-13　设置 ECS 的云服务器管理

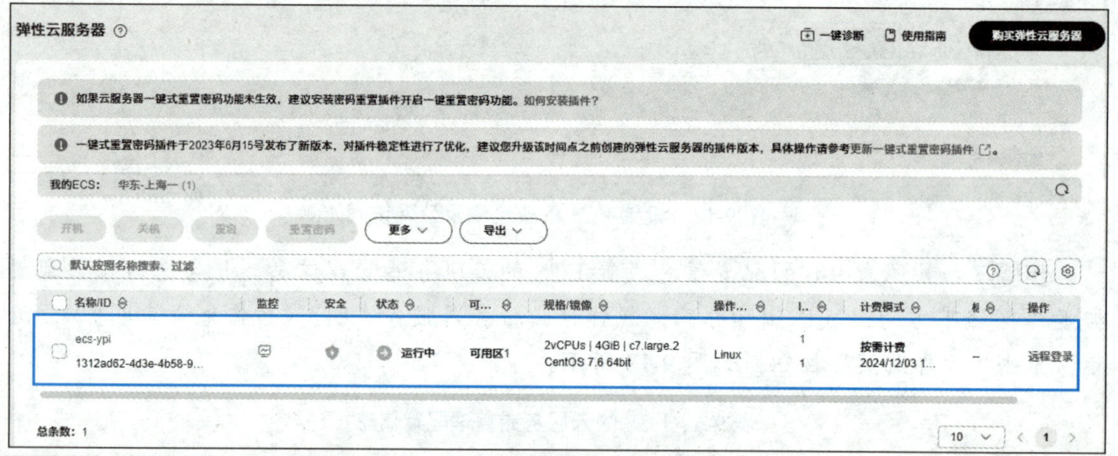

图 9-14　云服务器创建成功

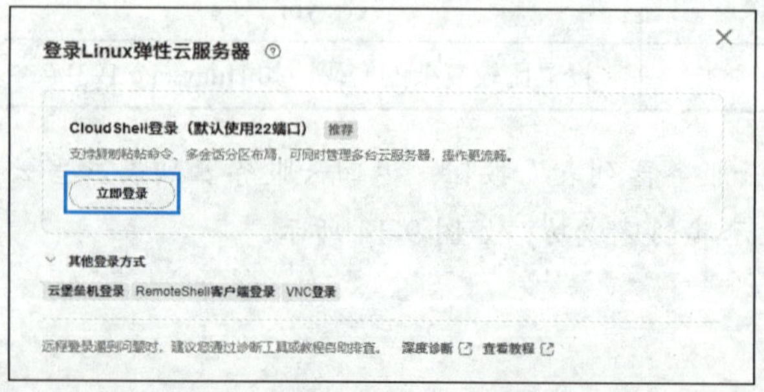

图 9-15　登录 Linux 弹性云服务器

3. 安装 Docker

步骤 1　单击云服务器 ecs-ypi 所在栏中的“远程登录”按钮，在弹出的“登录 Linux 弹性云服务器”对话框中单击“立即登录”按钮，如图 9-15 所示。

步骤 2 在打开的"连接远程服务器"窗口中，输入弹性云服务器的密码，单击"连接"按钮，如图 9-16 所示。

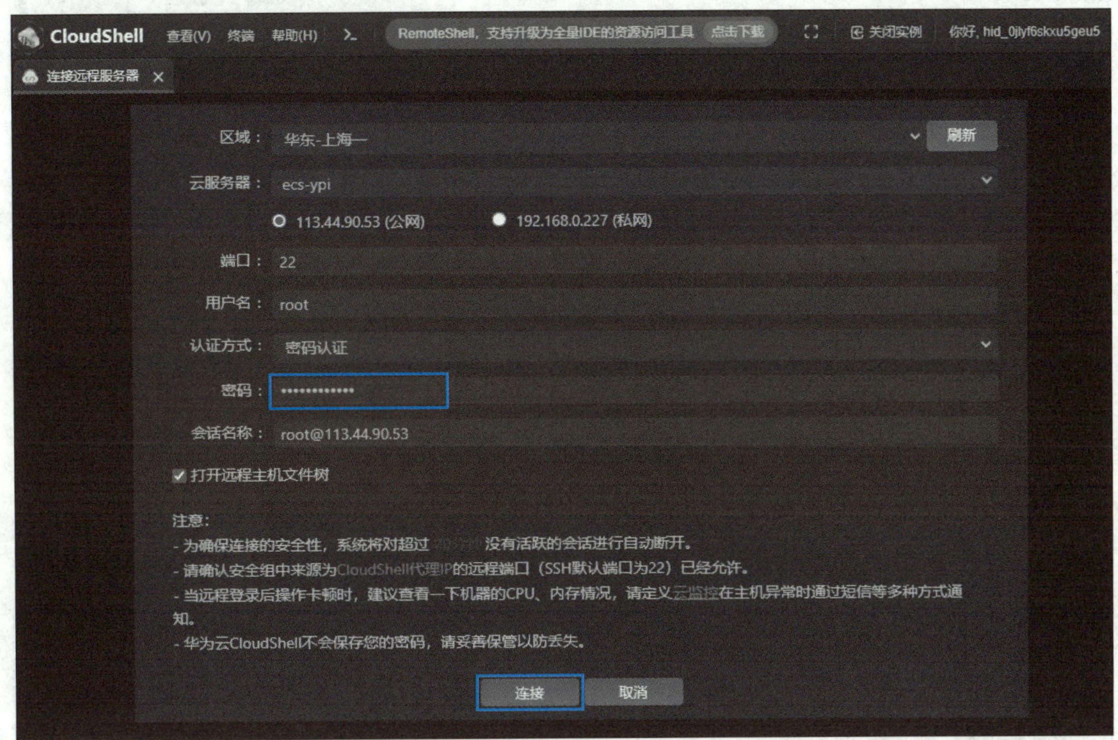

图 9-16 连接远程服务器

步骤 3 在打开的命令行终端中执行以下命令安装 Docker。

```
[root@ecs-ypi ~]# sudo yum -y install docker
Loaded plugins: fastestmirror
Determining fastest mirrors
base                                    | 3.6 kB  00:00:00
epel                                    | 4.3 kB  00:00:00
extras                                  | 2.9 kB  00:00:00
updates                                 | 2.9 kB  00:00:00
...
Complete!
```

步骤 4 在打开的命令行终端中执行以下命令查看 Docker 版本。

```
[root@ecs-ypi ~]# docker --version
Docker version 1.13.1, build 7d71120/1.13.1
```

4. 删除云资源

步骤 1 打开"弹性云服务器"界面，单击云服务器 ecs-ypi 所在栏中的"更多"下拉按钮，在下拉列表中选择“删除”选项，如图 9-17 所示。

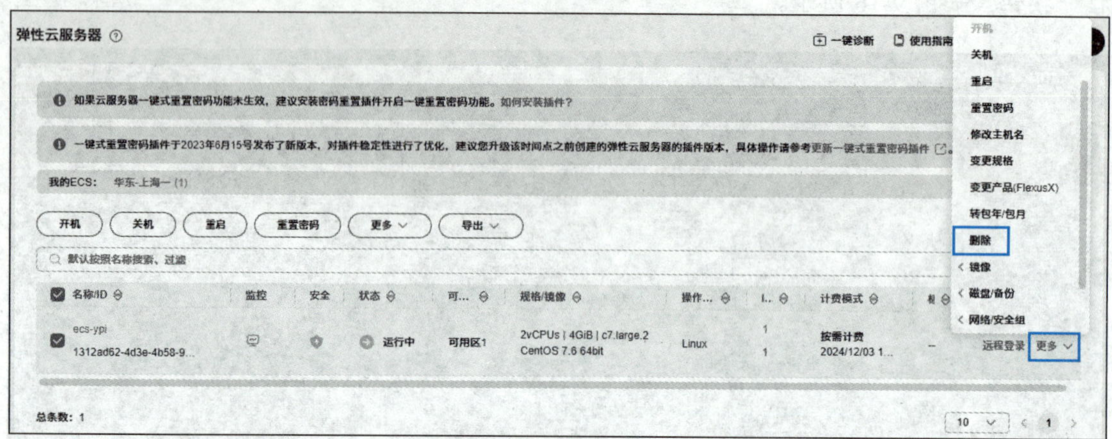

图 9-17　删除云服务器

步骤 2　在弹出的“删除”对话框中，勾选“删除云服务器绑定的弹性公网 IP 地址”和“删除云服务器挂载的数据盘”复选框，单击“下一步”按钮，如图 9-18 所示。

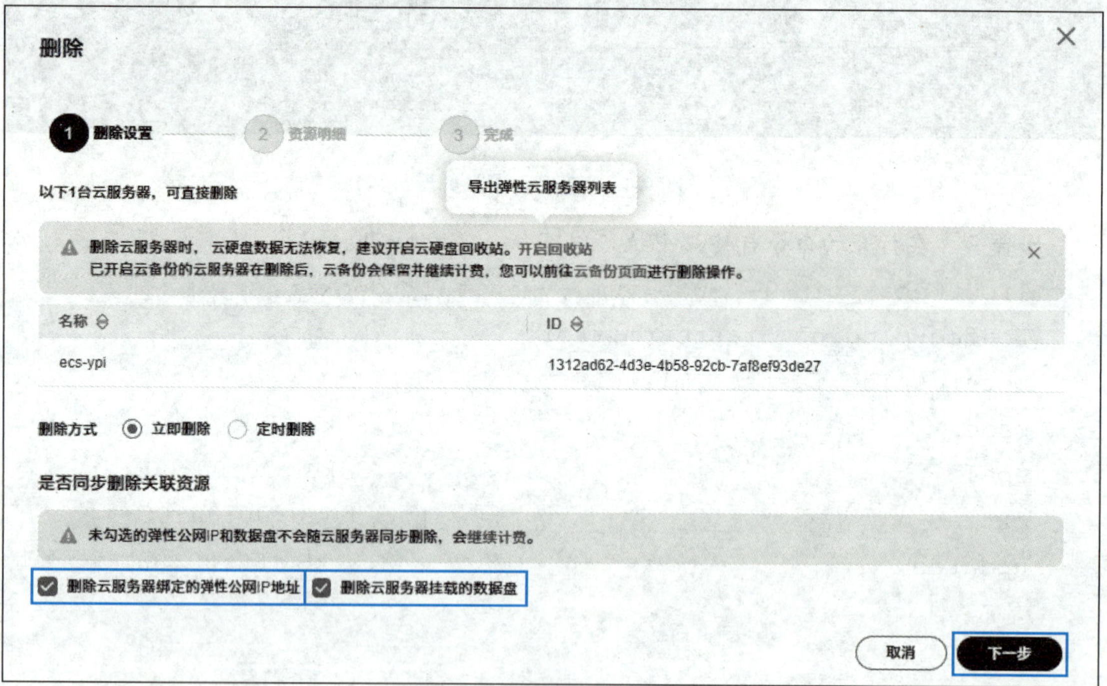

图 9-18　同步删除关联资源

步骤 3　在打开的“资源明细”界面中，单击“确定”按钮，如图 9-19 所示。

步骤 4　在弹出的“操作确认”对话框中，单击“获取验证码”按钮获取验证码，输入验证码后，单击“确定”按钮，删除资源，如图 9-20 所示。

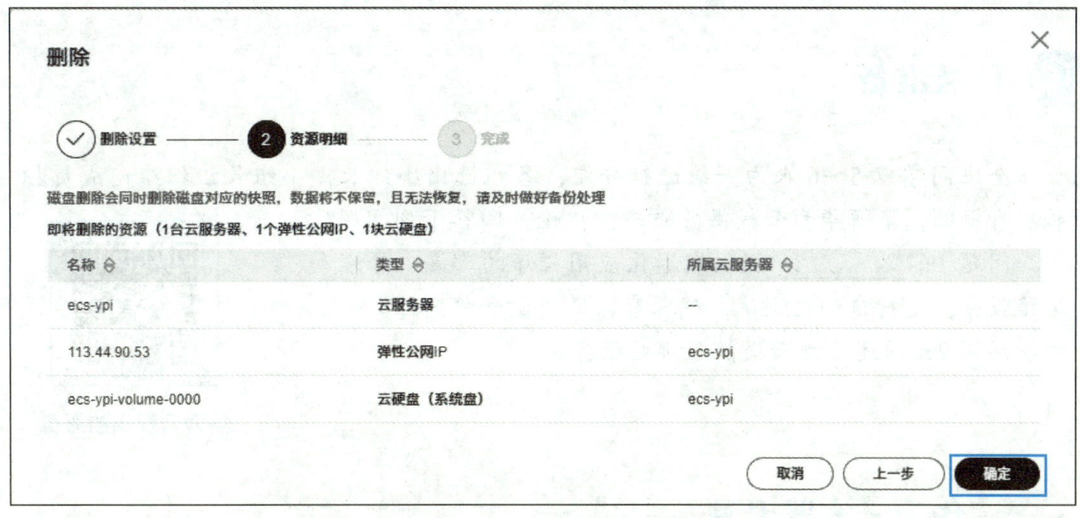

图 9-19　“资源明细”界面

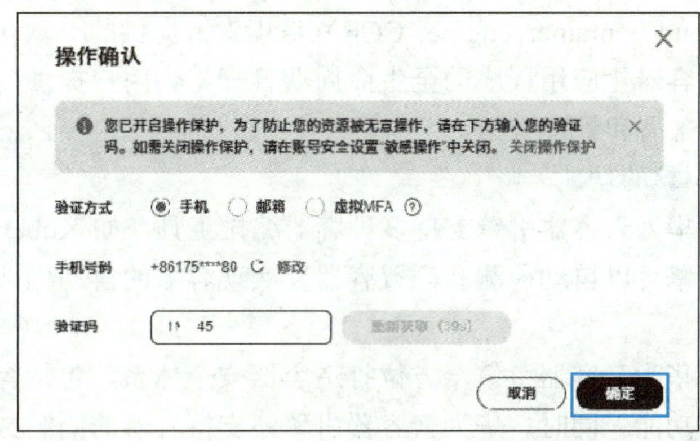

图 9-20　“操作确认”对话框

任务二　搭建云上自动化容器运行环境

任务描述

在进一步探索华为云的过程中，小旌发现华为云容器引擎是一款强大的容器编排和管理工具。于是，他决定深入学习华为云容器引擎的相关概念，并使用华为云容器引擎创建集群、添加节点及配置服务，从而实现 Kubernetes 集群的一站式自动化部署和运维。

任务准备

全班同学以5～6人为一组进行分组，各组选出小组长，小组长组织组内成员扫码观看视频，了解华为云提供的服务，讨论并回答下列问题。

问题1：__________提供容器化应用程序的部署、管理和运维服务，支持自动化测试，确保容器的质量和稳定性。

问题2：简述华为云提供了哪些服务。

华为云提供的服务

一、华为云容器引擎

云容器引擎（cloud container engine, CCE）是华为云提供的一款功能强大的容器编排和管理工具，它支持容器化应用程序的全生命周期管理，为用户提供高度可扩展的、高性能的云原生应用程序部署和管理方案。

1. 华为云容器引擎的功能

（1）容器编排。华为云容器引擎支持多种容器编排工具，如 Kubernetes、Docker 等。同时，华为云容器引擎可以自动检测和配置容器，实现容器的自动化部署、扩容、备份和恢复等功能。

（2）容器安全。华为云容器引擎全方位打造容器安全体系，包括容器的镜像管理、权限管理和日志管理等功能。同时，华为云容器引擎还支持容器的漏洞扫描和自动化修复机制，确保容器运行环境的安全性。

（3）容器自动化测试。华为云容器引擎配备了容器自动化测试工具，能够高效执行单元测试、集成测试、端到端测试等，确保容器的稳定性和可靠性。

2. CCE Standard 集群

CCE Standard 集群是华为云容器引擎服务的标准版本集群，提供商用级容器集群服务，完全兼容开源 Kubernetes 集群标准功能。它为用户提供简单、低成本、高可用的解决方案，无需管理和运维控制节点（Master 节点），并可根据业务场景选择容器隧道网络模型或 VPC 网络模型，适用于通用场景，满足大多数业务需求。

二、华为云容器实例

云容器实例（cloud container instance, CCI）是华为云提供的一种无服务器容器（serverless container）服务，它允许用户在无需创建和管理服务器集群的情况下直接运行容器。

1. 无服务器容器

无服务器容器是一种架构理念，它允许开发者无需创建和管理服务器、也不必关注服务器的运行状态，只需动态申请应用程序所需的资源，将服务器的管理和维护工作交由专

业的运维团队处理。这种方式显著提升了应用程序的开发效率，同时降低了企业的 IT 成本。

华为云容器实例基于无服务器容器理念，用户无需创建和管理 Kubernetes 集群，可通过控制台、kubectl、Kubernetes API 等工具创建和使用容器负载。此外，用户仅需为实际使用的资源付费，有效降低了成本。

2．华为云容器实例功能

（1）一站式容器生命周期管理。用户无需创建和管理服务器集群，即可直接运行并管理容器，实现容器的全生命周期管理。

（2）支持多种类型计算资源。华为云容器实例支持 CPU 和 GPU 等多种计算资源，满足多样化的计算需求。

（3）支持多种网络访问方式。华为云容器实例提供丰富的网络访问方式，支持 4 层和 7 层负载均衡，满足用户在不同场景下的访问需求。

（4）支持多种持久化存储。华为云容器实例支持将数据存储在多种云存储服务上，包括云硬盘存储卷（EVS）、文件存储卷（SFS）、对象存储卷（OBS）和极速文件存储卷（SFS Turbo）等。

（5）支持极速弹性扩缩容。用户可以自定义弹性伸缩策略，华为云容器实例能在 1 s 内完成弹性扩缩容，确保应用程序的稳定性。同时，用户还可以自由组合多种弹性策略，有效应对业务高峰期的突发流量。

素养之窗

移动云是中国移动基于 5G 打造的云计算服务品牌，提供包括弹性计算、云存储、云网络、云安全等在内的各类云服务。移动云具有云网一体、云数融通、云边协同、云智融合等优势。依托先进的云计算技术，移动云为用户提供了高效、便捷、灵活的云服务。移动云建设了多个集中节点、31 个省级属地化节点及边缘节点，打造了“一朵云”的全域资源布局。这种布局使得移动云能够提供高性能的云服务，百公里时延仅需 0.8 ms，性能在业界处于领先地位。目前，移动云被广泛应用于政务、金融、工业和医疗等多个行业。

任务实施——基于华为云容器引擎部署集群

本任务将在华为云平台上基于华为云容器引擎创建集群资源。

基于华为云容器引擎部署集群

1．创建集群

步骤 1 打开浏览器访问华为云官网“https://www.huaweicloud.com”，并登录华为云账号。

步骤 2 在华为云首页依次选择“产品”→“容器”→“云容器引擎 CCE”选项，如图 9-21 所示。

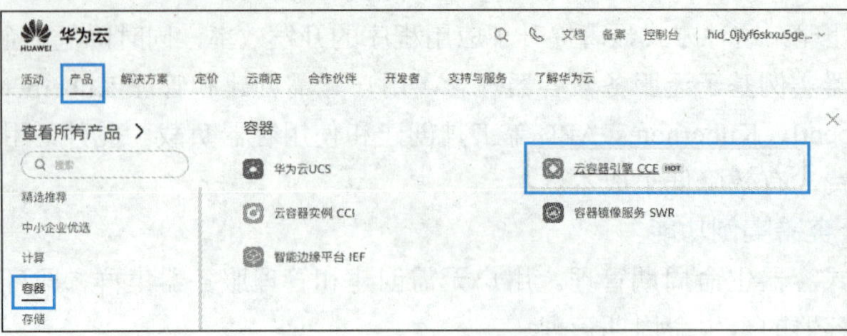

图 9-21　开始创建云容器引擎

步骤 3　在打开的"云容器引擎 CCE"界面中，单击"购买"按钮。在打开的界面中单击菜单栏"区域"图标右侧的下拉按钮，在下拉列表中选择"华东-上海一"选项，并按照表 9-7 的配置信息设置 CCE 的基础配置，如图 9-22 所示。

表 9-7　CCE 的基础配置信息

区　域	参　数	参 考 值
基础配置	集群类型	CCE Standard 集群
	计费模式	按需计费
	集群名称	cce-ypi
	集群版本	v1.28
	集群规模	50 节点
	集群 master 实例数	3 实例

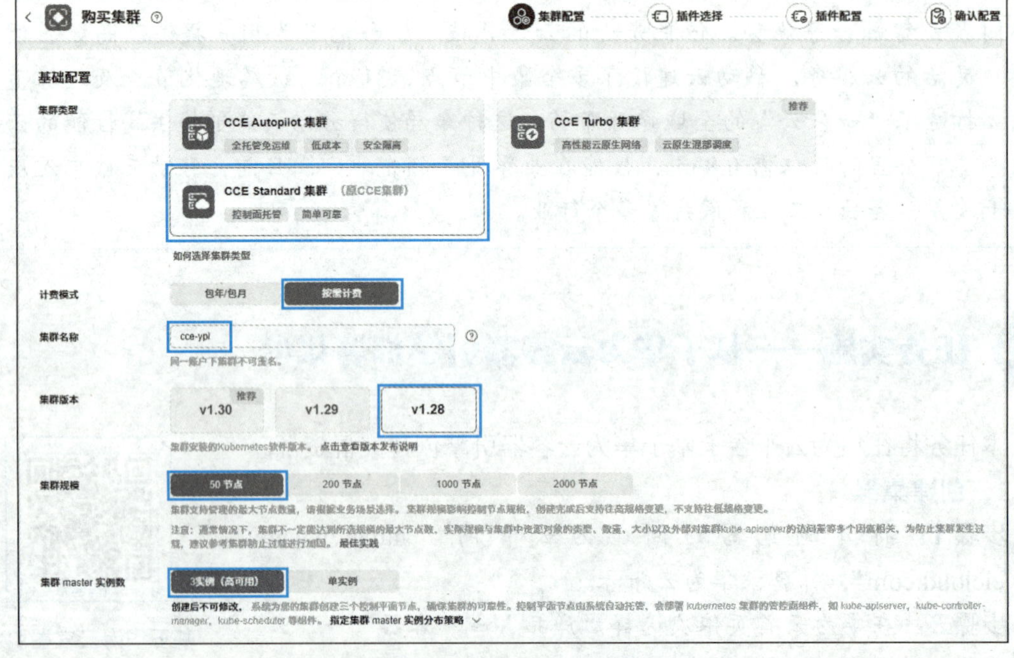

图 9-22　设置 CCE 的基础配置

步骤 4 按照表 9-8 的配置信息设置 CCE 的网络，单击“下一步：插件选择”按钮，如图 9-23 所示。

表 9-8 CCE 的网络配置信息

区 域	参 数	参 考 值
网络配置	虚拟私有云	vpc-ypi
	默认节点子网	subnet-ypi
	容器网络模型	容器隧道网络
	容器网段	自动设置网段

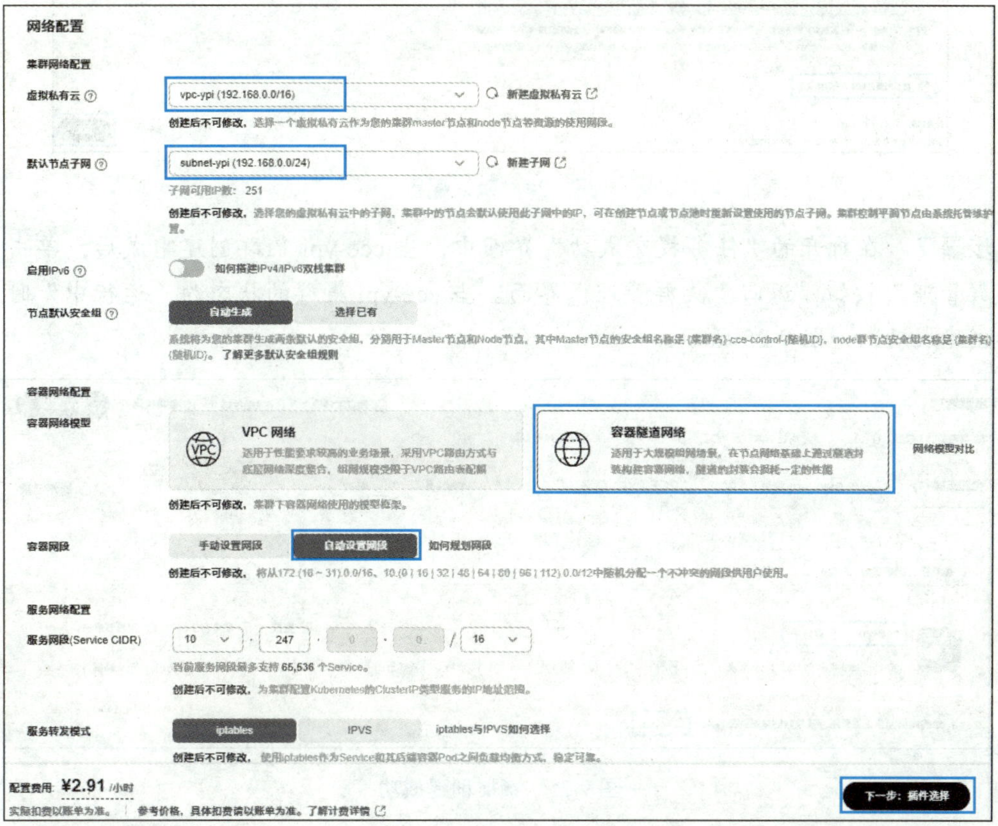

图 9-23 设置 CCE 的网络配置

步骤 5 在打开的“插件选择”界面中，单击“下一步：插件配置”按钮。在打开的“插件配置”界面中，单击“下一步：确认配置”按钮。

步骤 6 在打开的“确认配置”界面中，勾选“我已阅读并知晓上述使用说明”复选框，单击“提交”按钮，如图 9-24 所示。

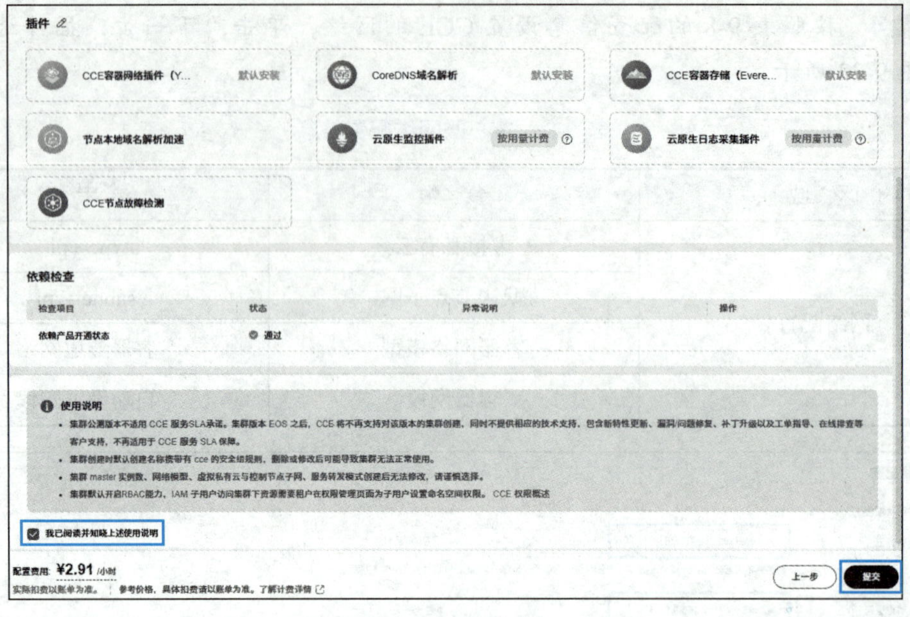

图 9-24　确认配置

步骤 7　在打开的“任务提交成功”界面中，当 cce-ypi 集群创建完成后，单击“返回集群管理”按钮，返回“集群管理”界面。当 cce-ypi 集群的状态为“运行中”时，表示其创建成功，如图 9-25 所示。

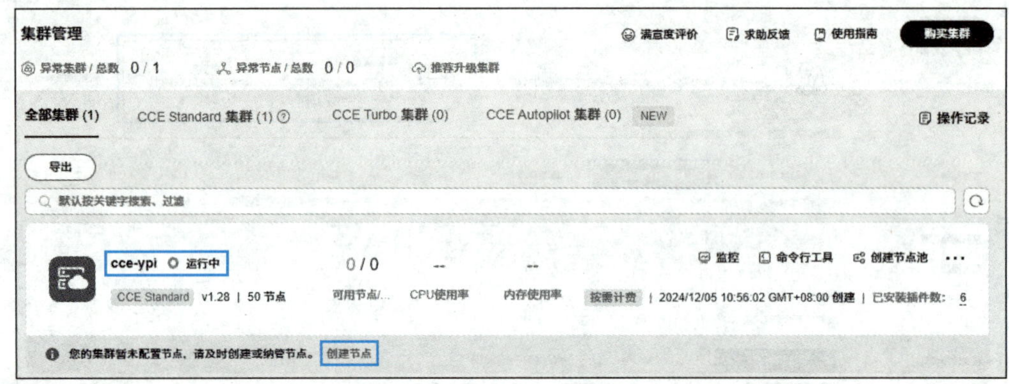

图 9-25　集群创建成功

2. 创建节点

步骤 1　在“集群管理”界面中，单击 cce-ypi 集群下方的“创建节点”按钮。在打开的“创建节点”界面中，按照表 9-9 的配置信息设置节点的配置，如图 9-26 所示。

表 9-9　节点配置信息

<table>
<tr><th>区　域</th><th>参　数</th><th>参 考 值</th></tr>
<tr><td rowspan="2">节点配置</td><td>计费模式</td><td>按需计费</td></tr>
<tr><td>可用区</td><td>随机分配</td></tr>
</table>

（续表）

区　域	参　数	参 考 值
节点配置	节点类型	弹性云服务器-虚拟机
	节点规格	c7.3xlarge.4
	容器引擎	Containerd
	操作系统	公共镜像 EulerOS 2.9
	登录方式	密码 设置比较复杂的密码，如 Huawei@123!#

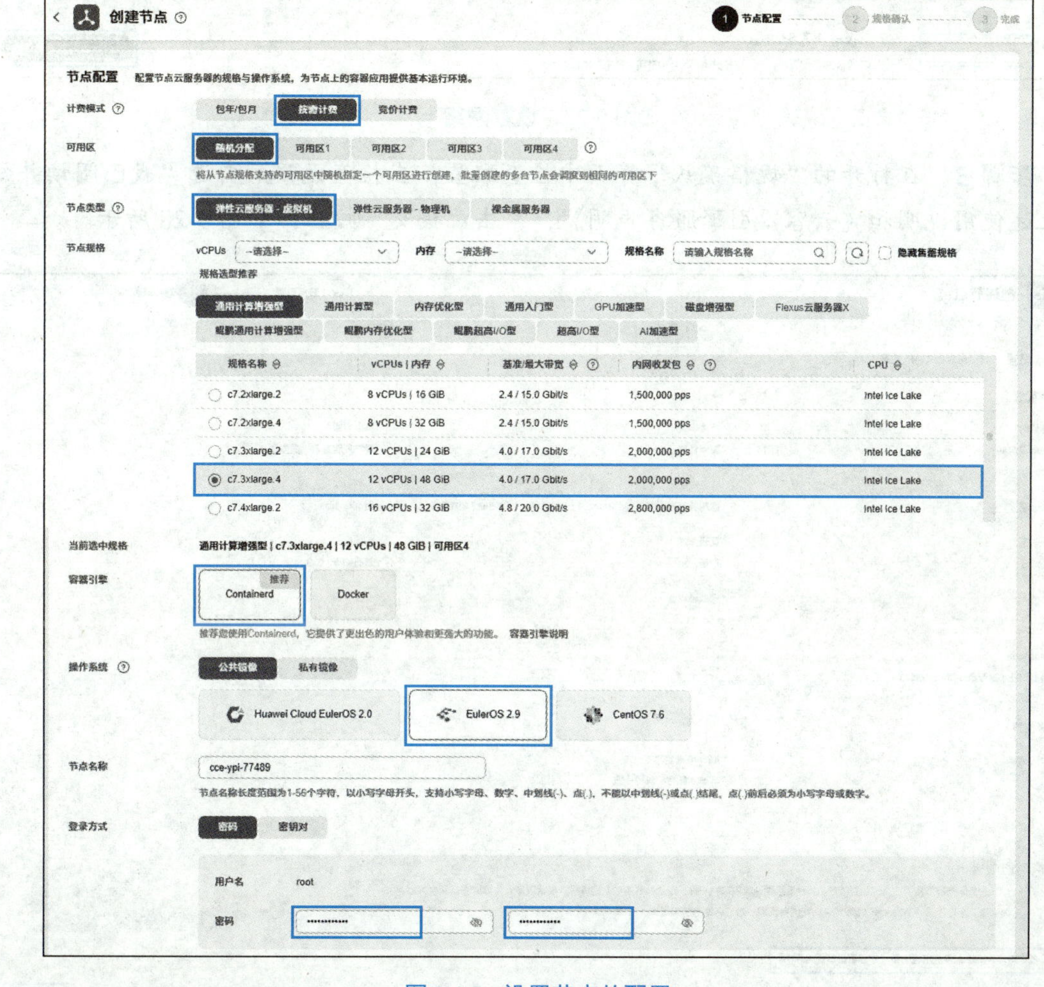

图 9-26　设置节点的配置

步骤 2　在“网络配置”区域中，将“弹性公网 IP”设置为“自动创建”，节点数量设置为“2”，单击“下一步：规格确认”按钮，如图 9-27 所示。

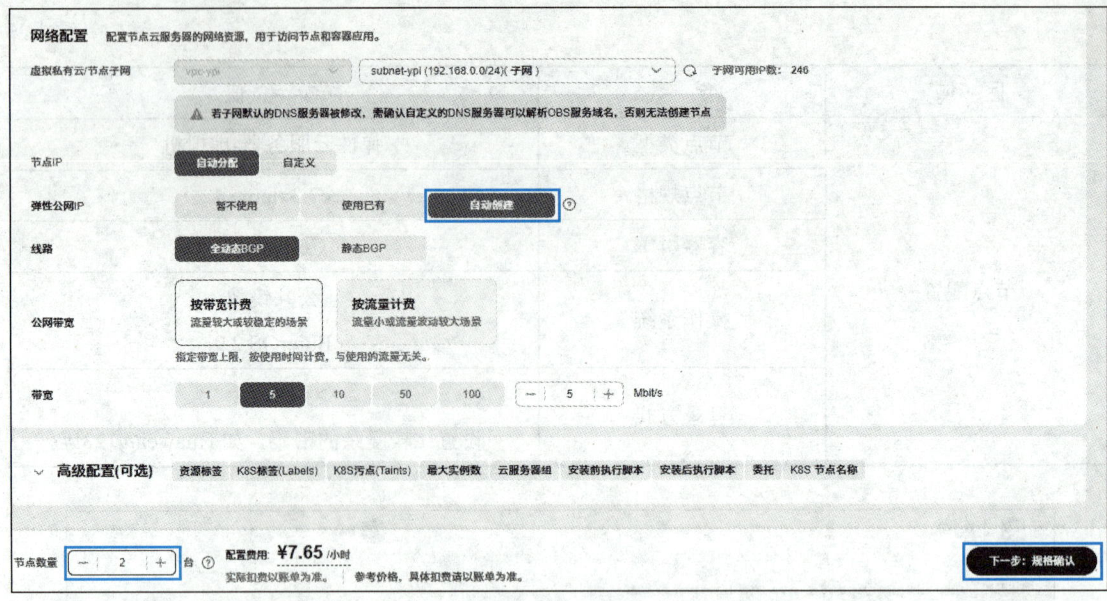

图 9-27　设置网络

步骤 3　在打开的“规格确认”界面中检查配置，在检查无误后勾选“我已阅读并知晓上述使用说明和《云容器引擎服务声明》”，单击“提交”按钮，如图 9-28 所示。

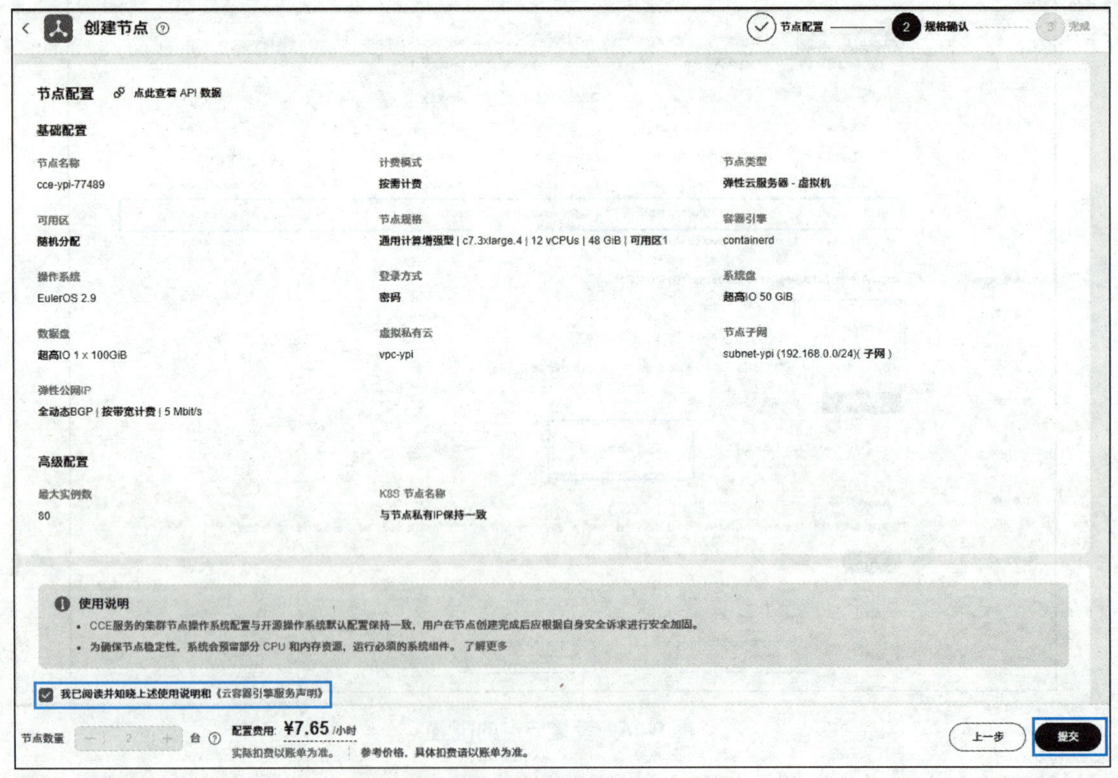

图 9-28　确认节点规格

步骤 4 在打开的界面中单击“返回节点列表”按钮，返回“节点”界面。当节点列表中两个节点的状态为“运行中”时，表示它们创建成功，如图 9-29 所示。

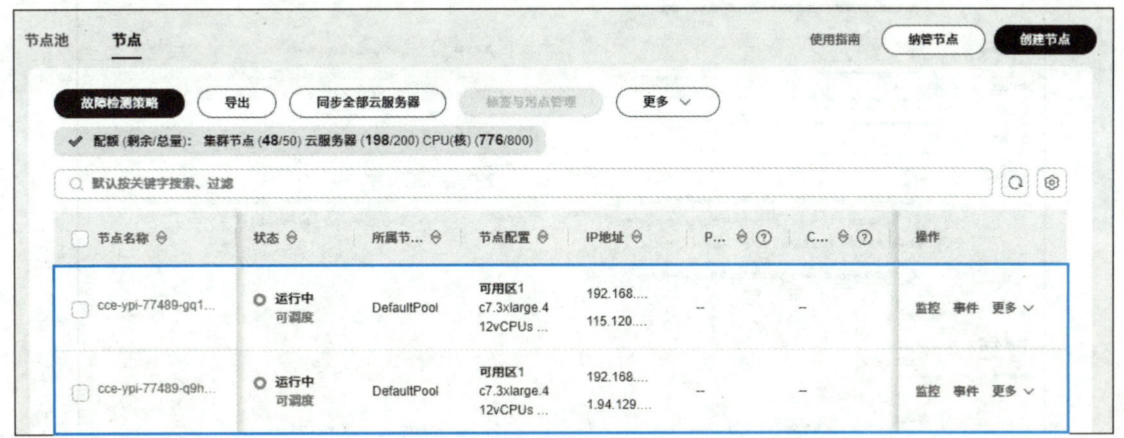

图 9-29 节点创建成功

3. 创建工作负载

步骤 1 选择左侧“Kubernetes 资源”区域下的“工作负载”选项，切换到“无状态负载”选项卡，单击“创建工作负载”按钮，如图 9-30 所示。

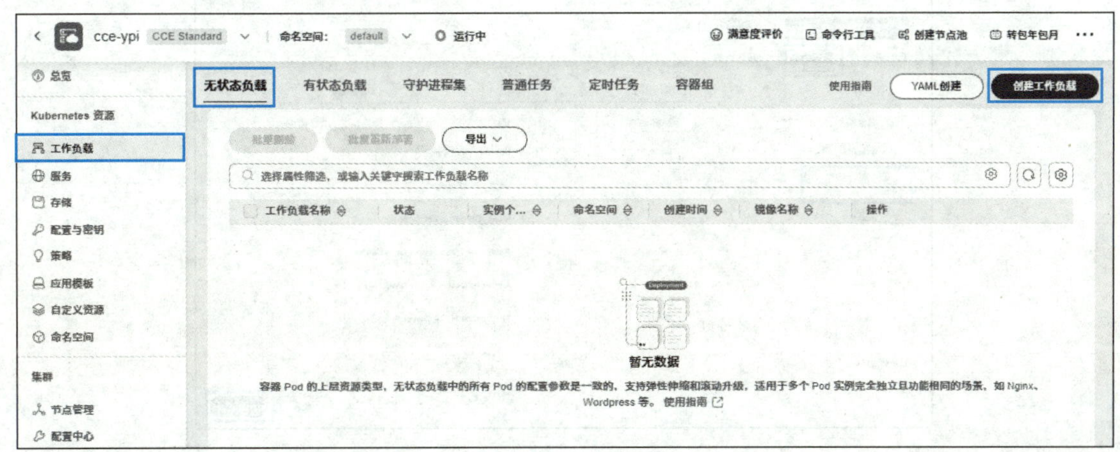

图 9-30 “无状态负载”选项卡

步骤 2 在打开界面中的“基本信息”区域将负载名称设置为“nginx”，实例数量设置为“1”，并在“容器配置”区域单击“选择镜像”按钮，如图 9-31 所示。

步骤 3 在弹出的“镜像选择”对话框中，切换到“镜像中心”选项卡，选择“nginx”单选按钮，单击“确定”按钮，如图 9-32 所示。

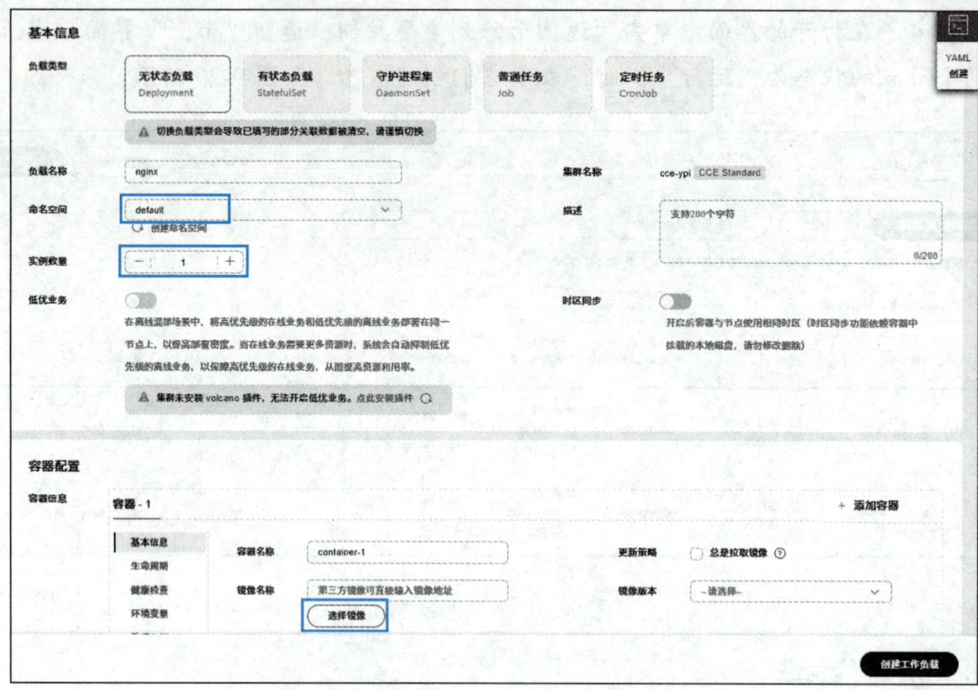

图 9-31　创建工作负载

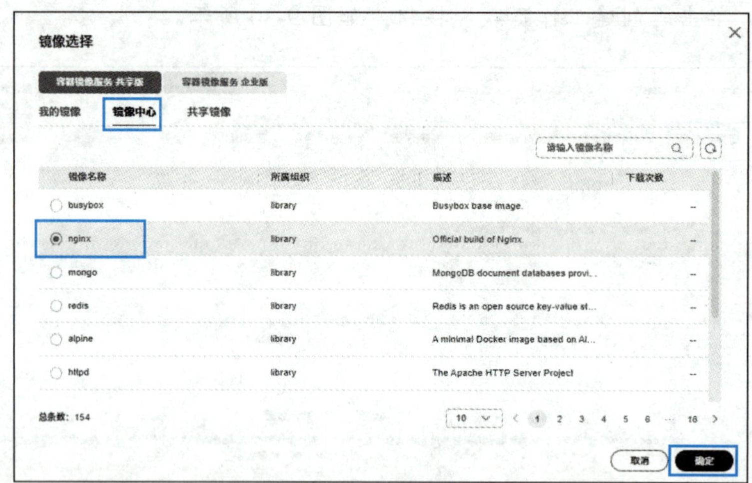

图 9-32　选择镜像

步骤 4　在“服务配置”区域中单击“添加”图标⊕，在打开的“创建服务”界面中按照表 9-10 的配置信息创建服务，并勾选“我已阅读《负载均衡使用须知》”复选框，单击“确定”按钮，如图 9-33 所示。

表 9-10　服务配置信息

参　数	参 考 值
Service 名称	nginx
访问类型	负载均衡

（续表）

参　数	参 考 值
负载均衡器	共享型、自动创建 弹性公网 IP（自动创建）
端口配置	容器端口（80） 服务端口（80）

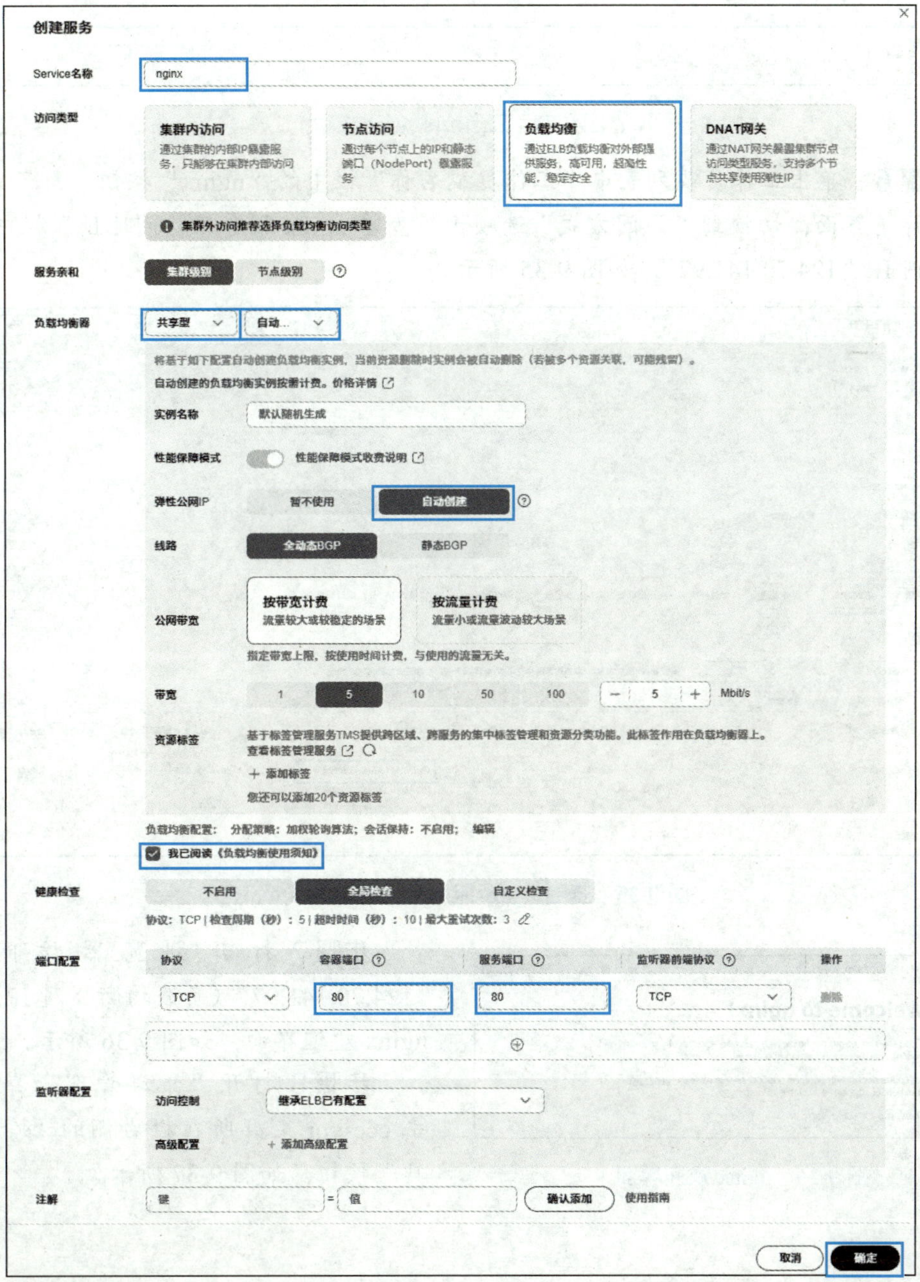

图 9-33　创建服务

步骤 5 在打开的界面中单击“查看工作负载列表”按钮，返回“无状态负载”界面。当工作负载列表中 nginx 工作负载的状态为“运行中”时，表示其创建成功，如图 9-34 所示。

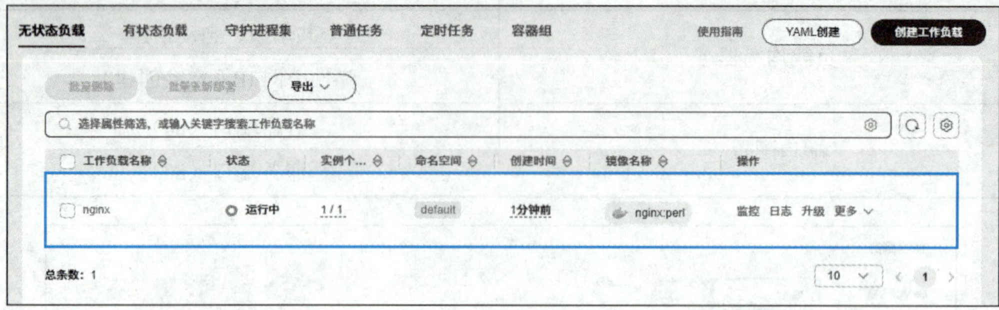

图 9-34 工作负载创建成功

步骤 6 单击工作负载列表中“工作负载名称”栏中的“nginx”按钮，打开 nginx 工作负载详情界面，切换到“访问方式”选项卡，查看 nginx 服务“访问地址”栏中的负载均衡公网 IP“124.70.141.97”，如图 9-35 所示。

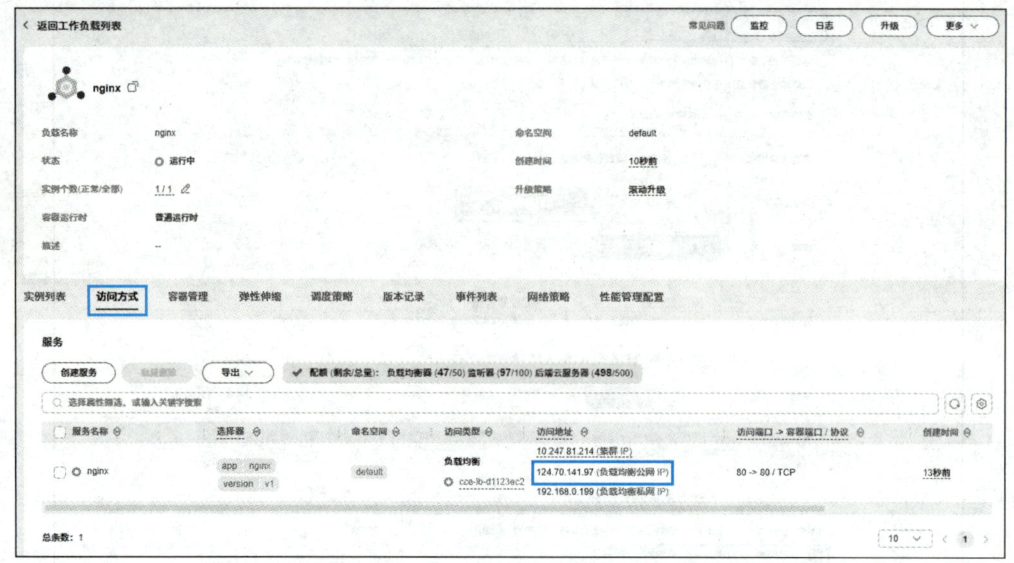

图 9-35 查看 nginx 服务的负载均衡公网 IP

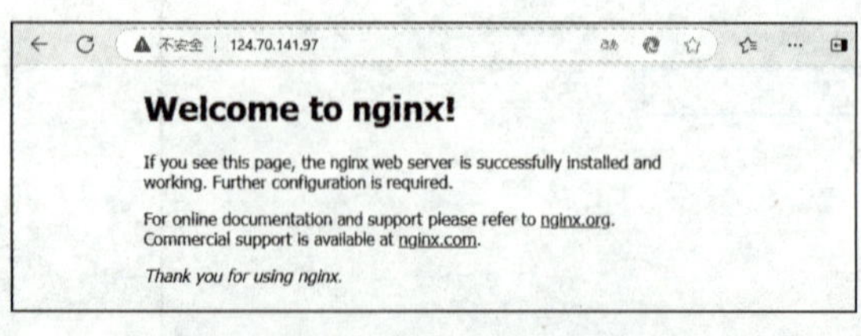

图 9-36 nginx 欢迎界面

步骤 7 打开浏览器访问地址“124.70.141.97”（负载均衡公网 IP），打开 nginx 欢迎界面，如图 9-36 所示。

步骤 8 打开“集群管理”界面，单击 cce-ypi 集群所在栏右侧的“命令行工具”按钮，如图 9-37 所示。

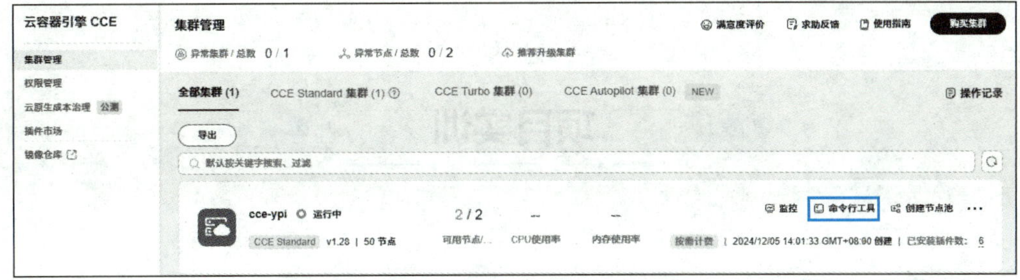

图 9-37 打开命令行工具

步骤 9 在打开的命令行终端中执行以下命令查看服务列表。

```
user@gc5lvfbotbt6iai-machine:~$ kubectl get svc
NAME    TYPE    CLUSTER-IP    EXTERNAL-IP    PORT(S)    AGE
kubernetes    ClusterIP    10.247.0.1    <none>    443/TCP    59m
nginx              LoadBalancer              10.247.81.214
124.70.141.97,192.168.0.199    80:30272/TCP    4m29s
```

4. 删除集群及关联资源

步骤 1 返回“集群管理”界面，单击 cce-ypi 集群所在栏右侧的“…”按钮，在下拉列表中选择“删除集群”选项。在弹出的“操作确认”对话框中，单击“获取验证码”按钮获取验证码，单击“确认”按钮。

步骤 2 在弹出的“删除集群”对话框中，同步删除节点、云存储、网络资源和日志组，在“如果您确定要删除，请输入 DELETE”编辑框中输入“DELETE”，单击“是”按钮，删除 cce-ypi 集群及关联资源，如图 9-38 所示。

删除集群

您确定要删除以下 1台集群 吗? 删除操作无法恢复，请谨慎操作

集群名称	集群版本	创建时间
cce-ypi	v1.28	2024/12/05 13:57:21 GMT+08:00

1、删除集群会删除集群下工作负载和服务，相关业务将无法恢复。
2、删除节点会同步删除节点挂载的系统盘和数据盘（包年包月节点不可删除），请提前做好数据备份。

请选择您要同步删除的资源:

资源类型	操作
节点（按需计费）	保留（保留服务器、系统盘和数据盘数据） 删除 重置（保留并重置服务器，系统盘和数据盘数据不保留）
云存储	删除（删除存储卷 PV 绑定的云硬盘等底层存储）
网络资源（ELB等）	删除（仅删除自动创建的ELB资源）
日志组（k8s-log-cb3456b4-b2cd-11ef-...	删除（删除日志组及组内的所有日志流）

删除过程中请勿关闭删除弹窗或刷新页面，删除完成后弹框会自动关闭，否则可能导致部分资源残留。

如果您确定要删除，请输入 DELETE

DELETE

否　是

图 9-38 同步删除资源

项目实训

一、实训目的

（1）熟练掌握创建虚拟私有云的方法。
（2）熟练掌握使用云容器引擎创建集群的方法。
（3）熟练掌握在集群中创建工作负载的方法。

二、实训内容

（1）在华为云平台上创建名为 vcp-my 的虚拟私有云，并创建名为 subnet-my 的子网和名为 sg-my 的安全组。

（2）创建名为 cce-my 的 CCE Standard 集群，并将容器网络模型设置为容器隧道网络。

（3）在集群中创建一个节点，将节点类型设置为“弹性云服务器-虚拟机”，容器引擎设置为“Containerd”，节点规格设置为“c7.3xlarge.4”，操作系统设置为“公共镜像 EulerOS 2.9”，弹性公网 IP 设置为“自动创建”。

（4）基于 wordpress 镜像创建一个名为 wordpress 的工作负载，并创建名为 wordpress 的服务，服务的访问类型设置为“负载均衡”。

（5）使用 wordpress 服务的负载均衡公网 IP 访问 WordPress 欢迎界面。

（6）删除 cce-my 集群及关联资源。

三、实训小结

按要求完成实训内容，并将实训过程中遇到的问题和解决办法记录在表 9-11 中。

表 9-11　实训过程

序　号	主要问题	解决办法
1		
2		
3		

项目总结

完成本项目的学习与实践后，总结应掌握的知识点，并将思维导图（见图 9-39）填写完整。

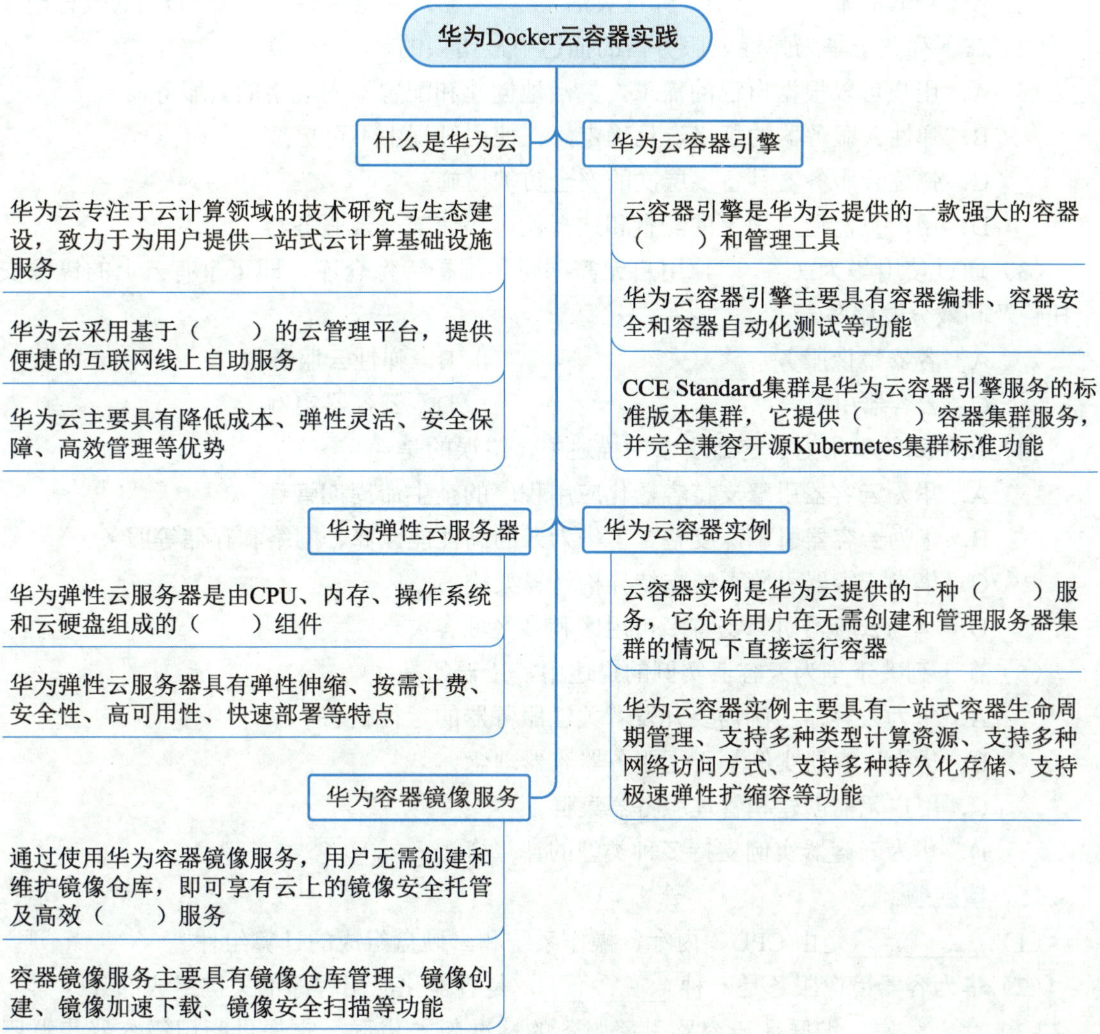

华为Docker云容器实践

- 什么是华为云
  - 华为云专注于云计算领域的技术研究与生态建设，致力于为用户提供一站式云计算基础设施服务
  - 华为云采用基于（　　）的云管理平台，提供便捷的互联网线上自助服务
  - 华为云主要具有降低成本、弹性灵活、安全保障、高效管理等优势
- 华为云容器引擎
  - 云容器引擎是华为云提供的一款强大的容器（　　）和管理工具
  - 华为云容器引擎主要具有容器编排、容器安全和容器自动化测试等功能
  - CCE Standard集群是华为云容器引擎服务的标准版本集群，它提供（　　）容器集群服务，并完全兼容开源Kubernetes集群标准功能
- 华为弹性云服务器
  - 华为弹性云服务器是由CPU、内存、操作系统和云硬盘组成的（　　）组件
  - 华为弹性云服务器具有弹性伸缩、按需计费、安全性、高可用性、快速部署等特点
- 华为云容器实例
  - 云容器实例是华为云提供的一种（　　）服务，它允许用户在无需创建和管理服务器集群的情况下直接运行容器
  - 华为云容器实例主要具有一站式容器生命周期管理、支持多种类型计算资源、支持多种网络访问方式、支持多种持久化存储、支持极速弹性扩缩容等功能
- 华为容器镜像服务
  - 通过使用华为容器镜像服务，用户无需创建和维护镜像仓库，即可享有云上的镜像安全托管及高效（　　）服务
  - 容器镜像服务主要具有镜像仓库管理、镜像创建、镜像加速下载、镜像安全扫描等功能

图 9-39　项目总结

项目考核

一、选择题

（1）在列选项中，（　　）不属于华为云产品和服务的优势。

A．降低成本　　B．弹性灵活　　C．安全保障　　D．低效管理

（2）在下列关于华为弹性云服务器的描述中，错误的是（　　）。

A．用户可以根据自己的需求，灵活地创建和配置不同规格的云服务器

B．弹性云服务器的规格一旦确定，在使用过程中不可更改

C．弹性云服务器具备多层次的安全防护措施

D．用户只需通过简单的配置和选择就可快速部署云服务器

（3）通过使用华为（　　），用户无需创建和维护镜像仓库，即可享有云上的镜像安全托管及高效分发服务。

A．容器镜像服务　　B．弹性云服务器

C．云容器引擎　　D．云容器实例

（4）在下列关于华为云容器引擎的描述中，错误的是（　　）。

A．华为云容器引擎支持容器化应用程序的全生命周期管理

B．华为云容器引擎深度整合了华为云的高性能计算、网络和存储等服务

C．华为云容器引擎不能支持异构计算架构

D．华为云容器引擎支持多可用区和多区域容灾

（5）在下列关于华为云容器实例的描述中，错误的是（　　）。

A．华为云容器实例需要开发者关注服务器的运行状态

B．华为云容器实例基于无服务器容器理念

C．用户无需创建和管理服务器集群

D．华为云容器实例支持多种类型的计算资源

二、填空题

（1）__________是由 CPU、内存、操作系统和云硬盘组成的计算组件。

（2）华为容器镜像服务是一种__________，是容器化应用程序的关键组成部分。

（3）__________集群是云容器引擎服务的标准版本集群，它提供商用级容器集群服务，并完全兼容开源 Kubernetes 集群标准功能。

（4）华为云容器实例是华为云提供的一种__________服务。

三、简答题

（1）简述华为容器镜像服务的功能。

（2）什么是无服务器容器？

项目评价

结合本项目的学习情况，完成项目评价并将评价结果填入表 9-12 中。

表 9-12 项目评价表

<table>
<tr><th rowspan="2">评价项目</th><th rowspan="2">评价内容</th><th colspan="4">评价分数</th></tr>
<tr><th>分值</th><th>自评</th><th>互评</th><th>师评</th></tr>
<tr><td rowspan="6">知识评价
（30%）</td><td>是否了解华为云及其优势</td><td>6 分</td><td></td><td></td><td></td></tr>
<tr><td>是否了解华为弹性云服务器及其特点</td><td>6 分</td><td></td><td></td><td></td></tr>
<tr><td>是否了解华为容器镜像服务的主要功能</td><td>6 分</td><td></td><td></td><td></td></tr>
<tr><td>是否了解华为云容器引擎的功能及 CCE Standard 集群</td><td>6 分</td><td></td><td></td><td></td></tr>
<tr><td>是否理解无服务器容器的概念</td><td>3 分</td><td></td><td></td><td></td></tr>
<tr><td>是否了解华为云容器实例的功能</td><td>3 分</td><td></td><td></td><td></td></tr>
<tr><td rowspan="2">技能评价
（40%）</td><td>是否能够基于华为弹性云服务器安装 Docker</td><td>20 分</td><td></td><td></td><td></td></tr>
<tr><td>是否能够基于华为云容器引擎部署集群</td><td>20 分</td><td></td><td></td><td></td></tr>
<tr><td rowspan="4">素养评价
（30%）</td><td>是否遵守课堂纪律，上课精神是否饱满</td><td>7 分</td><td></td><td></td><td></td></tr>
<tr><td>是否具有自主学习意识，做好课前准备</td><td>8 分</td><td></td><td></td><td></td></tr>
<tr><td>是否善于思考，积极参与，勇于提出问题</td><td>8 分</td><td></td><td></td><td></td></tr>
<tr><td>是否具有团队合作精神，出色完成小组任务</td><td>7 分</td><td></td><td></td><td></td></tr>
<tr><td rowspan="2">合　计</td><td>综合得分：________</td><td>100 分</td><td></td><td></td><td></td></tr>
<tr><td>综合等级：________</td><td colspan="4">指导老师签字：________</td></tr>
<tr><td>综合评价</td><td colspan="5">最突出的表现（创新或进步）：

还需改进的地方（不足或缺点）：</td></tr>
</table>

参考文献

[1] 王嘉涛，李传龙，卢桂周. Docker 实战派：容器入门七步法 [M]. 北京：电子工业出版社，2022.

[2] 崔升广，郗大海，赵海洋，等. Docker 容器技术与应用项目教程 [M]. 北京：人民邮电出版社，2022.

[3] 张婵，王新强. Docker 容器技术 [M]. 北京：机械工业出版社，2023.

[4] 杨保华，戴王剑，曹亚仑. Docker 技术入门与实战 [M]. 3 版. 北京：机械工业出版社，2018.